建筑专业设计与审图常用规范

本书编委会　编

中国建筑工业出版社

图书在版编目（CIP）数据

建筑专业设计与审图常用规范/本书编委会编. —北京：
中国建筑工业出版社，2014.9
ISBN 978-7-112-16482-0

Ⅰ. ①建… Ⅱ. ①本… Ⅲ. ①建筑制图—识图法—
规范②建筑设计—规范 Ⅳ. ①TU202

中国版本图书馆 CIP 数据核字(2014)第 037639 号

本书根据《建筑设计防火规范》（GB 50016—2012）（送审稿）、《住宅设计规范》（GB 50096—2011）、《中小学校设计规范》（GB 50099—2011）、《公共建筑节能设计标准》（GB 50189-2005）、《无障碍设计规范》（GB 50763—2012）、《住宅建筑规范》（GB 50368—2005）等相关规范和标准编写而成的。共分为七章，包括：综合概述、设计基本规定、公共建筑、居住建筑、建筑节能、建筑安全及防火、工业厂房等。本书可供刚走上工作岗位的建筑设计人员及审图人员使用，也可供大专院校建筑设计及结构专业师生阅读参考。

责任编辑：岳建光 张 磊
责任设计：李志立
责任校对：陈晶晶 赵 颖

建筑专业设计与审图常用规范
本书编委会 编

*

中国建筑工业出版社出版、发行(北京西郊百万庄)
各地新华书店、建筑书店经销
北京永峥排版公司制版
北京富生印刷厂印刷

*

开本：787×1092 毫米 1/16 印张：12¾ 字数：306 千字
2014 年 10 月第一版 2014 年 10 月第一次印刷
定价：**32.00 元**
ISBN 978-7-112-16482-0
(25308)

编　委　会

主　编 王长川

副主编 梁慧君

参　编（按姓氏笔画排序）

白雪影　　刘　磊　　江　潮　　张　彤

张小庆　　陈阳波　　赵志宏　　胡　风

姚　鹏　　徐德兰　　陶金文

前　言

　　施工图设计为工程设计的一个阶段,在技术设计之后,两阶段设计在初步设计之后。这一阶段主要通过图纸,把设计者的意图和全部设计结果表达出来,作为施工制作的依据,它是设计和施工工作的桥梁。施工图审查是施工图设计文件审查简称,是指建设主管部门认定的施工图审查机构按照有关法律、法规,对施工图涉及公共利益、公众安全和工程建设强制性标准的内容进行的审查。施工图审查是政府主管部门对建筑工程勘察设计质量监督管理的重要环节,是基本建设必不可少的程序,工程建设有关各方必须认真贯彻执行。为了加深设计人员对规范的深入理解和正确执行规范条文,确保结构安全,提高个人业务水平,我们组织策划了此书。

　　本书根据《建筑设计防火规范》(GB 50016—2012)(送审稿)、《住宅设计规范》(GB 50096—2011)、《中小学校设计规范》(GB 50099—2011)、《公共建筑节能设计标准》(GB 50189—2005)、《无障碍设计规范》(GB 50763—2012)、《住宅建筑规范》(GB 50368—2005)等相关规范和标准编写而成的。共分为七章,包括:综合概述、设计基本规定、公共建筑、居住建筑、建筑节能、建筑安全及防火、工业厂房等。本书可供刚走上工作岗位的建筑设计人员及审图人员使用,也可供大专院校建筑设计及结构专业师生阅读参考。由于《建筑设计防火规范》和《商店建筑设计规范》一直没有修订完成,本书涉及这两本规范的内容,都是按送审稿编写,新规范正式实施后,我们将对相关内容进行修正,届时可发邮件到289052980@qq.com索取修订内容。

　　由于编写时间仓促,编写经验、理论水平有限,难免有疏漏、不足之处,敬请读者批评指正。

目　　录

1 综合概述

1.1 总平面设计

（1）在初步设计阶段，总平面专业的设计文件应包括设计说明书、设计图纸、根据合同约定的鸟瞰图或模型。

（2）设计说明书

1）设计依据及基础资料

①摘述方案设计依据资料及批示中与本专业有关的主要内容；

②有关主管部门对本工程批示的规划许可技术条件（道路红线、建筑红线或用地界线、建筑物控制高度、容积率、建筑密度、绿地率、停车泊位数等），以及对总平面布局、周围环境、空间处理、交通组织、环境保护、文物保护、分期建设等方面的特殊要求；

③本工程地形图所采用的坐标、高程系统；

④凡设计总说明中已阐述的内容可从略。

2）场地概述

①说明场地所在地的名称及在城市中的位置（简述周围自然与人文环境、道路、市政基础设施与公共服务设施配套和供应情况，以及四邻原有和规划的重要建筑物与构筑物）；

②概述场地地形地貌（如山丘，水域的位置、流向、水深，最高最低标高、总坡向、最大坡度和一般坡度等）；

③描述场地内原有建筑物，构筑物，以及保留（包括名木、古迹等）、拆除的情况；

④摘述与总平面设计有关的自然因素，如地震、湿陷性或胀缩性土、地裂缝、岩溶、滑坡与其他地质灾害。

3）总平面布置

①说明如何因地制宜，根据地形、地质、日照、通风、防火、卫生、交通以及环境保护等要求布置建筑物、构筑物，使其满足使用功能、城市规划要求以及技术经济合理性；

②说明功能分区原则、远近期结合的意图、发展用地的考虑；

③说明室外空间的组织及其与四周环境的关系；

④说明环境景观设计和绿地布置等。

4）竖向设计

①说明竖向设计的依据（如城市道路和管道的标高、地形，排水、洪水位、土方平衡等情况）；

②说明竖向布置方式（平坡式或台阶式），地表雨水的排除方式（明沟或暗管）等；如采用明沟系统，还应阐述其排放地点的地形与高程等情况；

③根据需要注明初平土方工程量。

5）交通组织

①说明人流和车流的组织，出入口、停车场（库）的布置及停车数量的确定；

②消防车道及高层建筑消防扑救场地的布置；

③说明道路的主要设计技术条件（如主干道和次干道的路面宽度、路面类型、最大及最小纵坡等）。

6）主要技术经济指标表（表1-1）。

民用建筑主要技术经济指标表   表1-1

序号	名　称	单位	数量	备　注
1	总建筑面积			地上、地下部分可分列
2	总用地面积			
3	建筑基底面积			
4	道路广场总面积			含停车场面积并应注明停车泊位数量
5	绿地总面积			可加注公共绿地面积
6	容积率	%		（2）／（1）
7	建筑密度	%		（3）／（1）
8	绿地率	%		（5）／（1）
9	小汽车停车泊位数	辆		室内、外应分列
10	自行车停放数量	辆		

注：1 当工程项目（如城市居住区）有相应的规划设计规范时，技术经济指标的内容应按其执行。

2 计算容积率时，通常不包括±0.00以下地下建筑面积。

7）提请在设计审批时解决或确定的主要问题。特别是涉及总平面设计中的指标和标准方面有待解决的问题，应阐述其情况及建议处理办法。

（3）设计图纸

1）区域位置图（根据需要绘制）。

2）总平面图

①保留的地形和地物；

②测量坐标网，坐标值，场地范围的测量坐标（或定位尺寸），道路红线、建筑红线或用地界线；

③场地四邻原有及规划道路的位置（主要坐标或定位尺寸）和主要建筑物及构筑物的位置、名称，层数、建筑间距；

④建筑物，构筑物的位置（人防工程、地下车库、油库、贮水池等隐蔽工程用虚线表示），其中主要建筑物、构筑物应标注坐标（或定位尺寸）、名称（或编号）、层数；

⑤道路、广场的主要坐标（或定位尺寸），停车场及停车位、消防车道及高层建筑消防扑救场地的布置，必要时加绘交通流线示意；

⑥绿化、景观及休闲设施的布置示意；

⑦指北针或风玫瑰图；

⑧主要技术经济指标表（表1-1），该表也可列于设计说明内；

⑨说明栏内注写：尺寸单位、比例、地形图的测绘单位、日期，坐标及高程系统名称（如为场地建筑坐标网时，应说明其与测量坐标网的换算关系），补充图例及其他必要的说明等。

3）竖向布置图

①场地范围的测量坐标值（或注尺寸）；

②场地四邻的道路、地面、水面，及其关键性标高；

③保留的地形、地物；

④建筑物、构筑物的名称（或编号）、主要建筑物和构筑物的室内外设计标高；

⑤主要道路、广场的起点，变坡点、转折点和终点的设计标高，以及场地的控制性标高；

⑥用箭头或等高线表示地面坡向，并表示出护坡、挡土墙、排水沟等；

⑦指北针；

⑧注明：尺寸单位、比例、补充图例；

⑨本图可视工程的具体情况与总平面图合并；

⑩根据需要利用竖向布置图绘制土方图及计算初平土方工程量。

1.2 建筑设计总说明

（1）工程设计的主要依据

1）设计中贯彻国家政策、法规。

2）政府有关主管部门批准的批文、可行性研究报告、立项书、方案文件等的文号或名称。

3）工程所在地区的气象、地理条件、建设场地的工程地质条件。

4）公用设施和交通运输条件。

5）规划、用地、环保、卫生、绿化、消防、人防、抗震等要求和依据资料。

6）建设单位提供的有关使用要求或生产工艺等资料。

（2）工程建设的规模和设计范围

1）工程的设计规模及项目组成。

2）分期建设（应说明近期、远期的工程）的情况。

3）承担的设计范围与分工。

（3）设计指导思想和设计特点

1）采用新技术、新材料、新设备和新结构的情况。

2）环境保护、防火安全、交通组织、用地分配、节能，安保、人防设置以及抗震设防等主要设计原则。

3）根据使用功能要求，对总体布局和选用标准的综合叙述。

（4）总指标

1）总用地面积、总建筑面积等指标。

2）其他相关技术经济指标。

（5）提请在设计审批时需解决或确定的主要问题

1）有关城市规划，红线、拆迁和水、电、蒸汽、燃料等能源供应的协作问题。

2）总建筑面积、总概算（投资）存在的问题。

3）设计选用标准方面的问题。

4）主要设计基础资料和施工条件落实情况等影响设计进度和设计文件批复时间的因素。

（6）总说明中已叙述的内容，在各专业说明中可不再重复。

1.3　民用建筑设计与构造

1. 建筑构成的基本要素

建筑功能、建筑技术、建筑形象通称为建筑构成的三要素。

（1）建筑功能：人们建造房屋时有着明显的要求，它体现了建筑的目的性。例如，住宅建设是为了居住的需要，建设工厂是为了生产的需要，影剧院则是文化生活的需要。因此，满足人们对各类建筑不同的使用要求，即为建筑功能要求。但建筑功能要求随着人类社会的发展和人们物质文化水平的提高而有着不同的内容。

（2）建筑技术：建筑技术包括建筑结构、建筑材料、建筑设备和建筑施工等内容。材料和结构是建筑物的骨架，建筑设备是建筑物满足某种要求的技术条件，施工是保证建筑物实施的重要手段。随着科学技术的不断发展，各种新材料、新结构、新设备的不断出现和施工工艺的不断提高，新的建筑形式不断涌现，同时也满足了人们不同的功能要求。

（3）建筑形象：建筑形象是建筑物内外观感的具体体现，它包括建筑体形、立面形式、建筑色彩、材料质感等内容。良好的建筑形象给人们以艺术的感染力，如庄严雄伟、朴素大方、简洁明快、生动活泼等不同的感觉。建筑形象因功能要求以及社会、民族、地域的不同而不同，从而表现出绚丽多彩的建筑风格和建筑特色。

建筑功能、建筑技术、建筑形象三者是辩证统一不可分割的整体。一般情况下，建筑功能起着主导作用，它是房屋建造的目的；建筑技术是达到这一目的的手段，但同时又有制约和促进作用；而建筑形象则是建筑功能、建筑技术与建筑艺术的综合表现。总之，在一个优秀的建筑作品中，这三者是和谐统一的。

2. 民用建筑的分类和分级

建筑物按照它的使用性质，通常可分为生产性建筑和非生产性建筑。工业建筑、农业建筑是生产性建筑，民用建筑是属于非生产性建筑的范畴。

（1）按民用建筑的使用功能分类

1）居住建筑。主要是提供人们生活起居用的建筑物，如住宅、宿舍、公寓等。

2）公共建筑。主要是指提供人们进行各种社会活动的建筑物，如行政办公建筑、文教建筑、托幼建筑、科研建筑、医疗建筑、商业建筑、观览建筑、体育建筑、旅馆建筑、交通建筑、通信建筑、园林建筑、纪念性建筑等。

（2）按民用建筑的规模分类

1）大量性建筑。指单体建筑规模不大，但兴建数量多、分布广的建筑，如住宅、学校、普通办公楼、商店、医院等。

2）大型性建筑。指建筑规模大、耗资多、在一个地区有较大影响的建筑，如大型火车站、航空港、大型体育馆、大型展览馆、大会堂等。

（3）按民用建筑的层数分类

1）低、多层建筑。通常称1~2层建筑为低层建筑，3~6层建筑为多层建筑。

2）高层建筑。超过一定高度和层数的建筑，为高层建筑。世界各国对高层建筑的界定不尽相同。根据我国《高层民用建筑设计防火规范（2005年版）》（GB 50045—1995）规定，10层和超过10层以上的住宅以及超过24m高的其他民用建筑为高层建筑。高层建筑又根据使用性质、火灾危险性、疏散难度等，分为一类高层建筑和二类高层建筑。

（4）按建筑物的耐久年限分级：建筑物的耐久年限一般是根据建筑物的重要性和规模来划分，作为基本建设投资的依据。以建筑物主体结构确定的建筑耐久年限分为四级，见表1-2。

建筑物耐久年限和适用范围   表1-2

级　别	耐久年限	适用于建筑性质
一	100年以上	重要的建筑和高层建筑
二	50~100年	一般性建筑
三	25~50年	次要建筑
四	15年以下	临时建筑

（5）按建筑物的耐火等级分级：建筑物的耐火等级是由建筑物构件的燃烧性能和耐火极限两个方面决定的，共分四级，见表1-3。

建筑物构件的燃烧性能和耐火极限   表1-3

构件名称	燃烧性能和耐火极限/h	耐火等级	
		一　级	二　级
墙	防火墙	不燃烧体3.00	不燃烧体3.00
	承重墙、楼梯间的墙、电梯井的墙、住宅单元之间的墙、住宅分户墙	不燃烧体2.00	不燃烧体2.00
	非承重外墙、疏散走道两侧的隔墙	不燃烧体1.00	不燃烧体1.00
	房间隔墙	不燃烧体0.75	不燃烧体0.50
柱		不燃烧体3.00	不燃烧体2.50
梁		不燃烧体2.00	不燃烧体1.50
楼板、疏散楼梯、屋顶承重构件		不燃烧体1.50	不燃烧体1.00
吊顶		不燃烧体0.25	难燃烧体0.25

1）构件的燃烧性能。按建筑构件在空气中遇火时的不同反应，将燃烧性能分为三类。

①不燃烧体：用不燃材料制成的构件。不燃材料指的是在空气中遇到火烧或高温作用时不起火、不微燃、不碳化的材料。如砖、石、钢材等。

②难燃烧体：用难燃性材料做成的构件或用燃烧性材料做成而用不燃烧材料做保护层的构件。难燃性材料是指在空气中遇到火烧或高温作用时难起火、难微燃、难碳化，当火源移走后燃烧或微燃立即停止的材料。如经过阻燃处理的木材、沥青混凝土、水泥刨花板等。

③燃烧体：用燃烧材料做成的构件。燃烧性材料是指在空气中遇到火烧或高温作用时立即起火或微燃，且火源移走后仍继续燃烧或微燃的材料，如木材。

2）构件的耐火极限。对任一建筑构件，按时间—温度曲线进行耐火实验，从受到火的作用起，到失去支持能力，或完整性被破坏，或失去隔火作用为止的这段时间，称为耐火极限，用小时（h）表示。

3. 建筑设计的内容和程序

（1）设计内容

建筑设计是建筑工程设计的一部分，建筑工程设计是指设计一个建筑物或一个建筑群体所要做的全部工作，它包括建筑设计、结构设计、设备设计等三个方面的主要内容。

1）建筑设计。建筑设计在整个民用建筑工程设计中起着主导和"龙头"的作用，一般是由建筑师来完成。它主要是根据业主提供的设计任务书，在满足总体规划的前提下，对基地环境、建筑功能、结构施工、建筑设备、建筑经济和建筑美观等方面做全面的分析，并与有关专业进行协调，在此基础上提出建筑设计方案，再将这一方案逐步深化到指导施工的建筑设计施工图。

2）结构设计。这是完成建筑工程的"骨架"，它包括选择结构方案、确定结构类型、进行结构计算和构件设计，最后，绘出结构施工图。它是由结构工程师来完成。

3）设备设计。它包括给水排水、采暖通风、电气照明、通信、燃气、动力、网络等专业的设计，确定其方案类型、设备选型和相应的智能化设计，并完成施工图设计。它是由各有关专业的工程师来完成。

以上几个专业的工作，构成了建筑工程设计的主要内容，是一个既有明确分工，又需密切配合的整体。

（2）设计程序

1）设计前的准备工作。在进行建筑设计前，应结合设计任务书的要求认真地分析，调查研究，收集必要的设计基础资料，做到心中有数。

①熟悉设计任务书或可行性研究报告。它是由业主提供，作为建设单位的设计依据之一。它包括建设项目的用途、目的、规模；建筑项目总投资及土建、装修、设备、室外工程等投资分配；各类房间面积、装修标准；供水、供电、采暖空调、消防、通信、电视、网络等方面的要求；建设基地的范围及周边环境；项目建设进度计划和设计期限等。

设计人员在了解设计任务书和可行性研究报告时，要对照国家有关规范规定、定额指标，校核有关内容，可根据情况向有关部门提出补充内容和修改建议。

②调查研究、搜集有关设计资料。通过查阅资料、参观、走访等形式，调查同类建筑在使用中出现的情况，通过分析和研究，总结经验，吸取教训；要进行现场踏勘，深入了

解基地的周围环境以及当地传统的建筑形式、文化背景、风土人情等，作为建筑设计的参考和借鉴；了解当地建筑材料的特性、价格、规格和施工单位的技术力量、施工条件等；搜集有关国家、行业、地区对该类型建设项目的规范、条例、规定；全面了解该地区的气象、地形、地质、水文资料等。

2）设计阶段的划分。建筑工程设计一般分为初步设计和施工图设计两个阶段，技术复杂的建设项目，可以按照初步设计、技术设计和施工图设计三个阶段进行。

①初步设计。设计人员根据设计任务书的要求，在掌握调查研究资料的基础上，综合考虑建筑功能、技术条件、建筑形象等因素，提出设计方案，并征得建设单位同意，然后报城建管理部门批准后，确定为实施方案。

初步设计一般包括设计说明书、设计图纸、主要设备材料表和工程概算四部分。

设计说明书的内容包括设计指导思想及主要依据；建筑结构方案特点及材料装修标准；主要技术经济指标和建筑设备等系统的说明。

设计图纸主要包括建筑总平面图、各层平面图、剖面图、立面图等。根据工程性质，必要时可绘制透视效果图或制作模型。

主要材料及设备表要写明主要材料和设备的名称、规格、数量及有关要求。

工程概算书主要是建筑物投资估算及单位消耗量。

对于有些做技术设计的工程，待初步设计批准后即可进行。它是初步设计阶段的深化和完善，也是各工种协调，最后定案的阶段。技术设计阶段的文件和图纸与初步设计阶段大致相同，但每一部分要求更具体、详细。对于有特殊要求的建筑物，各专业还要编制相应的专篇加以说明，如防火专篇、环保专篇、节能专篇等。

②施工图设计。施工图设计是建筑设计的最后阶段，是在有关主管部门审批同意后的初步设计（或技术设计）基础上进行的，是设计单位提交给建设单位的最终成果，是施工单位进行施工的依据。

施工图设计的内容包括建筑、结构、水电、采暖、空调通风、电视、网络、楼宇自控等工种的设计图纸以及相应的说明书和全部工程的预算书。

建筑设计施工图的全部内容包括详细的建筑说明、总平面图、各层平面图、剖面图、立面图、构造详图等。要求各种图纸全面具体、准确无误、满足施工要求。

除完成上述图纸外，建筑设计人员还需将有关声学、热工、视线要求、安全疏散等方面的计算书，作为技术文件归档，以备查用。

4. 建筑物的构造组成及作用

一幢建筑物，一般由基础、墙或柱、楼板层和地层、楼梯、屋顶和门窗等六大部分组成，如图1-1所示。

（1）基础：基础是建筑物最下部的承重构件，其作用是承受建筑物的全部荷载，并

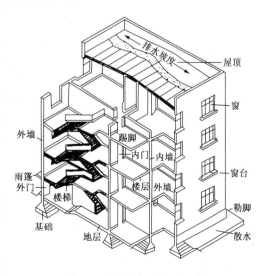

图1-1 民用建筑物的组成

将这些荷载传给地基。因此，基础必须坚固、稳定，并能抵御地下各种有害因素的侵蚀。

（2）墙或柱：墙是建筑物的承重、围护和分隔构件。作为承重构件，墙承受着屋顶和楼板层传来的荷载，并将其传给基础；作为围护构件，它抵御自然界各种有害因素对室内的侵袭；内墙主要起分隔空间的作用。因此，墙体应具有足够的强度、稳定性；具有保温、隔热、防水、防火等性能。

柱是框架或排架结构中的竖向承重构件，它必须具有足够的强度和稳定性。

（3）楼板层和地层：楼板是建筑物水平方向的承重构件，并用来分隔楼层之间的空间。它承受家具设备和人体荷载，并将其传给墙或柱；同时对墙体起着水平支撑作用。因此，楼板应具有足够的强度、刚度和隔声性能，对有水侵蚀的房间还应具有防潮、防水性能。

地层是底层房间与土壤之间的分隔构件，起承受底层房间荷载的作用。地层应具有耐磨、防潮、防水、防尘和保温性能。

（4）楼梯：楼梯是建筑物的垂直交通设施，供人们上下楼层和紧急疏散之用，应具有足够的通行宽度，并且满足防滑、防火等要求。

（5）屋顶：屋顶是建筑物的承重兼围护构件，承受风、雨、雪荷载及施工、检修等荷载。故屋顶应具有足够的强度、刚度及防水、保温、隔热等性能。

（6）门窗：门窗属非承重构件。门主要起交通联系、分隔之用；窗主要起通风、采光、分隔、眺望等作用。故要求其开关灵活，关闭紧密，坚固耐久，必要时应具有保温、隔声、防火能力。

建筑物除以上六大基本组成部分以外，对不同使用功能的建筑物，还有许多特有的构配件，如阳台、坡道、雨篷、烟囱、台阶、垃圾井、花池等。

5. 影响建筑构造的因素

（1）外界环境因素的影响

1）外力作用的影响。作用在建筑物上的各种外力统称为荷载。荷载可分为恒载（如结构自重）和活荷载（如人群、雪荷载、风荷载等）两大类。荷载的大小是建筑结构设计的主要依据，它决定着构件的尺度和用料。而构件的材料、尺寸、形状等又与构造密切相关。

2）自然气候的影响。太阳的热辐射，自然界的风、霜、雨、雪等，构成了影响建筑物和建筑构件使用质量的多种因素。在进行构造设计时，应采取必要的防范措施。

3）各种人为因素的影响。人们所从事的生产和生活活动，也往往会造成对建筑物的影响，如机械振动、化学腐蚀、爆炸、火灾、噪声等，都属人为因素的影响。因此在进行建筑构造设计时，必须针对各种有关的影响因素，从构造上采用防震、防腐、防火、隔声等相应的措施。

（2）物质技术条件的影响

建筑材料和结构等物质技术条件是构成建筑的基本要求。材料是建筑物的物质基础；结构则是构成建筑物的骨架，这些都与建筑构造密切相关。

随着建筑业的不断发展，物质技术条件的改变，新材料、新工艺、新技术的不断涌现，同样也会对构造设计带来很大影响。

（3）经济条件的影响

随着建筑技术的不断发展和人们生活水平的提高，人们对建筑的使用要求，包括居住条件及标准也随之改变标准的变化势必带来建筑的质量标准、建筑造价等出现较大差别。在这样的前提下，对建筑构造的要求将随着经济条件的改变而发生极大的变化。

1.4 工业建筑设计与构造

1. 工业建筑的特点

工业建筑是指为工业生产需要而建造的各种房屋，通常称为厂房。它和民用建筑一样，具有建筑的共同性质，在设计原则、建筑技术、建筑材料等方面有许多相同之处。但由于工业建筑直接为生产服务，而生产工艺的复杂多样，使它具有以下几个方面的特点：

（1）生产工艺流程直接影响各生产工段的布置和相互关系，决定着厂房的建筑空间形式、平面布置和形状。

（2）厂房内各种生产设备和起重运输设备的设置，直接影响到厂房的大小、布置及结构形式的选择。由于设备之间生产联系或运行上的需要，使得厂房具有较大的柱网尺寸及高大畅通的内部空间。

（3）生产特征直接影响建筑平面布置、结构和构造等方面。由于生产工艺不同的厂房具有不同的生产特征，需要采用相应的措施，致使结构和构造比较复杂，技术要求较高。

2. 工业建筑的分类

工业建筑种类繁多，为了便于掌握工业建筑的设计规律，通常按用途、内部生产状况和层数进行分类。

（1）按厂房的用途分

1）主要生产厂房。用于直接进行主要产品加工及装配的厂房，如机械制造厂中的铸造车间、机械加工车间和装配车间等。

2）辅助生产厂房。为主要生产厂房服务的厂房，如机械制造厂中的工具车间、机修车间等。

3）动力用厂房。为生产提供能源的厂房，如发电站、氧气站、压缩空气站等。

4）贮藏用建筑。用于贮存各种原材料、半成品、成品的仓库，如金属材料库、燃料库、成品库等。

5）运输用建筑。用于存放、检修各种运输工具的建筑，如汽车库、电瓶车库等。

（2）按厂房内部生产状况分

1）热加工车间。在生产过程中散发大量余热、烟尘的车间，如铸造车间、锻压车间等。

2）冷加工车间。在正常的温湿度条件下进行生产的车间，如机械加工车间、装配车间等。

3）恒温恒湿车间。在稳定的温湿度条件下进行生产的车间，如纺织车间、精密机械车间等。

4）洁净车间。控制生产环境中的尘粒、温湿度等，在洁净条件下进行生产的车间，如集成电路车间、精密仪器仪表加工及装配车间等。

（3）按厂房层数分

1) 单层厂房。只有一层的厂房。广泛应用于机械制造、冶金等部门。主要适用于需要水平方向组织工艺流程、使用大型设备、生产重型产品的车间（图1-2a）。

2) 多层厂房。两层及两层以上的厂房。多用于轻工业、食品、电子、精密仪器仪表等工业部门。适用于需要垂直方向布置工艺流程、设备和产品较轻且运输量不大的车间（图1-2b）。

3) 混合层次厂房。既有单层跨也有多层跨的厂房。多用于化学、电子等工业部门（图1-2c）。

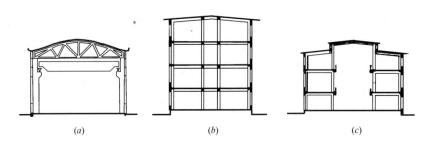

图1-2　工业建筑的类型（按层数分）

（a）单层厂房；（b）多层厂房；（c）混合层次厂房

3. 厂房内部的起重运输设备

为在生产中运送原材料、半成品、成品及安装和检修设备，厂房内常需设置起重运输设备，其中各种形式的吊车与厂房的设计关系密切。常用的吊车有以下几种：

(1) 单轨悬挂式吊车：在厂房的屋架下弦（或屋面梁的下翼缘）悬挂工字形钢轨（单轨），吊车安装在钢轨上，沿轨道运行。单轨悬挂式吊车的起重量较小，一般为1~2t，且起吊范围较窄。

(2) 梁式吊车：梁式吊车由起重行车和工字形横梁组成。吊车可悬挂在屋架下弦（或屋面梁下翼缘）上，也可支承在柱牛腿上的吊车梁上。梁式吊车的起重量不大，一般不超过5t，但起吊范围较大。

(3) 桥式吊车：桥式吊车由起重行车和桥架组成。起重行车安装在桥架上面的轨道上，沿桥架轨道（厂房横向）运行。桥架支承在吊车梁上面的钢轨上，沿厂房纵向运行。司机室通常设在桥架一端。桥式吊车起重量可为5t至数百吨，起吊范围较大，在工业建筑中应用较为广泛（图1-3）。

4. 单层厂房的组成

(1) 单层厂房的空间组成

单层厂房是由生产工段、辅助工段、仓库及生活间组成。

1) 生产工段是厂房的主要生产部分，它的位置应符合生产工艺流程的要求。

2) 辅助工段是为生产工段服务的部分，应

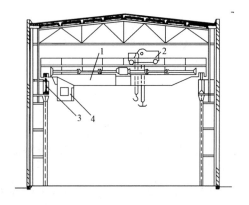

图1-3　桥式吊车

1—桥架；2—起重行车；3—吊车梁；4—司机室

靠近主要服务对象布置，并与之有密切的联系。

3）仓库是存放原材料、半成品、成品及工具的地方，应布置在使用和运输方便的地方。

4）生活间包括生活和办公用房等，可集中布置在厂房附近或贴建于厂房周围，也可布置在厂房内部。

（2）单层厂房的构件组成

结构形式不同，组成厂房的构件种类有所不同，下面着重介绍装配式钢筋混凝土排架结构的单层厂房构件组成（图1-4）。

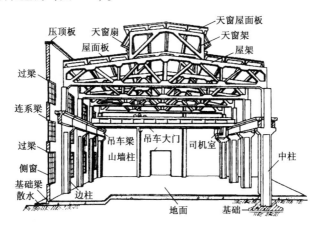

图1-4 装配式钢筋混凝土排架结构的单层厂房构件组成

1）承重结构。厂房的承重结构由横向排架和纵向连系构件组成。

①横向排架。由屋架（或屋面梁）、柱和基础组成，它承受屋顶、天窗、外墙和吊车荷载。

②纵向连系构件。由屋面板（或檩条）、吊车梁、连系梁、柱间和屋架间支撑等组成。它们能保证横向排架的稳定性，同时，承受作用在山墙上的纵向风荷载及吊车的纵向水平荷载，并通过柱传给基础。

2）围护结构。厂房的围护结构主要由屋面、外墙、门窗、天窗和地面等组成。屋面、门窗和地面的作用与民用建筑基本相同。外墙是非承重墙，只起围护作用。天窗是开设在厂房屋顶的窗，起着采光和通风作用。

1.5 审查依据及标准

1. 现行国家标准

施工图审查中所依据的现行国家标准有：

（1）《建筑设计防火规范》（GB 50016—2012）

（2）《高层民用建筑设计防火规范（2005年版）》（GB 50045—1995）

（3）《汽车库、修车库、停车场设计防火规范》（GB 50067—1997）

（4）《住宅设计规范》（GB 50096—2011）

（5）《中小学校设计规范》（GB 50099—2011）

（6）《地下工程防水技术规范》（GB 50108—2008）

（7）《火灾自动报警系统设计规范》（GB 50116—1998）

（8）《城市居住区规划设计规范（2002 年版）》（GB 50180—1993）

（9）《公共建筑节能设计标准》（GB 50189-2005）

（10）《民用建筑设计通则》（GB 50352—2005）

（11）《住宅建筑规范》（GB 50368—2005）

（12）《屋面工程技术规范》（GB 50345—2012）

（13）《无障碍设计规范》（GB 50763—2012）

2. 现行行业标准

施工图审查中所依据的现行行业标准有：

（1）《严寒和寒冷地区居住建筑节能设计标准》（JGJ 26-2010）

（2）《宿舍建筑设计规范》（JGJ 36—2005）

（3）《图书馆建筑设计规范》（JGJ 38—1999）

（4）《托儿所、幼儿园建筑设计规范》（JGJ 39—1987）

（5）《文化馆建筑设计规范》（JGJ 41—1987）

（6）《商店建筑设计规范》（JGJ 48—201×）

（7）《综合医院建筑设计规范》（JGJ 49—1988）

（8）《电影院建筑设计规范》（JGJ 58—2008）

（9）《旅馆建筑设计规范》（JGJ 62—1990）

（10）《饮食建筑设计规范》（JGJ 64—1989）

（11）《办公建筑设计规范》（JGJ 67—2006）

（12）《夏热冬暖地区居住建筑节能设计标准》（JGJ 75-2012）

（13）《汽车库建筑设计规范》（JGJ 100—1998）

（14）《建筑玻璃应用技术规程》（JGJ 113—2009）

（15）《老年人建筑设计规范》（JGJ 122—1999）

（16）《夏热冬冷地区居住建筑节能设计标准》（JGJ 134-2010）

（17）《外墙外保温工程技术规程》（JGJ 144—2004）

1.6 主要审查文件

施工图审查中所依据的主要审查文件摘要如下：

（1）《房屋建筑和市政基础设施工程施工图设计文件审查管理办法》（住房和城乡建设部令第 13 号）

第三条　国家实施施工图设计文件（含勘察文件，以下简称施工图）审查制度。

本办法所称施工图审查，是指施工图审查机构（以下简称审查机构）按照有关法律、法规，对施工图涉及公共利益、公众安全和工程建设强制性标准的内容进行的审查。施工图审查应当坚持先勘察、后设计的原则。

施工图未经审查合格的，不得使用。从事房屋建筑工程、市政基础设施工程施工、监理等活动，以及实施对房屋建筑和市政基础设施工程质量安全监督管理，应当以审查合格的施工图为依据。

第四条　国务院住房城乡建设主管部门负责对全国的施工图审查工作实施指导、监督。

县级以上地方人民政府住房城乡建设主管部门负责对本行政区域内的施工图审查工作实施监督管理。

第五条　省、自治区、直辖市人民政府住房城乡建设主管部门应当按照本办法规定的审查机构条件，结合本行政区域内的建设规模，确定相应数量的审查机构。具体办法由国务院住房城乡建设主管部门另行规定。

审查机构是专门从事施工图审查业务，不以营利为目的的独立法人。

省、自治区、直辖市人民政府住房城乡建设主管部门应当将审查机构名录报国务院住房城乡建设主管部门备案，并向社会公布。

第六条　审查机构按承接业务范围分两类，一类机构承接房屋建筑、市政基础设施工程施工图，审查业务范围不受限制；二类机构可以承接中型及以下房屋建筑、市政基础设施工程的施工图审查。

房屋建筑、市政基础设施工程的规模划分，按照国务院住房城乡建设主管部门的有关规定执行。

第七条　一类审查机构应当具备下列条件：

（一）有健全的技术管理和质量保证体系。

（二）审查人员应当有良好的职业道德；有15年以上所需专业勘察、设计工作经历；主持过不少于5项大型房屋建筑工程、市政基础设施工程相应专业的设计或者甲级工程勘察项目相应专业的勘察；已实行执业注册制度的专业，审查人员应当具有一级注册建筑师、一级注册结构工程师或者勘察设计注册工程师资格，并在本审查机构注册；未实行执业注册制度的专业，审查人员应当具有高级工程师职称；近5年内未因违反工程建设法律法规和强制性标准受到行政处罚。

（三）在本审查机构专职工作的审查人员数量：从事房屋建筑工程施工图审查的，结构专业审查人员不少于7人，建筑专业不少于3人，电气、暖通、给水排水、勘察等专业审查人员各不少于2人；从事市政基础设施工程施工图审查的，所需专业的审查人员不少于7人，其他必须配套的专业审查人员各不少于2人；专门从事勘察文件审查的，勘察专业审查人员不少于7人。

承担超限高层建筑工程施工图审查的，还应当具有主持过超限高层建筑工程或者100米以上建筑工程结构专业设计的审查人员不少于3人。

（四）60岁以上审查人员不超过该专业审查人员规定数的1/2。

（五）注册资金不少于300万元。

第八条　二类审查机构应当具备下列条件：

（一）有健全的技术管理和质量保证体系。

（二）审查人员应当有良好的职业道德；有10年以上所需专业勘察、设计工作经历；主持过不少于5项中型以上房屋建筑工程、市政基础设施工程相应专业的设计或者乙级以上工程勘察项目相应专业的勘察；已实行执业注册制度的专业，审查人员应当具有一级注册建筑师、一级注册结构工程师或者勘察设计注册工程师资格，并在本审查机构注册；未实行执业注册制度的专业，审查人员应当具有高级工程师职称；近5年内未因违反工程建设法律法规和强制性标准受到行政处罚。

（三）在本审查机构专职工作的审查人员数量：从事房屋建筑工程施工图审查的，结构专业审查人员不少于3人，建筑、电气、暖通、给水排水、勘察等专业审查人员各不少于2人；从事市政基础设施工程施工图审查的，所需专业的审查人员不少于4人，其他必须配套的专业审查人员各不少于2人；专门从事勘察文件审查的，勘察专业审查人员不少于4人。

（四）60岁以上审查人员不超过该专业审查人员规定数的1/2。

（五）注册资金不少于100万元。

第九条　建设单位应当将施工图送审查机构审查，但审查机构不得与所审查项目的建设单位、勘察设计企业有隶属关系或者其他利害关系。送审管理的具体办法由省、自治区、直辖市人民政府住房城乡建设主管部门按照"公开、公平、公正"的原则规定。

建设单位不得明示或者暗示审查机构违反法律法规和工程建设强制性标准进行施工图审查，不得压缩合理审查周期、压低合理审查费用。

第十条　建设单位应当向审查机构提供下列资料并对所提供资料的真实性负责：

（一）作为勘察、设计依据的政府有关部门的批准文件及附件；

（二）全套施工图；

（三）其他应当提交的材料。

第十一条　审查机构应当对施工图审查下列内容：

（一）是否符合工程建设强制性标准；

（二）地基基础和主体结构的安全性；

（三）是否符合民用建筑节能强制性标准，对执行绿色建筑标准的项目，还应当审查是否符合绿色建筑标准；

（四）勘察设计企业和注册执业人员以及相关人员是否按规定在施工图上加盖相应的图章和签字；

（五）法律、法规、规章规定必须审查的其他内容。

第十二条　施工图审查原则上不超过下列时限：

（一）大型房屋建筑工程、市政基础设施工程为15个工作日，中型及以下房屋建筑工程、市政基础设施工程为10个工作日。

（二）工程勘察文件，甲级项目为7个工作日，乙级及以下项目为5个工作日。

以上时限不包括施工图修改时间和审查机构的复审时间。

第十三条　审查机构对施工图进行审查后，应当根据下列情况分别作出处理：

（一）审查合格的，审查机构应当向建设单位出具审查合格书，并在全套施工图上加盖审查专用章。审查合格书应当有各专业的审查人员签字，经法定代表人签发，并加盖审查机构公章。审查机构应当在出具审查合格书后5个工作日内，将审查情况报工程所在地县级以上地方人民政府住房城乡建设主管部门备案。

（二）审查不合格的，审查机构应当将施工图退建设单位并出具审查意见告知书，说明不合格原因。同时，应当将审查意见告知书及审查中发现的建设单位、勘察设计企业和注册执业人员违反法律、法规和工程建设强制性标准的问题，报工程所在地县级以上地方人民政府住房城乡建设主管部门。

施工图退建设单位后，建设单位应当要求原勘察设计企业进行修改，并将修改后的施工图送原审查机构复审。

第十四条 任何单位或者个人不得擅自修改审查合格的施工图；确需修改的，凡涉及本办法第十一条规定内容的，建设单位应当将修改后的施工图送原审查机构审查。

第十五条 勘察设计企业应当依法进行建设工程勘察、设计，严格执行工程建设强制性标准，并对建设工程勘察、设计的质量负责。

审查机构对施工图审查工作负责，承担审查责任。施工图经审查合格后，仍有违反法律、法规和工程建设强制性标准的问题，给建设单位造成损失的，审查机构依法承担相应的赔偿责任。

第十六条 审查机构应当建立、健全内部管理制度。施工图审查应当有经各专业审查人员签字的审查记录。审查记录、审查合格书、审查意见告知书等有关资料应当归档保存。

第十七条 已实行执业注册制度的专业，审查人员应当按规定参加执业注册继续教育。

未实行执业注册制度的专业，审查人员应当参加省、自治区、直辖市人民政府住房城乡建设主管部门组织的有关法律、法规和技术标准的培训，每年培训时间不少于40学时。

第十八条 按规定应当进行审查的施工图，未经审查合格的，住房城乡建设主管部门不得颁发施工许可证。

第十九条 县级以上人民政府住房城乡建设主管部门应当加强对审查机构的监督检查，主要检查下列内容：

（一）是否符合规定的条件；

（二）是否超出范围从事施工图审查；

（三）是否使用不符合条件的审查人员；

（四）是否按规定的内容进行审查；

（五）是否按规定上报审查过程中发现的违法违规行为；

（六）是否按规定填写审查意见告知书；

（七）是否按规定在审查合格书和施工图上签字盖章；

（八）是否建立健全审查机构内部管理制度；

（九）审查人员是否按规定参加继续教育。

县级以上人民政府住房城乡建设主管部门实施监督检查时，有权要求被检查的审查机构提供有关施工图审查的文件和资料，并将监督检查结果向社会公布。

第二十条 审查机构应当向县级以上地方人民政府住房城乡建设主管部门报审查情况统计信息。

县级以上地方人民政府住房城乡建设主管部门应当定期对施工图审查情况进行统计，并将统计信息报上级住房城乡建设主管部门。

第二十一条 县级以上人民政府住房城乡建设主管部门应当及时受理对施工图审查工作中违法、违规行为的检举、控告和投诉。

第二十二条　县级以上人民政府住房城乡建设主管部门对审查机构报告的建设单位、勘察设计企业、注册执业人员的违法违规行为，应当依法进行查处。

第二十三条　审查机构列入名录后不再符合规定条件的，省、自治区、直辖市人民政府住房城乡建设主管部门应当责令其限期改正；逾期不改的，不再将其列入审查机构名录。

第二十四条　审查机构违反本办法规定，有下列行为之一的，由县级以上地方人民政府住房城乡建设主管部门责令改正，处3万元罚款，并记入信用档案；情节严重的，省、自治区、直辖市人民政府住房城乡建设主管部门不再将其列入审查机构名录：

（一）超出范围从事施工图审查的；

（二）使用不符合条件审查人员的；

（三）未按规定的内容进行审查的；

（四）未按规定上报审查过程中发现的违法违规行为的；

（五）未按规定填写审查意见告知书的；

（六）未按规定在审查合格书和施工图上签字盖章的；

（七）已出具审查合格书的施工图，仍有违反法律、法规和工程建设强制性标准的。

第二十五条　审查机构出具虚假审查合格书的，审查合格书无效，县级以上地方人民政府住房城乡建设主管部门处3万元罚款，省、自治区、直辖市人民政府住房城乡建设主管部门不再将其列入审查机构名录。

审查人员在虚假审查合格书上签字的，终身不得再担任审查人员；对于已实行执业注册制度的专业的审查人员，还应当依照《建设工程质量管理条例》第七十二条、《建设工程安全生产管理条例》第五十八条规定予以处罚。

第二十六条　建设单位违反本办法规定，有下列行为之一的，由县级以上地方人民政府住房城乡建设主管部门责令改正，处3万元罚款；情节严重的，予以通报：

（一）压缩合理审查周期的；

（二）提供不真实送审资料的；

（三）对审查机构提出不符合法律、法规和工程建设强制性标准要求的。

建设单位为房地产开发企业的，还应当依照《房地产开发企业资质管理规定》进行处理。

第二十七条　依照本办法规定，给予审查机构罚款处罚的，对机构的法定代表人和其他直接责任人员处机构罚款数额5%以上10%以下的罚款，并记入信用档案。

（2）《建筑工程施工图设计文件审查要点》（2003年版）（建质〔2003〕2号）

序　号	项　目	审　查　内　容
2.1	编制依据	建设、规划、消防、人防等主管部门对本工程的审批文件是否得到落实，如人防工程平战结合用途及规模、室外出口等是否符合人防批件的规定；现行国家及地方有关本建筑设计的工程建设规范、规程是否齐全、正确，是否为有效版本
2.2	规划要求	建筑工程设计是否符合规划批准的建设用地位置，建筑面积及控制高度是否在规划许可的范围内

序　号	项　　目	审　查　内　容
2.3	施工图深度	
2.3.1	设计说明基本内容	①编制依据：主管部门的审批文件、工程建设标准 ②工程概况：建设地点、用地概貌、建筑等级、设计使用年限、抗震设防烈度、结构类型、建筑布局、建筑面积、建筑层数与高度 ③主要部位材料做法，如墙体、屋面、门窗等（属于民用建筑节能设计范围的工程可与《节能设计》段合并） ④节能设计： 严寒和寒冷地区居住建筑应说明建筑物的体形系数、耗热量指标及主要部位围护结构材料做法、传热系数等 夏热冬冷地区居住建筑应说明建筑物体形系数及主要部位围护结构材料做法、传热系数、热惰性指标等 ⑤防水设计： 地下工程防水等级及设防要求、选用防水卷材或涂料材质及厚度、变形缝构造及其他截水、排水措施 屋面防水等级及设防要求、选用防水卷材或涂料材质及厚度、屋面排水方式及雨水管选型 潮湿积水房间楼面、地面防水及墙身防潮材料做法、防渗漏措施 ⑥建筑防火： 防火分区及安全疏散 消防设施及措施：如墙体、金属承重构件、幕墙、管井、防火门、防火卷帘、消防电梯、消防水池、消防泵房及消防控制中心的设置、构造与防火处理等 ⑦人防工程：人防工程所在部位、防护等级、平战用途、防护面积、室内外出入口及进、排风口的布置 ⑧室内外装修做法 ⑨需由专业部门设计、生产、安装的建筑设备、建筑构件的技术要求，如电梯、自动扶梯、幕墙、天窗等 ⑩其他需特殊说明的情况，如安全防护、环保措施等
2.3.2	图纸基本要求	①总平面图： 标示建设用地范围、道路及建筑红线位置、用地及四邻有关地形、地物、周边市政道路的控制标高 明确新建工程（包括隐蔽工程）的位置及室内外设计标高、场地道路、广场、停车位布置及地面雨水排除方向 ②平、立、剖面图纸完整、表达准确。其中屋顶平面应包含下述内容：屋面检修口、管沟、设备基座及变形缝构造；屋面排水设计、落水口构造及雨水管选型等 ③关键部位的节点、大样不能遗漏，如楼梯、电梯、汽车坡道、墙身、门窗等。图中楼梯、上人屋面、中庭回廊、低窗等安全防护设施应交代清楚 ④建筑物中留待专业设计完善的变配电室、锅炉间、热交换间及中水处理间及餐饮厨房等，应提供合理组织流程的条件和必要的辅助设施

（3）《建筑工程施工图设计文件审查暂行办法》（住房和城乡建设部〔2000〕41号）

第四条 本办法所称施工图审查是指国务院建设行政主管部门和省、自治区、直辖市人民政府建设行政主管部门，依照本办法认定的设计审查机构，根据国家的法律、法规、技术标准与规范，对施工图进行结构安全和强制性标准、规范执行情况等进行的独立审查。

第五条 建筑工程设计等级分级标准中的各类新建、改建、扩建的建筑工程项目均属审查范围。省、自治区、直辖布人民政府建设行政主管部门，可结合本地的实际，确定具体的审查范围。

第六条 建设单位应当将施工图报送建设行政主管部门，由建设行政主管部门委托有关审查机构，进行结构安全和强制性标准、规范执行情况等内容的审查。

第七条 施工图审查的主要内容：

（一）建筑物的稳定性、安全性审查，包括地基基础和主体结构体系是否安全、可靠；

（二）是否符合消防、节能、环保、抗震、卫生、人防等有关强制性标准、规范；

（三）施工图是否达到规定的深度要求；

（四）是否损害公众利益。

第八条 建设单位将施工图报建设行政主管部门审查时，还应同时提供下列资料：

（一）批准的立项文件或初步设计批准文件；

（二）主要的初步设计文件；

（三）工程勘察成果报告；

（四）结构计算书及计算软件名称。

第九条 为简化手续，提高办事效率，凡需进行消防、环保、抗震等专项审查的项目，应当逐步做到有关专业审查与结构安全性审查统一报送、统一受理；通过有关专项审查后，由建设行政主管部门统一颁发设计审查批准书。

第十条 审查机构应当在收到审查材料后20个工作日内完成审查工作，并提出审查报告；特级和一级项目应当在30个工作日内完成审查工作，并提出审查报告，其中重大及技术复杂项目的审查时间可适当延长。审查合格的项目，审查机构向建设行政主管部门提交项目施工图审查报告，由建设行政主管部门向建设单位通报审查结果，并颁发施工图审查批准书。对审查不合格的项目，提出书面意见后，由审查机构将施工图退回建设单位，并由原设计单位修改，重新送审。

施工图审查批准书，由省级建设行政主管部门统一印制，并报国务院建设行政主管部门备案。

第十一条 施工图审查报告的主要内容应当符合本办法第七条的要求，并由审查人员签字、审查机构盖章。

第十二条 凡应当审查而未经审查或者审查不合格的施工图项目，建设行政主管部门不得发放施工许可证，施工图也不得交付施工。

第十三条 施工图一经审查批准，不得擅自进行修改。如遇特殊情况需要进行涉及审查主要内容的修改时，必须重新报请原审批部门，由原审批部门委托审查机构审查后再批准实施。

第十四条 建设单位或者设计单位对审查机构作出的审查报告如有重大分歧时，可由

18

建设单位或者设计单位向所在省、自治区、直辖市人民政府建设行政主管部门提出复查申请，由省、自治区、直辖市人民政府建设行政主管部门组织专家论证并做出复查结果。

第十五条 建筑工程竣工验收时，有关部门应当按照审查批准的施工图进行验收。

第十六条 建设单位要对报送建设行政主管部门的审查材料的真实性负责；勘察、设计单位对提交的勘察报告、设计文件的真实性负责，并积极配合审查工作。

建设行政主管部门对在勘察设计文件中弄虚作假的单位和个人将依法予以处罚。

第十七条 设计审查人员必须具备下列条件：

（一）具有10年以上结构设计工作经历，独立完成过五项二级以上（含二级）项目工程设计的一级注册结构工程师、高级工程师，年满35周岁，最高不超过65周岁；

（二）有独立工作能力，并有一定语言文字表达能力；

（三）有良好的职业道德。

上述人员经省级建设行政主管部门组织考核认定后，可以从事审查工作。

第十八条 设计审查机构的设立，应当坚持内行审查的原则。符合以下条件的机构方可申请承担设计审查工作：

（一）具有符合设计审查条件的工程技术人员组成的独立法人实体；

（二）有固定的工作场所，注册资金不少于20万元；

（三）有健全的技术管理和质量保证体系；

（四）地级以上城市（含地级市）的审查机构，具有符合条件的结构审查人员不少于6人；勘察、建筑和其他配套专业的审查人员不少于7人。县级城市的设计审查机构应具备的条件，由省级人民政府建设行政主管部门规定。

（五）审查人员应当熟练掌握国家和地方现行的强制性标准、规范。

第十九条 符合第十八条规定的直辖市、计划单列市、省会城市的设计审查机构，由省、自治区、直辖市建设行政主管部门初审后，报国务院建设行政主管部门审批，并颁发施工图设计审查许可证；其他城市的设计审查机构由省级建设行政主管部门审批，并颁发施工图设计审查许可证。取得施工图设计审查许可证的机构，方可承担审查工作。

首批通过建筑工程甲级资质换证的设计单位，申请承担设计审查工作时，建设行政主管部门应优先予以考虑。

已经过省、自治区、直辖市建设行政主管部门或计划单列市、省会城市建设行政主管部门批准设立的专职审查机构，按本办法做适当调整、充实，并取得施工图设计审查许可证后，可继续承担审查工作。

第二十条 施工图审查工作所需经费，由施工图审查机构向建设单位收取。具体取费标准由省、自治区、直辖市人民政府建设行政主管部门商当地有关部门确定。

第二十一条 施工图审查机构和审查人员应当依据法律、法规和国家与地方的技术标准认真履行审查职责。施工图审查机构应当对审查的图纸质量负相应的审查责任，但不代替设计单位承担设计质量责任。施工图审查机构不得对本单位，或与本单位有直接经济利益关系的单位完成的施工图进行审查。

审查人员要在审查过的图纸上签字。对玩忽职守、徇私舞弊、贪污受贿的审查人员和机构，由建设行政主管部门依法给予暂停或者吊销其审查资格，并处以相应的经济处罚。

构成犯罪的，依法追究其刑事责任。

2 设计基本规定

2.1 栏杆设计审查

1. 审查主要内容

栏杆设计重点审查内容包括：

（1）对于满足可踏面的临空处（底部有宽度大于或等于0.22m，且高度低于或等于0.45m的可踏部位），应从可踏部位顶面起计算栏杆高度。

（2）临空高度在24m以下时，栏杆高度不应低于1.05m，临空高度在24m及24m以上（包括中高层住宅）时，栏杆高度不应低于1.10m，许多设计人员不管多层或高层，统一取1.05m。

（3）当采用垂直杆件做栏杆时，其杆件净距不应大于0.11m。

（4）图纸中栏杆选用标准图集，栏杆高度及杆件间距应特别注明（有些图集栏杆高度默认为0.9m或1.0m，间距0.15m）。

（5）许多住宅阳台为了立面效果，采用玻璃栏杆，但必须注意规范对安全玻璃的要求。

（6）住宅外窗窗台距楼面、地面的净高低于0.9m时，应有防护设施。六层及六层以下住宅的阳台栏杆（包括封闭阳台）净高不应低于1.05m，七层及七层以上住宅的阳台栏杆（包括封闭阳台）净高不应低于1.1m。阳台栏杆应有防护措施。防护栏杆的垂直杆件间净距不应大于0.11m。

（7）住宅外廊、内天井及上人屋面等临空处栏杆净高，六层及六层以下不应低于1.05m；七层及七层以上不应低于1.1m。栏杆应防止攀登，垂直杆件间净距不应大于0.11m。

2. 设计中常见问题

（1）室内回廊栏杆高度取1.0m，未设0.1m的挡水台，或临空栏杆高度只有0.9m高，下设0.1m的挡水台。

（2）住宅阳台采用钢化玻璃，从可踏面起算只有750mm高。

（3）六层及六层以下住宅的阳台栏杆净高低于1.05m。

（4）七层及七层以上住宅的阳台栏杆净高低于1.10m。

（5）阳台栏杆没有防护措施，或防护栏的垂直杆件间净距大于0.11m。

（6）对平台部分长度大于500mm的栏杆高度未按1050mm进行修改；对商场等有儿童到达的场所，未按儿童安全防护、防攀爬要求选用栏杆；有的设计对栏杆无任何要求。

（7）中庭、回廊、外廊、阳台栏杆（板）的高度设计，其净高尺寸的安全要求（多层≥1050mm；高层≥1100mm），在有可踏面时，未扣除可踏部分的尺寸。有的是回廊、外廊栏杆板下未设防止物体掉落的措施；滴水的翻边（一般为50~100mm高）未予说明。

（8）落地窗、低窗台窗其至玻璃幕墙漏画防护栏杆；即使画了栏杆示意但无栏杆、扶手的用料、尺寸，无竖杆间距及锚固件要求，安全无法保证；落地防护栏杆高度有可踏面时（常为100~200mm），净高不足900mm，防护栏杆高度范围内有开启扇时，栏杆未考虑对儿童的安全防护要求，如商场内竖杆净距应≤110mm。

3. 审查要点汇总

（1）《建筑结构荷载规范》（GB 50009—2012）

5.5.2 楼梯、看台、阳台和上人屋面等的栏杆活荷载标准值，不应小于下列规定：

1 住宅、宿舍、办公楼、旅馆、医院、托儿所、幼儿园，栏杆顶部的水平荷载应取1.0kN/m；

2 学校、食堂、剧场、电影院、车站、礼堂、展览馆或体育场，栏杆顶部的水平荷载应取1.0kN/m，竖向荷载应取1.2kN/m，水平荷载与竖向荷载应分别考虑。

（2）《住宅设计规范》（GB 50096—2011）

5.6.2 阳台栏杆设计必须采用防止儿童攀登的构造，栏杆的垂直杆件间净距不应大于0.11m。放置花盆处必须采取防坠落措施。

5.6.3 阳台栏板或栏杆净高，六层及六层以下的不应低于1.05m；七层及七层以上的不应低于1.10m。

5.6.4 封闭阳台栏板或栏杆也应满足阳台栏板或栏杆净高要求。七层及七层以上住宅和寒冷、严寒地区住宅宜采用实体栏板。

6.1.3 外廊、内天井及上人屋面等临空处的栏杆净高，六层及六层以下不应低于1.05m，七层及七层以上不应低于1.10m。防护栏杆必须采用防止儿童攀登的构造，栏杆的垂直杆件间净距不应大于0.11m。放置花盆处必须采取防坠落措施。

6.3.2 楼梯踏步宽度不应小于0.26m，踏步高度不应大于0.175m。扶手高度不应小于0.90m。楼梯水平段栏杆长度大于0.50m时，其扶手高度不应小于1.05m。楼梯栏杆垂直杆件间净空不应大于0.11m。

6.3.5 楼梯井净宽大于0.11m时，必须采取防止儿童攀滑的措施。

（3）《中小学校设计规范》（GB 50099—2011）

8.1.6 上人屋面、外廊、楼梯、平台、阳台等临空部位必须设防护栏杆，防护栏杆必须牢固，安全，高度不应低于1.10m。防护栏杆最薄弱处承受的最小水平推力应不小于1.5kN/m。

8.7.6 中小学校的楼梯扶手的设置应符合下列规定：

1 楼梯宽度为2股人流时，应至少在一侧设置扶手；

2 楼梯宽度达3股人流时，两侧均应设置扶手；

3 楼梯宽度达4股人流时，应加设中间扶手，中间扶手两侧的净宽均应满足本规范第8.7.2条的规定；

4 中小学校室内楼梯扶手高度不应低于0.90m，室外楼梯扶手高度不应低于1.10m；水平扶手高度不应低于1.10m；

5 中小学校的楼梯栏杆不得采用易于攀登的构造和花饰；杆件或花饰的镂空处净距不得大于0.11m；

6 中小学校的楼梯扶手上应加装防止学生溜滑的设施。

（4）《铁路旅客车站建筑设计规范（2011 年版）》（GB 50226—2007）

6.4.2　检票口应采用柔性或可移动栏杆，其通道应顺直，净宽度不应小于 0.75m。

（5）《民用建筑设计通则》（GB 50352—2005）

6.6.3　阳台、外廊、室内回廊、内天井、上人屋面及室外楼梯等临空处应设置防护栏杆，并应符合下列规定：

1　栏杆应以坚固、耐久的材料制作，并能承受荷载规范规定的水平荷载；

2　临空高度在 24m 以下时，栏杆高度不应低于 1.05m，临空高度在 24m 及 24m 以上（包括中高层住宅）时，栏杆高度不应低于 1.10m；

注：栏杆高度应从楼地面或屋面至栏杆扶手顶面垂直高度计算，如底部有宽度大于或等于 0.22m，且高度低于或等于 0.45m 的可踏部位，应从可踏部位顶面起计算。

3　栏杆离楼面或屋面 0.10m 高度内不宜留空；

4　住宅、托儿所、幼儿园、中小学及少年儿童专用活动场所的栏杆必须采用防止少年儿童攀登的构造，当采用垂直杆件做栏杆时，其杆件净距不应大于 0.11m；

5　文化娱乐建筑、商业服务建筑、体育建筑、园林景观建筑等允许少年儿童进入活动的场所，当采用垂直杆件做栏杆时，其杆件净距也不应大于 0.11m。

（6）《住宅建筑规范》（GB 50368—2005）

5.1.5　外窗窗台距楼面、地面的净高低于 0.90m 时，应有防护设施。六层及六层以下住宅的阳台栏杆净高不应低于 1.05m，七层及七层以上住宅的阳台栏杆净高不应低于 1.10m。阳台栏杆应有防护措施。防护栏杆的垂直杆件间净距不应大于 0.11m。

5.2.2　外廊、内天井及上人屋面等临空处栏杆净高，六层及六层以下不应低于 1.05m；七层及七层以上不应低于 1.10m。栏杆应防止攀登，垂直杆件间净距不应大于 0.11m。

（7）《托儿所、幼儿园建筑设计规范》（JGJ 39—1987）

第 3.6.5 条　楼梯、扶手、栏杆和踏步应符合下列规定：

一、楼梯除设成人扶手外，并应在靠墙一侧设幼儿扶手，其高度不应大于 0.60m。

二、楼梯栏杆垂直线饰间的净距不应大于 0.11m。当楼梯井净宽度大于 0.20m 时，必须采取安全措施。

三、楼梯踏步的高度不应大于 0.15m，宽度不应小于 0.26m。

四、在严寒、寒冷地区设置的室外安全疏散楼梯，应有防滑措施。

第 3.7.4 条　阳台、屋顶平台的护栏净高不应小于 1.20m，内侧不应设有支撑。护栏宜采用垂直线饰，其净空距离不应大于 0.11m。

（8）《剧场建筑设计规范》（JGJ 57—2000）

6.7.6　作用于栏杆的水平荷载应符合下列规定：

1　假台口上的栏杆不应小于 1.0kN/m；

2　座席地坪高于前排 0.50m 及座席侧面紧邻有高差之纵走道或梯步所设置的栏杆不应小于 1.0kN/m。

（9）《建筑玻璃应用技术规程》（JGJ 113—2009）

7.2.5　室内栏板用玻璃应符合下列规定：

1　不承受水平荷载的栏板玻璃应使用符合本规程表 7.1.1-1 的规定且公称厚度不小

于5mm 的钢化玻璃，或公称厚度不小于6.38mm 的夹层玻璃。

　　2　承受水平荷载的栏板玻璃应使用符合本规程表7.1.1-1 的规定且公称厚度不小于12mm 的钢化玻璃或公称厚度不小于16.76mm 钢化夹层玻璃。当栏板玻璃最低点离一侧楼地面高度在 3m 或 3m 以上、5m 或 5m 以下时，应使用公称厚度不小于 16.76mm 钢化夹层玻璃。当栏板玻璃最低点离一侧楼地面高度大于5m 时，不得使用承受水平荷载的栏板玻璃。

安全玻璃最大许用面积　　　　　　表 7.1.1-1

玻璃种类	公称厚度（mm）	最大许用面积（m²）
钢化玻璃	4	2.0
	5	3.0
	6	4.0
	8	6.0
	10	8.0
	12	9.0
夹层玻璃	6.38　6.76　7.52	3.0
	8.38　8.76　9.52	5.0
	10.38　10.76　11.52	7.0
	12.38　12.76　13.52	8.0

2.2　层高设计审查

1. 审查主要内容

层高设计重点审查内容包括：

（1）卧室、起居室（厅）的室内净高不应低于2.40m。

（2）厨房、卫生间的室内净高不应低于2.20m。

（3）住宅地下自行车库净高不应低于2.00m。

2. 设计中常见问题

（1）住宅底层车库净高小于2.2m。

（2）小学教学楼层高不满足规范要求。

（3）卧室、起居室（厅）的室内净高低于2.40m。

住宅室内净高、局部净高必须满足居住活动的空间需求，才能使居住者感觉舒畅，不压抑。根据普通住宅层高度的要求，不管采用何种楼板结构，卧室、起居室（厅）的室内净高不低于2.40m 的要求容易达到。但对住宅进行装修吊顶时，则不应忽视此净高要求。

（4）局部净高低于2.10m，局部净高的面积大于室内使用面积的1/3。

（5）利用坡屋顶内空间作卧室、起居室（厅）时，其1/2 使用面积的室内净高低于2.10m。

利用坡屋顶内空间作卧室、起居室（厅）时，若净高低于2.10m 的使用面积超过该房间使用面积的1/2，将造成居住者活动困难。而在工程实践中，利用坡屋顶内空间作卧室、起居室（厅）时，较易对屋顶坡度的计算不够精确，特别在房间出入口处、室内主要通道等局部出现大面积净高低于2.10m时，应及时纠正。

（6）走廊和公共部位通道的净宽小于1.20m，局部净高低于2.00m。

走廊和公共部位通道的净宽不足或局部净高过低将严重影响人员通行及疏散安全。所以，根据人体工程学原理要求对通道净宽和局部净高应设最低标准。

3. 审查要点汇总

（1）《住宅设计规范》（GB 50096—2011）

5.5.1 住宅层高宜为2.80m。

5.5.2 卧室、起居室（厅）的室内净高不应低于2.40m，局部净高不应低于2.10m，且局部净高的室内面积不应大于室内使用面积的1/3。

5.5.3 利用坡屋顶内空间作卧室、起居室（厅）时，至少有1/2的使用面积的室内净高不应低于2.10m。

5.5.4 厨房、卫生间的室内净高不应低于2.20m。

5.5.5 厨房、卫生间内排水横管下表面与楼面、地面净距不得低于1.90m，且不得影响门、窗扇开启。

（2）《中小学校设计规范》（GB 50099—2011）

7.2.1 中小学校主要教学用房的最小净高应符合表7.2.1的规定。

主要教学用房的最小净高（m）　　　　　　　　表7.2.1

教室	小学	初中	高中
普通教室、史地、美术、音乐教室	3.00	3.05	3.10
舞蹈教室	4.50		
科学教室、实验室、计算机教室、劳动教室、技术教室、合班教室	3.10		
阶梯教室	最后一排（楼地面最高处）距顶棚或上方突出物最小距离为2.20m		

7.2.2 风雨操场的净高应取决于场地的运动内容。各类体育场地最小净高应符合表7.2.2的规定。

各类体育场地的最小净高（m）　　　　　　　　表7.2.2

体育场地	田径	篮球	排球	羽毛球	乒乓球	体操
最小净高	9	7	7	9	4	6

注：田径场地可减少部分项目降低净高。

（3）《铁路旅客车站建筑设计规范（2011年版）》（GB 50226—2007）

6.2.2 旅客用地道、天桥的宽度和高度应通过计算确定，最小净宽度和最小净高度应符合表6.2.2的规定。

项　　目	旅客用地道、天桥		行李、包裹地道
	特大型、大型站	中型、小型站	
最小净宽度	8.0	6.0	5.2
最小净高度	2.5（3.0）		3.0

注：表中括号内的数值为封闭式天桥的尺寸。

（4）《民用建筑设计通则》（GB 50352—2005）

6.2.1　建筑层高应结合建筑使用功能、工艺要求和技术经济条件综合确定，并符合专用建筑设计规范的要求。

6.2.2　室内净高应按楼地面完成面至吊顶或楼板或梁底面之间的垂直距离计算；当楼盖、屋盖的下悬构件或管道底面影响有效使用空间者，应按楼地面完成面至下悬构件下缘或管道底面之间的垂直距离计算。

6.2.3　建筑物用房的室内净高应符合专用建筑设计规范的规定；地下室、局部夹层、走道等有人员正常活动的最低处的净高不应小于 2m。

（5）《住宅建筑规范》（GB 50368—2005）

5.1.6　卧室、起居室（厅）的室内净高不应低于 2.40m，局部净高不应低于 2.10m，局部净高的面积不应大于室内使用面积的 1/3。利用坡屋顶内空间作卧室、起居室（厅）时，其 1/2 使用面积的室内净高不应低于 2.10m。

5.2.1　走廊和公共部位通道的净宽不应小于 1.20m，局部净高不应低于 2.00m。

5.4.2　住宅地下机动车库应符合下列规定：

1　库内坡道严禁将宽的单车道兼作双车道。

2　库内不应设置修理车位，并不应设置使用或存放易燃、易爆物品的房间。

3　库内车道净高不应低于 2.20m。车位净高不应低于 2.00m。

4　库内直通住宅单元的楼（电）梯间应设门，严禁利用楼（电）梯间进行自然通风。

5.4.3　住宅地下自行车库净高不应低于 2.00m。

（6）《宿舍建筑设计规范》（JGJ 36—2005）

4.2.4　储藏空间的净深不应小于 0.55m。设固定箱子架时，每格净空长度不宜小于 0.80m，宽度不宜小于 0.60m，高度不宜小于 0.45m。书架的尺寸，其净深不应小于 0.25m，每格净高不应小于 0.35m。

4.4.1　居室在采用单层床时，层高不宜低于 2.80m；在采用双层床或高架床时，层高不宜低于 3.60m。

4.4.2　居室在采用单层床时，净高不应低于 2.60m；在采用双层床或高架床时，净高不应低于 3.40m。

4.4.3　辅助用房的净高不宜低于 2.50m。

（7）《图书馆建筑设计规范》（JGJ 38—1999）

4.2.8　书库、阅览室藏书区净高不得小于 2.40m。当有梁或管线时，其底面净高不宜小于 2.30m；采用积层书架的书库结构梁（或管线）底面之净高不得小于 4.70m。

（8）《托儿所、幼儿园建筑设计规范》（JGJ 39—1987）

第 3.1.5 条 生活用房的室内净高不应低于表 3.1.5 的规定。

生活用房室内最低净高（m）　　　　　　　　　　　　表 3.1.5

房间名称	净高	房间名称	净　高
活动室、寝室、乳儿室	2.80	音体活动室	3.60

注：特殊形状的顶棚、最低处距地面净高不应低于 2.20m。

（9）《商店建筑设计规范》（JGJ 48—201×）

4.2.3 营业厅的净高应按其平面形状和通风方式确定，并应符合表 4.2.3 的规定。

营业厅的净高　　　　　　　　　　　　表 4.2.3

通风方式	自然通风			机械排风和自然通风相结合	空气调节系数
	单面开窗	前面敞开	前后开窗		
最大进深与净高比	2:1	2.5:1	4:1	5:1	不限
最小净高/m	3.20	3.20	3.50	3.50	3.00

注：①设有空调设施、新风量和过渡季节通风量不大于 20m³/（h·人），并且有人工采光的面积不超过 50m² 的房间或宽度不超过 3m 的局部空间的净高可酌减，但不应小于 2.40m。
②营业厅净高应按楼地面至吊顶或楼板底面障碍物之间的垂直高度计算。

4.3.5 库房的净高应为由有效储存空间及减少至营业厅垂直运距等确定，并应符合下列规定：

1　设有货架的库房净高不应小于 2.10m；

2　设有夹层的库房净高不应小于 4.60m；

3　无固定堆放形式的库房净高不应小于 3m。

注：库房净高应按楼地面至上部结构主梁或桁架下弦底面间的垂直高度计算。

（10）《综合医院建筑设计规范》（JGJ 49—1988）

第 3.1.11 条 室内净高在自然通风条件下，不应低于下列规定：

一、诊查室 2.60m，病房 2.80m；

二、医技科室根据需要而定。

（11）《旅馆建筑设计规范》（JGJ 62—1990）

第 3.2.4 条 室内净高。

一、客房居住部分净高度，当设空调时不应低于 2.4m；不设空调时不应低于 2.60m。

二、利用坡屋顶内空间作为客房时，应至少有 8m² 面积的净高度不低于 2.4m。

三、卫生间及客房内过道净高度不应低于 2.1m。

四、客房层公共走道净高度不应低于 2.1m。

2.3　楼梯设计审查

1. 审查主要内容

楼梯设计重点审查内容包括：

（1）托儿所、幼儿园、中小学及少年儿童专用活动场所的楼梯，梯井净宽大于0.2m时，必须采取防止少年儿童攀滑的措施，楼梯栏杆应采取不易攀登的构造，当采用垂直杆件做栏杆时，其杆件净距不应大于0.11m。

（2）楼梯除设成人扶手外，应在靠墙一侧设幼儿扶手，其高度不应大于0.6m；楼梯栏杆的净距不应大于0.11m，当梯井净宽度大于0.2m时，必须采取安全措施；楼梯踏步的高度不应大于0.15m，宽度不应小于0.26m。

（3）中小学校室外楼梯及水平栏杆（或栏板）的高度不应小于1.1m。楼梯不应采用易于攀登的花格栏杆。

（4）商店建筑营业部分的公共楼梯是否符合规范规定（室内楼梯的每梯段净宽不应小于1.4m，踏步高度不应大于0.16m，踏步宽度不应小于0.28m；室外台阶的踏步高度不应大于0.15m，踏步宽度不应小于0.3m）。

2. 设计中常见问题

（1）住宅楼梯平台的结构下缘至人行通道的垂直高度小于2.0m。

（2）住宅楼梯梯段净高小于2.2m。

（3）楼梯梯段净宽小于1.10m。

（4）六层或六层以下住宅，一边设有栏杆的梯段净宽小于1.00m。

（5）楼梯踏步宽度小于0.26m，或楼梯踏步高度大于0.175m。

（6）楼梯扶手设计不符合规定。

（7）梯段宽度未按疏散人数进行设计；独立分隔的三层商店专用梯仅950mm宽（商场等人数众多的公共建筑，应按商场营业面积和为顾客服务面积之和来计算容纳顾客人数，再来求出梯段的宽度，商场营业面积容纳顾客人数在一、二层时为0.85人/m²，三层时为0.77人/m²，四层及以上时为0.6人/m²）；高层梯宽为1.0m/100人。

（8）梯段净宽常不考虑扶手所占的空间（一般占50mm）造成梯段宽度不符合规范要求，如梯段标注宽度，多层住宅应≥1050mm，高层住宅应≥1150mm，其他建筑应≥1250mm，商场应≥1450mm，医院主楼梯应≥1700mm。

（9）楼梯疏散门常开错方向，底层楼梯外门，出屋顶疏散门常设计成向内开；楼梯侧向开门时，门扇距踏步常不足400mm，门扇开启时影响梯段疏散宽度。

（10）地上、地下共用楼梯时，未在首层处将上、下梯之间封住隔开；有的设计虽有分隔示意，但隔而不死；地下出入口的门应为乙级防火门。

（11）对于无外窗可采光，无通风排烟的封闭楼梯间，未按防烟梯间要求进行设计（未设具有防烟功能带正压送风的前室）。

（12）不做楼梯平剖面大样，梯段之间垂直净距不足2200mm的情况也时有发生。

（13）公共建筑六层未做封闭楼梯间（如学校教学楼，普通办公楼）。

（14）室外疏散楼梯不符合规范要求。

3. 审查要点汇总

（1）《住宅设计规范》（GB 50096—2011）

6.3.1 楼梯梯段净宽不应小于1.10m，不超过六层的住宅，一边设有栏杆的梯段净宽不应小于1.00m。

6.3.2 楼梯踏步宽度不应小于0.26m，踏步高度不应大于0.175m。扶手高度不应小于 0.90m。楼梯水平段栏杆长度大于 0.50m 时，其扶手高度不应小于 1.05m。楼梯栏杆垂直杆件间净空不应大于 0.11m。

6.3.3 楼梯平台净宽不应小于楼梯梯段净宽，且不得小于 1.20m。楼梯平台的结构下缘至人行通道的垂直高度不应低于 2.00m。入口处地坪与室外地面应有高差，并不应小于 0.10m。

6.3.4 楼梯为剪刀梯时，楼梯平台的净宽不得小于 1.30m。

6.3.5 楼梯井净宽大于 0.11m 时，必须采取防止儿童攀滑的措施。

（2）《中小学校设计规范》（GB 50099—2011）

8.7.1 中小学校建筑中疏散楼梯的设置应符合现行国家标准《民用建筑设计通则》GB 50352、《建筑设计防火规范》GB 50016 和《建筑抗震设计规范》GB 50011 的有关规定。

8.7.2 中小学校教学用房的楼梯梯段宽度应为人流股数的整数倍。梯段宽度不应小于 1.20m，并应按 0.60m 的整数倍增加梯段宽度。每个梯段可增加不超过 0.15m 的摆幅宽度。

8.7.3 中小学校楼梯每个梯段的踏步级数不应少于 3 级，且不应多于 18 级，并应符合下列规定：

1 各类小学楼梯踏步的宽度不得小于 0.26m，高度不得大于 0.15m；

2 各类中学楼梯踏步的宽度不得小于 0.28m，高度不得大于 0.16m；

3 楼梯的坡度不得大于 30°。

8.7.4 疏散楼梯不得采用螺旋楼梯和扇形踏步。

8.7.5 楼梯两梯段间楼梯井净宽不得大于 0.11m，大于 0.11m 时，应采取有效的安全防护措施。两梯段扶手间的水平净距宜为 0.10m～0.20m。

8.7.6 中小学校的楼梯扶手的设置应符合下列规定：

1 楼梯宽度为 2 股人流时，应至少在一侧设置扶手；

2 楼梯宽度达 3 股人流时，两侧均应设置扶手；

3 楼梯宽度达 4 股人流时，应加设中间扶手，中间扶手两侧的净宽均应满足本规范第 8.7.2 条的规定；

4 中小学校室内楼梯扶手高度不应低于 0.90m，室外楼梯扶手高度不应低于 1.10m；水平扶手高度不应低于 1.10m；

5 中小学校的楼梯栏杆不得采用易于攀登的构造和花饰；杆件或花饰的镂空处净距不得大于 0.11m；

6 中小学校的楼梯扶手上应加装防止学生溜滑的设施。

8.7.7 除首层及顶层外，教学楼疏散楼梯在中间层的楼层平台与梯段接口处宜设置缓冲空间，缓冲空间的宽度不宜小于梯段宽度。

8.7.8 中小学校的楼梯两相邻梯段间不得设置遮挡视线的隔墙。

8.7.9 教学用房的楼梯间应有天然采光和自然通风。

（3）《民用建筑设计通则》（GB 50352—2005）

6.7.1 楼梯的数量、位置、宽度和楼梯间形式应满足使用方便和安全疏散的要求。

6.7.2 墙面至扶手中心线或扶手中心线之间的水平距离即楼梯梯段宽度除应符合防

火规范的规定外，供日常主要交通用的楼梯的梯段宽度应根据建筑物使用特征，按每股人流为 0.55 + （0～0.15）m 的人流股数确定，并不应少于两股人流。0～0.15m 为人流在行进中人体的摆幅，公共建筑人流众多的场所应取上限值。

6.7.3 梯段改变方向时，扶手转向端处的平台最小宽度不应小于梯段宽度，并不得小于 1.20m，当有搬运大型物件需要时应适量加宽。

6.7.4 每个梯段的踏步不应超过 18 级，亦不应少于 3 级。

6.7.5 楼梯平台上部及下部过道处的净高不应小于 2m，梯段净高不宜小于 2.20m。

注：梯段净高为自踏步前缘（包括最低和最高一级踏步前缘线以外 0.30m 范围内）量至上方突出物下缘间的垂直高度。

6.7.6 楼梯应至少于一侧设扶手，梯段净宽达三股人流时应两侧设扶手，达四股人流时宜加设中间扶手。

6.7.7 室内楼梯扶手高度自踏步前缘线量起不宜小于 0.90m。靠楼梯井一侧水平扶手长度超过 0.50m 时，其高度不应小于 1.05m。

6.7.8 踏步应采取防滑措施。

6.7.9 托儿所、幼儿园、中小学及少年儿童专用活动场所的楼梯，梯井净宽大于 0.20m 时，必须采取防止少年儿童攀滑的措施，楼梯栏杆应采取不易攀登的构造，当采用垂直杆件做栏杆时，其杆件净距不应大于 0.11m。

6.7.10 楼梯踏步的高宽比应符合表 6.7.10 的规定。

楼梯踏步最小宽度和最大高度（m）　　　　　　　表 6.7.10

楼 梯 类 别	最小宽度	最大高度
住宅共用楼梯	0.26	0.175
幼儿园、小学校等楼梯	0.26	0.15
电影院、剧场、体育馆、商场、医院、旅馆和大中学校等楼梯	0.28	0.16
其他建筑楼梯	0.26	0.17
专用疏散楼梯	0.25	0.18
服务楼梯、住宅套内楼梯	0.22	0.20

注：无中柱螺旋楼梯和弧形楼梯离内侧扶手中心 0.25m 处的踏步宽度不应小于 0.22m。

6.7.11 供老年人、残疾人使用及其他专用服务楼梯应符合专用建筑设计规范的规定。

（4）《住宅建筑规范》（GB 50368—2005）

5.2.3 楼梯梯段净宽不应小于 1.10m。六层及六层以下住宅，一边设有栏杆的梯段净宽不应小于 1.00m。楼梯踏步宽度不应小于 0.26m，踏步高度不应大于 0.175m。扶手高度不应小于 0.90m。楼梯水平段栏杆长度大于 0.50m 时，其扶手高度不应小于 1.05m。楼梯栏杆垂直杆件间净距不应大于 0.11m。楼梯井净宽大于 0.11m 时，必须采取防止儿童攀滑的措施。

（5）《宿舍建筑设计规范》（JGJ 36—2005）

4.5.2 通廊式宿舍和单元式宿舍楼梯间的设置应符合下列规定：

1 七层至十一层的通廊式宿舍应设封闭楼梯间，十二层及十二层以上的应设防烟楼梯间。

2 十二层至十八层的单元式宿舍应设封闭楼梯间，十九层及十九层以上的应设防烟楼梯间。七层及七层以上各单元的楼梯间均应通至屋顶。但十层以下的宿舍，在每层居室通向楼梯间的出入口处有乙级防火门分隔时，则该楼梯间可不通至屋顶。

3 楼梯间应直接采光、通风。

4.5.3 楼梯门、楼梯及走道总宽度应按每层通过人数每100人不小于1m计算，且梯段净宽不应小于1.20m，楼梯平台宽度不应小于楼梯梯段净宽。

4.5.4 宿舍楼梯踏步宽度不应小于0.27m，踏步高度不应大于0.165m。扶手高度不应小于0.90m。楼梯水平段栏杆长度大于0.50m时，其扶手高度不应小于1.05m。

4.5.5 小学宿舍楼梯踏步宽度不应小于0.26m，踏步高度不应大于0.15m。楼梯扶手应采用竖向栏杆，且杆件间净宽不应大于0.11m。楼梯井净宽不应大于0.20m。

（6）《图书馆建筑设计规范》（JGJ 38—1999）

4.2.9 书库内工作人员专用楼梯的梯段净宽不应小于0.80m，坡度不应大于45°，并应采取防滑措施。书库内不宜采用螺旋扶梯。

（7）《商店建筑设计规范》（JGJ 48—201×）

4.1.6 营业部分的公用楼梯、台阶、坡道、栏杆应符合下列规定：

1 室内楼梯的每梯段净宽不应小于1.40m，踏步高度不应大于0.16m，踏步宽度不应小于0.28m；

2 室内外台阶的踏步高度不应大于0.15m并不宜小于0.10m，踏步宽度不应小于0.30m；当高差不足两级踏步时，应按坡道设置，其坡度不宜大于1:8；

3 楼梯、室内回廊、内天井等临空处当采用垂直杆件做栏杆时，其杆件净距不应大于0.11m。栏杆的高度及强度应符合国家现行标准《民用建筑设计通则》GB 50352的规定。

（8）《综合医院建筑设计规范》（JGJ 49—1988）

第3.1.5条 楼梯

一、楼梯的位置，应同时符合防火疏散和功能分区的要求。

二、主楼梯宽度不得小于1.65m，踏步宽度不得小于0.28m，高度不应大于0.16m。

三、主楼梯和疏散楼梯的平台深度，不宜小于2m。

第4.0.4条 楼梯、电梯

一、病人使用的疏散楼梯至少应有一座为天然采光和自然通风的楼梯。

二、病房楼的疏散楼梯间，不论层数多少，均应为封闭式楼梯间；高层病房楼应为防烟楼梯间。

2.4 卫生间设计审查

1. 审查主要内容

卫生间设计重点审查内容包括：

（1）住宅卫生间不应直接布置在下层的卧室、起居室、厨房和餐厅的上层。

（2）旅馆建筑的卫生间不应设在餐厅、厨房、食品贮藏、变配电室等有严格卫生要求或防潮要求用房的直接上层。

（3）厕所、盥洗室、浴室等不应直接布置在餐厅、食品加工、食品贮存、医药、医疗、变配电等有严格卫生要求或防水、防潮要求用房的上层。

（4）旅客站房应设厕所和盥洗间。

2. 设计中常见问题

（1）卫生间设在了对卫生有严格要求或防潮要求的用房上层。

（2）住宅建筑中设有管理人员室时，没有设置管理人员使用的卫生间。

随着居住生活模式变化，住宅管理人员和各种服务人员大量增加，特别是电梯管理人员、保安人员、地下车库管理人员等长时间在住宅建筑中执行任务的人员大量增加，若住宅建筑中不设相应的卫生间，将造成公共卫生难题。

（3）住宅厨房和卫生间的排水立管没有分别设置。

（4）每套住宅的卧室、起居室（厅）、厨房和卫生间等基本空间设置不全。

（5）卫生间直接布置在下层住户的卧室、起居室（厅）、厨房、餐厅的上层。

（6）卫生间地面和局部墙面没有防水构造。

（7）卫生间的便器、洗浴器、洗面器等设施设置不全或没有预留位置。

（8）布置便器的卫生间的门直接开在厨房内。

3. 审查要点汇总

（1）《人民防空地下室设计规范》（GB 50038—2005）

3.5.1　医疗救护工程宜设水冲厕所；人员掩蔽工程、专业队队员掩蔽部和人防物资库等宜设干厕（便桶）；专业队装备掩蔽部、电站机房和人防汽车库等战时可不设厕所；其他配套工程的厕所可根据实际需要确定。对于应设置干厕的防空地下室，当因平时使用需要已设置水冲厕所时，也应根据战时需要确定便桶的位置。干厕的建筑面积可按每个便桶 1.00～1.40m² 确定。

厕所宜设在排风口附近，并宜单独设置局部排风设施。干厕可在临战时构筑。

3.5.2　每个防护单元的男女厕所应分别设置。厕所宜设前室。厕所的设置可按下列规定确定：

1　男女比例：二等人员掩蔽所可按1:1，其他防空地下室按具体情况确定；

2　大便器（便桶）设置数量：男每40～50人设一个；女每30～40人设一个；

3　水冲厕所小便器数量与男大便器同，若采用小便槽，按每0.5m长相当于一个小便器计。

（2）《住宅设计规范》（GB 50096—2011）

5.4.1　每套住宅应设卫生间，至少应配置便器、洗浴器、洗面器三件卫生设备或为其预留位置。三件卫生设备集中配置的卫生间的使用面积不应小于2.50m²。

5.4.2　卫生间可根据使用功能要求组合不同的设备。不同组合的空间使用面积不应小于下列规定：

1　设便器、洗面器的为1.80m²；

2　设便器、洗浴器的为2.00m²；

3　设洗面器、洗浴器的为 2.00m²；

4　设洗面器、洗衣机的为 1.80m²；

5　单设便器的为 1.10m²。

5.4.3　无前室的卫生间的门不应直接开向起居室（厅）或厨房。

5.4.4　卫生间不应直接布置在下层住户的卧室、起居室（厅）、厨房和餐厅的上层。

5.4.5　当卫生间布置在本套内的卧室、起居室（厅）、厨房和餐厅的上层时，均应有防水和便于检修的措施。

5.4.6　套内应设置洗衣机的位置。

（3）《中小学校设计规范》（GB 50099—2011）

6.2.5　教学用建筑每层均应分设男、女学生卫生间及男、女教师卫生间。学校食堂宜设工作人员专用卫生间。当教学用建筑中每层学生少于 3 个班时，男、女生卫生间可隔层设置。

6.2.6　卫生间位置应方便使用且不影响其周边教学环境卫生。

6.2.7　在中小学校内，当体育场地中心与最近的卫生间的距离超过 90.00m 时，可设室外厕所。所建室外厕所的服务人数可依学生总人数的 15% 计算。室外厕所宜预留扩建的条件。

6.2.8　学生卫生间卫生洁具的数量应按下列规定计算：

1　男生应至少为每 40 人设 1 个大便器或 1.20m 长大便槽；每 20 人设 1 个小便斗或 0.60m 长小便槽；女生应至少为每 13 人设 1 个大便器或 1.20m 长大便槽；

2　每 40 人～45 人设 1 个洗手盆或 0.60m 长盥洗槽；

3　卫生间内或卫生间附近应设污水池。

6.2.9　中小学校的卫生间内，厕位蹲位距后墙不应小于 0.30m。

6.2.10　各类小学大便槽的蹲位宽度不应大于 0.18m。

6.2.11　厕位间宜设隔板，隔板高度不应低于 1.20m。

6.2.12　中小学校的卫生间应设前室。男、女生卫生间不得共用一个前室。

6.2.13　学生卫生间应具有天然采光、自然通风的条件，并应安置排气管道。

6.2.14　中小学校的卫生间外窗距室内楼地面 1.70m 以下部分应设视线遮挡措施。

6.2.15　中小学校应采用水冲式卫生间。当设置旱厕时，应按学校专用无害化卫生厕所设计。

（4）《铁路旅客车站建筑设计规范（2011 年版）》（GB 50226—2007）

4.0.12　车站广场应设置厕所，最小使用面积可根据最高聚集人数或高峰小时发送量按每千人不宜小于 25m² 或 4 个厕位确定。当规模较大时宜分散布置。

5.7.1　旅客站房应设厕所和盥洗间。

5.7.2　旅客站房厕所和盥洗间的设计应符合下列规定：

1　设置位置明显，标志易于识别。

2　厕位数宜按最高聚集人数或高峰小时发送量 2 个/100 人确定，男女人数比例应按 1:1、厕位按 1:1.5 确定，且男、女厕所大便器数量均不应少于 2 个，男厕应布置与大便器数量相同的小便器。

3　厕位间应设隔板和挂钩。

4　男女厕所宜分设盥洗间，盥洗间应设面镜，水龙头应采用卫生、节水型，数量宜按最高聚集人数或高峰小时发送量1个/150人设置，并不得少于2个。

5　候车室内最远地点距厕所距离不宜大于50m。

6　厕所应有采光和良好通风。

7　厕所或盥洗间应设污水池。

5.7.? 特大型、大型站的厕所应分散布置。

（5）《民用建筑设计通则》（GB 50352—2005）

6.5.1 厕所、盥洗室、浴室应符合下列规定：

1　建筑物的厕所、盥洗室、浴室不应直接布置在餐厅、食品加工、食品贮存、医药、医疗、变配电等有严格卫生要求或防水、防潮要求用房的上层；除本套住宅外，住宅卫生间不应直接布置在下层的卧室、起居室、厨房和餐厅的上层；

2　卫生设备配置的数量应符合专用建筑设计规范的规定，在公用厕所男女厕住的比例中，应适当加大女厕位比例；

3　卫生用房宜有天然采光和不向邻室对流的自然通风，无直接自然通风和严寒及寒冷地区用房宜设自然通风道；当自然通风不能满足通风换气要求时，应采用机械通风；

4　楼地面、楼地面沟槽、管道穿楼板及楼板接墙面处应严密防水、防渗漏；

5　楼地面、墙面或墙裙的面层应采用不吸水、不吸污、耐腐蚀、易清洗的材料；

6　楼地面应防滑，楼地面标高宜略低于走道标高，并应有坡度坡向地漏或水沟；

7　室内上下水管和浴室顶棚应防冷凝水下滴，浴室热水管应防止烫人；

8　公用男女厕所宜分设前室，或有遮挡措施；

9　公用厕所宜设置独立的清洁间。

6.5.2 厕所和浴室隔间的平面尺寸不应小于表6.5.2的规定。

厕所和浴室隔间平面尺寸　　　　　　　　　　　　　　　表6.5.2

类　　别	平面尺寸（宽度 m×深度 m）	类　　别	平面尺寸（宽度 m×深度 m）
外开门的厕所隔间	0.90×1.20	外开门淋浴隔间	1.00×1.20
内开门的厕所隔间	0.90×1.40	内设更衣凳的淋浴隔间	1.00×(1.00+0.60)
医院患者专用厕所隔间	1.10×1.40	无障碍专用浴室隔间	盆浴（门扇向外开启）2.00×2.25 淋浴（门扇向外开启）1.50×2.35
无障碍厕所隔间	1.40×1.80（改建用1.00×2.00）		

6.5.3 卫生设备间距应符合下列规定：

1　洗脸盆或盥洗槽水嘴中心与侧墙面净距不宜小于0.55m；

2　并列洗脸盆或盥洗槽水嘴中心间距不应小于0.70m；

3　单侧并列洗脸盆或盥洗槽外沿至对面墙的净距不应小于1.25m；

4　双侧并列洗脸盆或盥洗槽外沿之间的净距不应小于1.80m；

5　浴盆长边至对面墙面的净距不应小于0.65m；无障碍盆浴间短边净宽度不应小于2m；

6　并列小便器的中心距离不应小于0.65m；

7　单侧厕所隔间至对面墙面的净距：当采用内开门时，不应小于1.10m；当采用外开门时不应小于1.30m；双侧厕所隔间之间的净距：当采用内开门时，不应小于1.10m；当采用外开门时不应小于1.30m；

8　单侧厕所隔间至对面小便器或小便槽外沿的净距：当采用内开门时，不应小于1.10m；当采用外开门时，不应小于1.30m。

（6）《住宅建筑规范》（GB 50368—2005）

5.1.3　卫生间不应直接布置在下层住户的卧室、起居室（厅）、厨房、餐厅的上层。卫生间地面和局部墙面应有防水构造。

5.1.4　卫生间应设置便器、洗浴器、洗面器等设施或预留位置；布置便器的卫生间的门不应直接开在厨房内。

5.2.6　住宅建筑中设有管理人员室时，应设管理人员使用的卫生间。

（7）《宿舍建筑设计规范》（JGJ 36—2005）

4.3.1　公共厕所应设前室或经盥洗室进入，前室和盥洗室的门不宜与居室门相对。公共厕所及公共盥洗室与最远居室的距离不应大于25m（附带卫生间的居室除外）。

4.3.2　公共厕所、公共盥洗室卫生设备的数量应根据每层居住人数确定，设备数量不应少于表4.3.2的规定。

公共厕所、公共盥洗室内卫生设备数量　　　　　　表4.3.2

项　　目	设备种类	卫生设备数量
男厕所	大便器	8人以下设一个；超过8人时，每增加15人或不足15人增设一个
	小便器或槽位	每15人或不足15人设一个
	洗手盆	与盥洗室分设的厕所至少设一个
	污水池	公用卫生间或盥洗室设一个
女厕所	大便器	6人以下设一个；超过6人时，每增加12人或不足12人增设一个
	洗手盆	与盥洗室分设的厕所至少设一个
	污水池	公用卫生间或盥洗室设一个
盥洗室（男、女）	洗手盆或盥洗槽龙头	5人以下设一个；超过5人时，每增加10人或不足10人增设一个

注：盥洗室不应男女合用。

4.3.3　居室内的附设卫生间，其使用面积不应小于2m²，设有淋浴设备或2个坐（蹲）便器的附设卫生间，其使用面积不宜小于3.50m²。附设卫生间内的厕位和淋浴宜设隔断。

4.3.11　居室附设卫生间的宿舍建筑宜在每层另设小型公共厕所，其中大便器、小便器及盥洗龙头等卫生设备均不宜少于2个。

4.3.13　设有公共厕所、盥洗室的宿舍建筑内宜在每层设置卫生清洁间。

（8）《图书馆建筑设计规范》（JGJ 38—1999）

4.2.7　书库库区可设工作人员更衣室、清洁室和专用厕所，但不得设在书库内。

4.5.7　公用和专用厕所宜分别设置。公共厕所卫生洁具按使用人数男女各半计算，并应符合下列规定：

1　成人男厕按第60人设大便器一具，每30人设小便斗一具；

2　成人女厕按每30人设大便器一具；

3　儿童男厕按每50人设大便器一具，小便器两具；

4　儿童女厕按每25人设大便器一具；

5　洗手盆按每60人设一具；

6　公用厕所内应设污水池一个；

7　公用厕所中应设供残疾人使用的专门设施。

（9）《托儿所、幼儿园建筑设计规范》（JGJ 39—1987）

第3.2.4条　幼儿卫生间应满足下列规定：

一、卫生间应临近活动室和寝室，厕所和盥洗应分间或分隔，并应有直接的自然通风。

二、盥洗池的高度为 0.50 ~ 0.55m，宽度为 0.40 ~ 0.45m，水龙头的间距为 0.35 ~ 0.4m。

三、无论采用沟槽式或坐蹲式大便器均应有1.2m高的架空隔板，并加设幼儿扶手。每个厕位的平面尺寸为0.80m×0.70m，沟槽式的槽宽为0.16 ~ 0.18m，坐式便器高度为0.25 ~ 0.30m。

四、炎热地区各班的卫生间应设冲凉浴室。热水洗浴设施宜集中设置，凡分设于班内的应为独立的浴室。

第3.2.5条　每班卫生间的卫生设备数量不应少于表3.2.5的规定。

每班卫生间内最少设备数量　　　　表3.2.5

污水池（个）	大便器或沟槽（个或位）	小便槽（位）	盥洗台（水龙头，个）	淋浴（位）
1	4	4	6 ~ 8	2

第3.2.6条　供保教人员使用的厕所宜就近集中，或在班内分隔设置。

（10）《商店建筑设计规范》（JGJ 48—201×）

4.2.12　商店顾客卫生间，设计应符合下列规定：

1　应设置前室；公用厕所的门不宜直接开向营业厅、电梯厅、顾客休息厅等主要公共空间；

2　宜有天然采光和通风，条件不允许时，应采取机械通风措施；

3　应设置无障碍专用厕所设施；

4　卫生设施数量的确定应符合国家现行行业标准《城市公共厕所设计标准》CJJ 14的规定；

5　当每个厕所大便器数量为3具以上时，宜至少设置1具坐式大便器；

6　在有条件的大型或高档商店，宜独立设置第三卫生间，并应有特殊的标志及说明。

（11）《综合医院建筑设计规范》（JGJ 49—1988）

第3.1.14条 厕所

一、病人使用的厕所隔间的平面尺寸，不应小于 1.10m×1.40m，门朝外开，门闩应能里外开启。

二、病人使用的坐式大便器的坐圈宜采用"马蹄式"，蹲式大便器宜采用"下卧式"，大便器旁应装置"助立拉手"。

三、厕所应设前室，并应设非手动开关的洗手盆。

四、如采用室外厕所，宜用连廊与门诊、病房楼相接。

第3.2.9条 厕所按日门诊量计算，男女病人比例一般为 6:4，男厕每 120 人设大便器 1 个，小便器 2 个；女厕每 75 人设大便器 1 个。设置要求见第3.1.14条。

第3.4.7条 护理单元的盥洗室和浴厕

一、设置集中使用厕所的护理单元，男女病人比例一般为 6:4，男厕每 16 床设 1 个大便器和 1 个小便器；女厕每 12 床设 1 个大便器。

二、医护人员厕所应单独设置。

三、设置集中使用盥洗室和浴室的护理单元，每 12～15 床各设 1 个盥洗水嘴和淋浴器，但每一护理单元均不应少于 2 个。盥洗室和淋浴室应设前室。

四、附设于病房中的浴厕面积和卫生洁具的数量，根据使用要求确定。并宜有紧急呼叫设施。

（12）《剧场建筑设计规范》（JGJ 57—2000）

4.0.6 剧场应设观众使用的厕所，厕所应设前室。厕所门不得开向观众厅。男女厕所厕位数比率为 1:1，卫生器具应符合下列规定：

1 男厕：应按每 100 座设一个大便器，每 40 座设一个小便器或 0.60m 长小便槽，每 150 座设一个洗手盆；

2 女厕：应按每 25 座设一个大便器，每 150 座设一个洗手盆；

3 男女厕均应设残疾人专用蹲位。

7.1.6 盥洗室、浴室、厕所不应靠近主台，并应符合下列规定：

1 盥洗室洗脸盆应按每 6～10 人设一个；

2 淋浴室喷头应按每 6～10 人设一个；

3 后台每层均应设男、女厕所。男大便器每 10～15 人设一个，男小便器每 7～15 人设一个，女大便器每 10～12 人设一个。

（13）《旅馆建筑设计规范》（JGJ 62—1990）

第3.2.3条 卫生间

一、客房附设卫生间应符合表 3.2.3-1 的规定。

客房附设卫生间 表 3.2.3-1

建筑等级	一级	二级	三级	四级	五级	六级
净面积（m²）	≥5.0	≥3.5	≥3.0	≥3.0	≥2.5	—
占客房总数百分比（%）	100	100	100	50	25	—
卫生器具件数（件）	不应少于 3			不应少于 2		—

二、对不设卫生间的客房，应设置集中厕所和淋浴室。每件卫生器具使用人数不应大于表3.2.3-2的规定。

每件卫生器具使用人数 表3.2.3-2

每件卫生器具使用人数 使用人数变化范围	卫生器具名称	洗脸盆或水龙头	大便器	小便器或0.6m长小便槽	淋浴喷头	
					严寒地区寒冷地区	温暖地区炎热地区
男	使用人数60人以下	10	12	12	20	15
	超过60人部分	12	15	15	25	18
女	使用人数60人以下	8	10	—	15	10
	超过60人部分	10	12	—	18	12

三、当卫生间无自然通风时，应采取有效的通风排气措施。

四、卫生间不应设在餐厅、厨房、食品贮藏、变配电室等有严格卫生要求或防潮要求用房的直接上层。

五、卫生间不应向客房或走道开窗。

六、客房上下层直通的管道井，不应在卫生间内开设检修门。

七、卫生间管道应有可靠的防漏水、防结露和隔声措施，并便于检修。

(14)《城市公共厕所设计标准》(CJJ 14—2005)

3.1.1　公共厕所的设计应以人为本，符合文明、卫生、适用、方便、节水、防臭的原则。

3.1.2　公共厕所外观和色彩的设计应与环境协调，并应注意美观。

3.1.3　公共厕所的平面设计应合理布置卫生洁具和洁具的使用空间，并应充分考虑无障碍通道和无障碍设施的配置。

3.1.4　公共厕所应分为独立式、附属式和活动式公共厕所三种类型。公共厕所的设计和建设应根据公共厕所的位置和服务对象按相应类别的设计要求进行。

3.1.5　独立式公共厕所按建筑类别应分为三类。各类公共厕所的设置应符合下列规定：

1　商业区、重要公共设施、重要交通客运设施，公共绿地及其他环境要求高的区域应设置一类公共厕所；

2　城市主、次干路及行人交通量较大的道路沿线应设置二类公共厕所；

3　其他街道和区域应设置三类公共厕所。

3.1.6　附属式公共厕所按建筑类别应分为二类。各类公共厕所的设置应符合下列规定：

1　大型商场、饭店、展览馆、机场、火车站、影剧院、大型体育场馆、综合性商业大楼和省市级医院应设置一类公共厕所；

2　一般商场（含超市）、专业性服务机关单位、体育场馆、餐饮店、招待所和区县级医院应设置二类公共厕所。

3.1.7 活动式公共厕所按其结构特点和服务对象应分为组装厕所、单体厕所、汽车厕所、拖动厕所和无障碍厕所五种类别。

3.1.8 公共厕所应适当增加女厕的建筑面积和厕位数量。厕所男蹲（坐、站）位与女蹲（坐）位的比例宜为1:1~2:3。独立式公共厕所宜为1:1，商业区域内公共厕所宜为2:3。

3.2.1 公共场所公共厕所卫生设施数量的确定应符合表3.2.1的规定。

公共场所厕所每一卫生器具服务人数设置标准　　　　表3.2.1

设置位置 / 卫生器具	大便器		小便器
	男	女	
广场、街道	1000	700	1000
车站、码头	300	200	300
公园	400	300	400
体育场外	300	200	300
海滨活动场所	70	50	60

注：1　洗手盆应按本标准第3.3.15的规定采用；
　　2　无障碍厕所卫生器具的设置应符合本标准第7章的规定。

3.2.2 商场、超市和商业街公共厕所卫生设施数量的确定应符合表3.2.2的规定。

商场、超市和商业街为顾客服务的卫生设施　　　　表3.2.2

商店购物面积（m²）	设　施	男	女
1000~2000	大便器	1	2
	小便器	1	—
	洗手盆	1	1
	无障碍卫生间	1	
2001~4000	大便器	1	4
	小便器	2	—
	洗手盆	2	4
	无障碍卫生间	1	
≥4000	按照购物场所面积成比例增加		

注：1　该表推荐顾客使用的卫生设施是对净购物面积1000m²以上的商场；
　　2　该表假设男、女顾客各为50%，当接纳性别比例不同时应进行调整；
　　3　商业街应按各商店的面积合并计算后，按上表比例配置；
　　4　商场和商业街卫生设施的设置应符合本标准第5章的规定；
　　5　商场和商业街无障碍卫生间的设置应符合本标准第7章的规定；
　　6　商店带饭馆的设施配置应按本标准表3.2.3的规定取值。

3.2.3 饭馆、咖啡店、小吃店、快餐店和茶艺馆公共厕所卫生设施的确定应符合表3.2.3 的规定。

饭馆、咖啡店、小吃店、茶艺馆、快餐店为顾客配置的卫生设施　　表3.2.3

设　施	男	女
大便器	400 人以下，每 100 人配 1 个；超过 400 人每增加 250 人增设 1 个	200 人以下，每 50 人配 1 个；超过 200 人每增加 250 人增设 1 个
小便器	每 50 人 1 个	无
洗手盆	每个大便器配 1 个，每 5 个小便器增设 1 个	每个大便器配 1 个
清洗池	至少配 1 个	

注：1　一般情况下，男、女顾客按各为 50% 考虑；
　　2　有关于障碍卫生间的设置应符合本标准第 7 章的规定。

3.2.4 体育场馆、展览馆、影剧院、音乐厅等公共文体活动场所公共厕所卫生设施数量的确定应符合表3.2.4 的规定。

公共文体活动场所配置的卫生设施　　表3.2.4

设　施	男	女
大便器	影院、剧场、音乐厅和相似活动的附属场所，250 人以下设 1 个，每增加 1~500 人增设 1 个	影院、剧场、音乐厅和相似活动的附属场所，不超过 40 人的设 1 个，41~70 人设 3 个，71~100 人设 4 个，每增加 1~40 人增设 1 个
小便器	影院、剧场、音乐厅和相似活动的附属场所，100 人以下设 2 个，每增加 1~80 人增设 1 个	无
洗手盆	每 1 个大便器 1 个，每 1~5 个小便器增设 1 个	每 1 个大便器 1 个，每 2 个小便器增设 1 个
清洗池	不少于 1 个，用于保洁	

注：1　上述设置按男女各为 50% 计算，若男女比例有变化应进行调整；
　　2　若附有其他服务设施内容（如餐饮等），应按相应内容增加配置；
　　3　公共娱乐建筑、体育场馆和展览馆无障碍卫生设施配置应符合本标准第 7 章的规定；
　　4　有人员聚焦场所的广场内，应增建馆外人员使用的附属或独立厕所。

3.2.5 饭店（宾馆）公共厕所卫生设施数量的确定应符合表3.2.5 的规定。

饭店（宾馆）为顾客配置的卫生设施　　表3.2.5

执行类型	设备（设施）	数　量	要　求
附有整套卫生设施的饭店	整套卫生设施	每套客房 1 套	含澡盆（淋浴），坐便器和洗手盆
	公用卫生间	男女各 1 套	设置底层大厅附近
	职工洗澡间	每 9 名职员配 1 个	—
	清洁池	每 30 个客房 1 个	每层至少 1 个

执行类型	设备（设施）	数　量	要　求
不带卫生套间的饭店和客房	大便器	每9人1个	—
	公用卫生间	男女各1套	设置底层大厅附近
	洗澡间	每9位客人1个	含浴盆（淋浴），洗手盆和大便器
	清洁池	每层1个	—

3.2.6　机场、火车站、公共汽（电）车和长途汽车始末站、地下铁道的车站、城市轻轨车站、交通枢纽站、高速路休息区、综合性服务楼和服务性单位公共厕所卫生设施数量的确定应符合表3.2.6的规定。

机场、（火）车站、综合性服务楼和服务性单位为顾客配置的卫生设施　　表3.2.6

设　施	男	女
大便器	每1~150人配1个	1~12人配1个；13~30人配2个；30人以上，每增加1~25人增设1个
小便器	75人以下配2个；75人以上每增加1~75人增设1个	无
洗手盆	每个大便器配1个，每1~5个小便器增设1个	每2个大便器配1个
清洁池	至少配1个，用于清洗设施和地面	

注：1　为职工提供的卫生间设施应按本标准第3.2.7条的规定取值；
　　2　机场、（火）车站、综合性服务楼和服务性单位无障碍卫生间要求应符合本标准第7章的规定；
　　3　综合性服务楼设饭馆的，饭馆的卫生设施应按本标准第3.2.3条的规定取值；
　　4　综合性服务楼设音乐、歌舞厅的，音乐、歌舞厅内部卫生设施应按本标准第3.2.4条的规定取值。

3.2.7　办公、商场、工厂和其他公用建筑为职工配置的卫生设施数量的确定应符合表3.2.7的规定。

办公、商场、工厂和其他公用建筑为职工配置的卫生设施　　表3.2.7

适合任何种类职工使用的卫生设施		
数量（人）	大便器数量	洗手盆数量
1~5	1	1
6~25	2	2
26~50	3	3
51~75	4	4
76~100	5	5
>100	增建卫生间的数量或按每25人的比例增加设施	

其中男职工的卫生设施

男生人数	大便器	小便器
1～15	1	1
16～30	2	2
31～45	2	2
46～60	3	3
61～75	3	3
76～90	4	4
91～100	4	4
>100	增建卫生间的数量或按每50人的比例增加设施	

注：1 洗手盆设置：50人以下，每10人配1个，50人以上每增加20人增配1个；
  2 男女性别的厕所必须各设1个；
  3 无障碍厕所应符合本标准第7章的规定；
  4 该表卫生设施的配置适合任何种类职工使用；
  5 该表如考虑外部人员使用，应按多少人可能使用一次的概率来计算。

3.3.1 公共厕所的平面设计应将大便间、小便间和盥洗室分室设置，各室应具有独立功能。小便间不得露天设置。厕所的进门处应设置男、女通道，屏蔽墙或物。每个大便器应有一个独立的单元空间，划分单元空间的隔断板及门与地面距离应大于100mm，小于150mm。隔断板及门距离地坪的高度：一类二类公厕大于1.8m、三类公厕大于1.5m。独立小便器站位应有高度0.8m的隔断板。

3.3.2 公共厕所的大便器应以蹲便器为主，并应为老年人和残疾人设置一定比例的坐便器。大、小便的冲洗宜采用自动感应或脚踏开关冲便装置。厕所的洗手龙头、洗手液宜采用非接触式的器具，并应配置烘干机或用一次性纸巾。大门应能双向开启。

3.3.3 公共厕所服务范围内应有明显的指示牌。所需要的各项基本设施必须齐备。厕所平面布置宜将管道、通风等附属设施集中在单独的夹道中。厕所设计应采用性能可靠、故障率低、维修方便的器具。

3.3.4 公共厕所内部空间布置应合理，应加大采光系数或增加人工照明。大便器应根据人体活动时所占的空间尺寸合理布置。通过调整冲水和下水管道的安装位置和方式，确保前后空间的设置符合本标准第3.4节的规定。一类公共厕所冬季应配置暖气、夏季应配置空调。

3.3.5 公共厕所应采用先进、可靠、使用方便的节水卫生设备。公共厕所卫生器具的节水功能应符合现行行业标准《节水型生活用水器具》CJ 164 的规定。大便器宜采用每次用水量为6L的冲水系统。采用生物处理或化学处理污水，循环用水冲便的公共厕所，处理后的水质必须达到国家现行标准《城市污水再生利用城市杂用水水质》GB/T 18920 的要求。

3.3.6 公共厕所应合理布置通风方式，每个厕位不应小于40m³/h换气率，每个小便位不应小于20m³/h的换气率，并应优先考虑自然通风。当换气量不足时，应增设机械通风。机械通风的换气频率应达到3次/h以上。设置机械通风时，通风口应设在蹲（坐、站）位上方1.75m以上。大便器应采用具有水封功能的前冲式蹲便器，小便器宜采用半挂式便斗。有条件时可采用单厕排风的空气交换方式。公共厕所在使用过程中的臭味应符合现行国家标准《城市公共厕所卫生标准》GB/T 17217和《恶臭污染物排放标准》GB 14554的要求。

3.3.7 厕所间平面优先尺寸（内表面尺寸）宜按表3.3.7选用。

厕所间平面优先尺寸（内表面尺寸）（mm）　表3.3.7

洁具数量	宽　度	深　度	备用尺寸
三件洁具	1200，1500，1800，2100	1500，1800，2100，2400，2700	
二件洁具	1200，1500，1800	1500，1800，2100，2400	$n \times 100$（$n \geqslant 9$）
一件洁具	900，1200	1200，1500，1800	

3.3.8 公共厕所墙面必须光滑，便于清洗。地面必须采用防渗、防滑材料铺设。

3.3.9 公共厕所的建筑通风、采光面积与地面面积比不应小于1:8，外墙侧窗不能满足要求时可增设天窗。南方可增设地窗。

3.3.10 公共厕所室内净高宜为3.5～4.0m（设天窗时可适当降低）。室内地坪标高应高于室外地坪0.15m。化粪池建在室内地下的，地坪标高应以化粪池排水口而定。采用铸铁排水管时，其管道坡度应符合表3.3.10的规定。

铸铁排水管道的标准坡度和最小坡度　表3.3.10

管径（mm）	标准坡度	最小坡度	管径（mm）	标准坡度	最小坡度
50	0.035	0.025	125	0.015	0.010
75	0.025	0.015	150	0.010	0.007
100	0.020	0.012	200	0.008	0.005

3.3.11 每个大便厕位长应为1.00～1.50m、宽应为0.85～1.20m，每个小便站位（含小便池）深应为0.75m、宽应为0.70m。独立小便器间距应为0.70～0.80m。

3.3.12 厕内单排厕位外开门走道宽度宜为1.30m，不得小于1.00m；双排厕位外开门走道宽度宜为1.50～2.10m。

3.3.13 各类公共厕所厕位不应暴露于厕所外视线内，厕位之间应有隔板。

3.3.14 通槽式水冲厕所槽深不得小于0.40m，槽底宽不得小于0.15m，上宽宜为0.20～0.25m。

3.3.15 公共厕所必须设置洗手盆。公共厕所每个厕位应设置坚固、耐腐蚀挂物钩。

3.3.16 单层公共厕所窗台距室内地坪最小高度应为1.80m；双层公共厕所上层窗台距楼地面最小高度应为1.50m。

3.3.17 男、女厕所厕位分别超过 20 时，宜设双出入口。

3.3.18 厕所管理间面积宜为 4 ~ 12m²，工具间面积宜为 1 ~ 2m²。

3.3.19 通槽式公共厕所宜男、女厕分槽冲洗。合用冲水槽时，必须由男厕向女厕方向冲洗。

3.3.20 建多层公共厕所时，无障碍厕所间应设在底层。

3.3.21 公共厕所的男女进出口，必须设有明显的性别标志，标志应设置在固定的墙体上。

3.3.22 公共厕所应有防蝇、防蚊设施。

3.3.23 在要求比较高的场所，公共厕所可设置第三卫生间。第三卫生间应独立设置，并应有特殊标志和说明。

3.4.1 公共厕所应合理布置卫生洁具在使用过程中的各种空间尺寸，空间尺寸可用其在平面上的投影尺寸表示。公共厕所设计使用的图例应按图 3.4.1 采用。

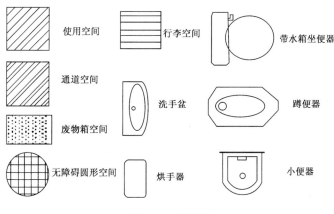

图 3.4.1　图例

3.4.2 公共厕所卫生洁具的使用空间应符合表 3.4.2 的规定。

常用卫生洁具平面尺寸和使用空间　　　　　　表 3.4.2

洁 具	平面尺寸（mm）	使用空间（宽×进深 mm）
洗手盆	500 × 400	800 × 600
坐便器（低位、整体水箱）	700 × 500	800 × 600
蹲便器	800 × 500	800 × 600
卫生间便盆（靠墙式或悬挂式）	600 × 400	800 × 600
碗形小便器	400 × 400	700 × 500
水槽（桶/清洁工用）	500 × 400	800 × 800
烘手器（电动或毛巾）	400 × 300	650 × 600

注：使用空间是指除了洁具占用的空间，使用者在使用时所需空间及日常清洁和维护所需空间。使用空间与洁具尺寸是相互联系的。洁具的尺寸将决定使用空间的位置。

3.4.3 公共厕所单体卫生洁具设计需要的使用空间应符合图3.4.3-1~图3.4.3-5的规定。

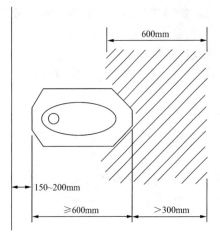

图 3.4.3-1 蹲便器人体使用空间

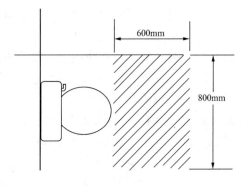

图 3.4.3-2 坐便器人体使用空间

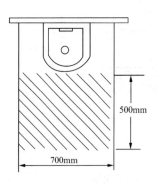

图 3.4.3-3 小便器人体使用空间

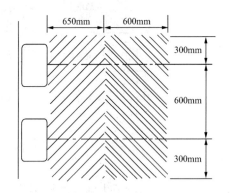

图 3.4.3-4 烘手器人体使用空间

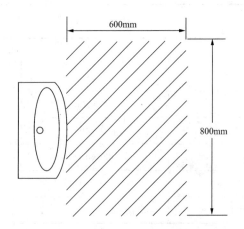

图 3.4.3-5 洗手盆人体使用空间

3.4.4 通道空间应是进入某一洁具而不影响其他洁具使用者所需要的空间。通道空间的宽度不应小于600mm。

3.4.5 在厕所厕位隔间和厕所间内，应为人体的出入、转身提供必需的无障碍圆形空间，其空间直径应为450mm（图3.4.5）。无障碍圆形空间可用在坐便器、临近设施及门的开启范围内画出的最大的圆表示。

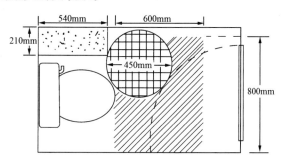

图3.4.5 内开门坐便器厕所间人体活动空间图

3.4.6 行李空间应设置在厕位隔间。其尺寸应与行李物品的式样相适应。火车站，机场和购物中心，宜在厕位隔间内提供900mm×350mm的行李放置区，并不应占据坐便器的使用空间。坐便器便盆宜安置在靠近门安装合页的一边，便盆轴线与较近的墙的距离不宜少于400mm（图3.4.6-1、3.4.6-2）。

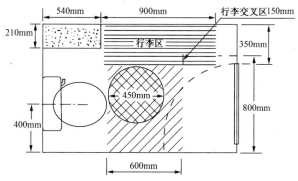

图3.4.6-1 内开门坐便器厕所间人体活动空间图

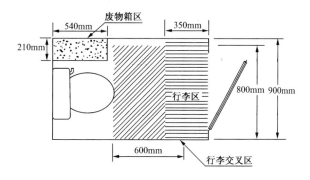

图3.4.6-2 外开门坐便器带行李区厕所间人体活动空间图

3.4.7　相邻洁具间应提供不小于65mm的间隙，以利于清洗（图3.4.7）。

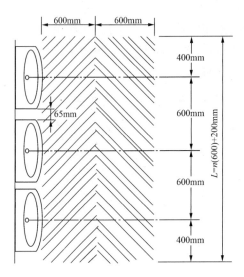

图3.4.7　组合式洗手盆人体使用空间

3.4.8　在洁具可能出现的每种组合形式中，一个洁具占用另一相邻洁具的使用空间的最大部分可以增加到100mm。平面组合可根据这一规定的数据设置（图3.4.8）。

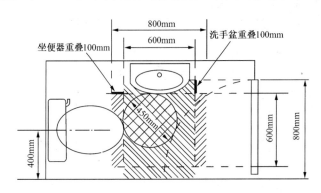

图3.4.8　使用空间重叠

3.4.9　有座便器的厕所间内应设置洗手盆。厕所间的尺寸应由洁具的安装，门的宽度和开启方向来决定。450mm的无障碍圆形空间不应被重叠使用空间占据。洁具的轴线和临近的墙面的距离不应小于400mm。在有厕位隔间的地方应为坐便器和水箱设置宽800mm、深600mm的使用空间，并应预备出安装厕纸架、衣物挂钩和废物处理箱的空间（图3.4.8）。

3.5.1　卫生设施安装前应对所有的洞口位置和尺寸进行检查，确定管道和施工工艺之间的一致性。

3.5.2　在运送卫生设备前，应对存放场地进行清理，加围挡，避免设备被损坏。运输过程中应确保所有设备和洁具的安全，并应对水龙头、管材、板材等进行检查。安装前的设备和洁具宜集中存放。

3.5.3 在安装时应对设备进行保护，应避免釉质及电镀表面损坏。

3.5.4 在安装设备前，应安装好上水和下水管道，并应确保上下水管道畅通无阻。

3.5.5 不应用管道和其他制品做支撑和固定卫生设施的附件。螺钉应使用金属材料或不锈钢，支架及支撑部件应做防腐、防锈处理。支架应安装牢固。当卫生设施被固定在地面时，被固定的地面部分应平整。在支架上的设施应与墙面固定。

3.5.6 安装厕所内厕位隔断板（门框）时，其下部应与地面有牢固的连接，上部应与墙体（不少于两面墙）牢固连接（可通过金属构件间接连接）。门框不应由隔断板固定定位。

3.5.7 卫生设施在安装后应易于清洁。蹲台台面应高于蹲便器的侧边缘，并做 0.01° ~ 0.015° 坡度。当卫生设施与地面或墙面邻接时，邻接部分应做密封处理。

3.5.8 在管道安装时，厕所下水和上水不应直接连接。洗手水必须单独由上水引入，严禁将回用水用于洗手。

4.0.1 独立式公共厕所应采取综合措施完善内部功能，做到外观与环境协调。

4.0.2 繁华地区、重点地区、重要街道、主要干道、公共活动地区和居民住宅区等场所独立式公共厕所的建设应符合现行国家标准《城市环境卫生设施规划规范》GB 50337 的规定。并应根据所在地区的重要程度和客流量建设不同类别和不同规模的独立式公共厕所。对不符合本标准要求的平房居住区公共厕所，应分批改建。

4.0.3 独立式公共厕所的分类及要求应符合表 4.0.3 的规定。

独立式公共厕所类别及要求 表 4.0.3

项目 \ 类别	一 类	二 类	三 类
建筑形式	新颖美观，适合城市特点	美观，适合城市特点	与相邻建筑协调
室外装修	美观并与环境协调	与环境协调	与环境协调
室外绿化	配合环境进行绿化	根据环境需要进行绿化	无
平面布置	男厕大便间、小便间和盥洗室应分室独立设置。女厕设盥洗室，分室设置	男厕大便间、小便间应分室独立设置。盥洗室男女可共用	大、小便可不共用一个通道
管理间	6m² 以上（便于收费管理）	4m² 以上（便于收费管理）	视条件需要定
工具间	2m²	2m²	视条件需要定
利用面积	平均 5 ~ 7m² 设 1 个大便厕位	平均 3 ~ 5m² 设 1 个大便厕位	平均 3m² 设 1 个大便厕位
室内高度	3.7 ~ 4m	3.7 ~ 4m	3.7 ~ 4m
无障碍通道	按轮椅宽 800，长 1200 设计进出通道、宽度、坡度和转弯半径	按轮椅宽 800，长 1200 设计进出通道、宽度、坡度和转弯半径	视条件定
附属设施	按实际条件和需要可设小件寄存间等	按实际条件和需要可设小件寄存间等	视条件定

类别 项目	一 类	二 类	三 类
厕所大门	优质高档门，有防蝇帘	中档（铝合金或木）门，有防蝇帘	木门或铁板门
室内顶棚	防潮耐腐蚀材料吊顶	涂料或吊顶	抹灰
室内墙面	贴高档面砖到顶	贴面砖到顶	抹灰
地面、蹲台	铺高级防滑地面砖	铺标准防滑地面砖	铺防腐地面砖
供水	管径 50～75mm，室内不暴露	管径 50～75mm，室内不暴露	管径 25～50mm
地面排水	设水封地漏男女各一个	设水封地漏男女各一个	设排水孔入便槽
排水	排水管 200mm 以上，带水封	排水管 200mm 以上，带水封	通槽与粪井之间设水封
拖布池	有，不暴露	有，不暴露	有
三格化粪池	有	有	有
采暖	有	视条件定	无
空调	有	视条件定	无
大便厕位面积（m²）	(0.9～1.2)×(1.3～1.5)	(0.9～1.2)×(1.2～1.5)	0.85×(1.0～1.2)
大便厕位隔断板	防划、防画的材料，高1.8m	防划、防画的材料，高1.8m	水磨石等1.5m
大便厕位门	防酸、碱、刻、划、烫的新材料，高1.8m。门的安装宜采用升降式合页。门锁应能显示有、无人上厕，并能由管理人员从外开启	防酸、碱、刻、划、烫的新材料，高1.8m。门的安装宜采用升降式合页。门锁应能显示有、无人上厕，并能由管理人员从外开启	木门1.5m
大便器	高级坐、蹲（前冲式）式独立大便器（2:8）。蹲式大便器长度不小于600mm，其前沿离门不小于400mm	标准坐、蹲（前冲式）式独立大便器（1:9）。蹲式大便器长度不小于600mm，其前沿离门不小于400mm	隔臭便器或带尿档无底便器，其前沿离门不小于300mm
大便冲水设备	蹲式大便采用红外感应自动冲水或脚踏式冲水	蹲式大便采用红外感应自动冲水或脚踏式冲水	节水手动阀，集中水箱自控冲水
残疾人大便器	带扶手架高级坐便器，男女各一个	带扶手架标准坐便器，男女各一个	带扶手架坐便器，男女各一个
老年人大便器	带扶手架高级坐便器，男女各一个（视情况与残疾人分设）	带扶手架标准坐便器，男女各一个	带扶手架坐便器，男女各一个
小便站位间距	0.8m	0.7m	通槽
小便站位隔板	宽0.4m，高0.8m	宽0.4m，高0.8m	视需要定

项目＼类别	一 类	二 类	三 类
小便冲洗设备	红外感应自动冲水	红外感应自动冲水或脚踏式冲水	脚踏或手动节水阀
小便器	高级大半挂，设有儿童用小便器	标准大半挂，设有儿童用小便器	无站台瓷砖小便槽
残疾人小便器	带不锈钢扶手架的小便站位，男厕设一个	带扶手架的小便站位，男厕设一个	带扶手架的小便站位，男厕设一个
应叫器	残疾和老年人厕位设置	残疾和老年人厕位设置	不设置，厕位不设锁
挂衣钩	每个厕位设一个美观、坚固挂衣钩	每个厕位设一个标准挂衣钩	每个厕位设一个坚固挂衣钩
手纸架	有	有	无
废纸容器	男、女厕每厕位设一个	男、女厕每厕位设一个	无
洗手盆	落地式带红外感应豪华洗手盆	带感应或延时水龙头标准洗手盆	洗手盆或洗手池
洗手液机	有（手动式），男女厕各设1个	洗手液或香皂	无
烘手机	有，根据厕位数量男女厕各设1~2个或提供纸巾	视需要定	无
面镜	通片式	通片式或镜箱	收费厕所设
除臭装置	有	有	无
指路牌	有	有	有
灯光厕所标准	有	有	有
厕门男女标牌	有	有	有
坐蹲器形状牌	有	有	无

4.0.4 独立式公共厕所的外部宜进行绿化屏蔽，美化环境。

4.0.5 独立式公共厕所的无障碍设计的走道和门等设计参数，一类和二类公共厕所应按轮椅长1200mm、宽800mm进行设计。无障碍厕所间内应有1500mm×1500mm面积的轮椅回转空间。独立式公共厕所无障碍设计要求应符合现行行业标准《城市道路和建筑物无障碍设计规范》JGJ 50 的有关规定。

4.0.6 三类公共厕所小便槽不宜设站台，应将小便槽做在室内地坪以下，并应做好地面坡度，在小便的站位应铺设垂直方向（相对便槽走向）的防滑盲道砖。

4.0.7 粪便排出口应设 $\phi150 \sim \phi300$mm 的防水弯头或设隔气连接井，地漏必须有水封和阻气防臭装置，洗手盆应设置水封弯头。化粪池应设置排气管，宜将管道直接引到墙内的独立管道向室外高空排放。管道不应漏气，并应做防腐处理。三类公厕宜使用隔臭便器，在大便通槽后方宜设置垂直排气通道，把恶臭气引向高空排放。

4.0.8 地下厕所的设计和建设，应充分了解场址地下构筑物及市政管线的现状，并应注意粪液抽吸、排（除）臭和自然采光。当污水不能直接排入市政管线时，必须设置贮粪池，并配备污泵提升设备，提升设备应有备件。地下厕所的设计外观不得影响整体景观。

4.0.9 公共厕所地面、蹲台、小便池及墙裙，均应采用不透水材料做成。地面应有0.01°~0.015°坡度，并应安设水沟或地漏。坡度方向不应使洗刷废水流出室外。

4.0.10 独立式公共厕所的通风设计应符合下列要求：

1 厕所的纵轴应垂直于夏季主导风向，并应综合考虑太阳辐射以及夏季暴雨的袭击等；

2 门窗开启角度应增大，改善厕所的通风效果；

3 挑檐宽度应加大，导风入室；

4 开设天窗时，宜在天窗外侧加设挡风板，以保证通风效果；

5 宜增设引气排风道。

4.0.11 寒冷地区独立式公共厕所应采取保温防寒措施。

4.0.12 窗和冷桥、对外围传热异常部位和构件应采取保温措施：

1 在满足采光通风等要求下，应减少窗口面积，并改善窗的保温性能。在寒冷地区可采用双层窗甚至三层窗；

2 围护结构中，应在冷桥构件外侧附加保温材料。

4.0.13 化粪池（贮粪池）四壁和池底应做防水处理，池盖必须坚固（特别是可能行车的位置）、严密合缝，检查井、吸粪口不宜设在低洼处，以防雨水浸入。化粪池（贮粪池）的位置应设置在人们不经常停留、活动之处，并应靠近道路以方便清洁车抽吸。化粪池与地下水源、取水构筑物的距离不得小于30m，化粪池壁与其他建筑物的距离不得小于5m。

4.0.14 化粪池容积应符合表4.0.14的规定。

各型号化粪池容积 表4.0.14

化粪池型号	有效容积（m³）	实际使用人数	化粪池型号	有效容积（m³）	实际使用人数
1	3.75	120	5	30.0	600~800
2	6.25	120~200	6	40.0	800~1100
3	12.50	200~400	7	50.0	1100~1400
4	20.0	400~600			

注：表中的实际人数是按每人每日污水量25L，污泥量0.4L，污水停留时间12h，清掏周期120d计算，如与以上基本参数不同时，应按比例相应改变。

4.0.15 粪便不能通入市政排水系统的公共厕所，应设贮粪池。贮粪池的容积应按下式计算：

$$W = \frac{1.3 a_n N + 365 V}{C_n}$$

(4.0.15)

式中 W——贮粪池容积（m^3）；

a_n——人一年粪尿积蓄量（m^3）；

N——每日使用该厕所的人数；

1.3——贮粪池的预备容积系数（防备掏运延误）；

C_n——年中贮粪池清除次数；

V——每日用水量。

4.0.16 公共厕所粪水排放方式应优先考虑采用直接排入市政污水管道的方式，其次考虑采用经化粪池发酵沉淀后排入市政污水管道的方式。当不具备排入市政污水管道条件时，应采用设贮粪池用抽粪车抽吸排放方式。

4.0.17 通风孔及排水沟等通至厕外的开口处，应设防鼠铁箅。

5.0.1 商场（含超市）、饭店、展览馆、影剧院、体育场馆、机场、火车站、地铁和公共设施等服务性部门，必须根据其客流量，建设相应规模和数量的附属式公共厕所。

5.0.2 附属式公共厕所不应影响主体建筑的功能，并应设置直接通至室外的单独出入口。

5.0.3 已建成的主要商业区和主要大街的公共服务单位应改建足够数量的对顾客开放的附属式厕所。

5.0.4 附属式公共厕所的分类及要求应符合表5.0.4的规定。

附属式公共厕所类别及要求　　　　　　表5.0.4

类别 项目	一　类	二　类
平面布置	男厕大便间、小便间和盥洗室应分室独立设置。女厕分二室	男厕大便间、小便间应分室独立设置。盥洗室男女可共用
利用面积	平均 4~5m² 设 1 个大便厕位	平均 3~5m² 设 1 个大便厕位
室内高度	同主体建筑的高度	同主体建筑的高度
无障碍通道	按轮椅宽 800mm，长 1200mm 设计进出通道、宽度、坡度和转弯半径	按轮椅宽 800mm，长 1200mm 设计进出通道、宽度、坡度和转弯半径
厕所大门	优质高档门，或无门但有屏蔽通道	中档门，或无门但有屏蔽通道
室内顶棚	防潮耐腐蚀材料吊顶	涂料或吊顶
室内墙面	贴高档面砖到顶	贴面砖到顶
地面、蹲台	铺高级防滑地面砖	铺标准防滑地面砖
供水	管径 50~75mm，室内不暴露	管径 50~75mm
地面排水	设水封地漏男女厕各一个	设水封地漏男女厕各一个
排水	排水管 150mm 以上，带水封	排水管 150mm 以上，带水封
拖布池	有，不暴露	有
三格化粪池	有或直排污水管道	有或直排污水管道
采暖	北方地区应有	视条件定

项目 \ 类别	一 类	二 类
空调	有	视条件定
大便厕位面积（m²）	0.9×（1.2~1.5）	（0.85~0.9）×（1.1~1.4）
大便厕位隔断板	防划、防画的材料，高1.8m	防划、防画的材料，高1.8m
大便厕位门	防划、防画的新材料，高1.8m。合页采用自动回位式。门锁应能显示有、无人上厕，并能由管理人员从外开门	防划、防画的新材料，高1.8m。合页采用自动回位式。门锁应能由管理人员从外开门
大便器	高级坐、蹲（前冲式）式独立大便器（2:8）。蹲式大便器长度不小于600mm，其前沿离门不小于400mm	标准坐、蹲（前冲式）式独立大便器（1:9）。蹲式大便器长度不小于600mm，其前沿离门不小于400mm
大便冲水设备	蹲式大便采用红外感应自动冲水或脚踏式冲水	蹲式大便采用红外感应自动冲水或脚踏式冲水
残疾人大便器	带扶手架高级坐便器，男女各一个	带扶手架标准坐便器，男女各一个
老年人大便器	带扶手架高级坐便器，男女各一个（视情况与残疾人分设）	带扶手架标准坐便器，男女各一个
小便站位间距	0.8m	0.7m
小便站位隔板	宽0.4m，高0.8m	宽0.4m，高0.8m
小便冲洗设备	红外感应自动冲水	红外感应自动冲水或脚踏式冲水
小便器	高级大半挂，设有儿童用小便器	标准大半挂，设有儿童用小便器
残疾人小便器	带不锈钢扶手架的小便站位，男厕设一个	带扶手架的小便站位，男厕设一个
应叫器	残疾和老年人厕位设置	残疾和老年人厕位设置
挂衣钩	每个厕位设一个美观、坚固挂衣钩	每个厕位设一个标准挂衣钩
手纸架	有	有
废纸容器	男、女厕每厕位设一个	男、女厕每厕位设一个
洗手盆	落地式带红外感应豪华洗手盆	带感应或延时水龙头标准洗手盆
洗手液机	有（手动式），男女厕各设1个	洗手液或香皂
烘手机	有，根据厕位数量男女厕各设1~2个或提供纸巾	视需要定
面镜	通片式	通片式或镜箱
除臭装置	有	有
指路牌	有	有
灯光厕所标准	有	有
厕门男女标牌	有	有
坐蹲器形状牌	有	有

5.0.5 宾馆、饭店、大型购物场所、机场、火车站、长途汽车始末站等涉外窗口单位的附属式公共厕所的设置应符合一类公共厕所标准。

5.0.6 体育场馆内附属式公共厕所应按二类及二类以上标准进行建设或改造。

5.0.7 附属式公共厕所应易于被人找到。厕所的入口不应设置在人流集中处和楼梯间内，避免相互干扰。商场的厕所宜设置在入口层，大型商场可选择其他楼层设置，超大型商场厕所的布局应使各部分的购物者都能方便地使用。

5.0.8 附属式公共厕所应根据建筑物的使用性质，配置卫生设施。卫生设施的配置应符合本标准表3.2.2～表3.2.7的规定。商场内女厕建筑面积宜为男厕建筑面积的2倍，女性厕位的数量宜为男性厕位的1.5倍。

6.0.1 活动式公共厕所的设计应符合下列要求：

1 应便于移动存储和便于安装拆卸；

2 应有通用或专用的运输工具和粪便收运车辆；

3 与外部设施的连接应快速、简便；

4 色彩和外观应能与多种环境协调；

5 使用功能应做到卫生、节水和防臭。

6.0.2 活动式公共厕所的类别及要求应符合表6.0.2的规定。

活动式公共厕所的类别及要求　　　　　　表6.0.2

类别\项目	组装厕所	单位厕所	汽车厕所	拖动厕所	无障碍厕所
适用范围	体育、集会、节目等临时活动场所，建筑工地	体育、集会、节目等临时活动场所，建筑工地	体育、集会、节目等临时活动场所	体育、集会、节目等临时活动场所	残疾人运动会，大型社会活动和其他无障碍活动场所
外部形式	新颖美观，适合吊装	新颖美观，组装方便，适合吊装	轿车形式	轮式拖带集装箱形式	箱形，适合吊装
外装修	保温夹心板	保温夹心板，塑料板等	车厢喷（烤）漆	保温夹心板	保温夹心板
无障碍	视条件定	无	视需要可设升降式平台	视条件定	按轮椅宽800mm，长1200mm设计进出通道，宽度、坡度和转弯半径
管理间	2m² 以下	无	2m² 以下	无	无
工具间	1m² 以下	无	2m² 以下	1m² 以下	无
粪箱	1～2m³	有	有	有	有
采暖	视要求定	无	有	无	视要求定
排风	百叶窗和风扇	百叶窗和风扇	车窗留通风缝，设风扇	百叶窗和风扇	百叶窗和风扇

类别 项目	组装厕所	单位厕所	汽车厕所	拖动厕所	无障碍厕所
厕所门	铝合金框门	铝合金框门或塑料框门	汽车门	铝合金框门	宽大于900mm
室内高度	2.0~2.2m	2.0~2.2m	1.8~2.2m	2.0~2.2m	1.8~2.2m
厕窗	采光系数8~10:1,塑钢或铝合金有机玻璃窗	采光系数8~10:1,塑钢或铝合金有机玻璃窗	采光系数8~10:1,玻璃窗	塑钢或铝合金有机玻璃窗	采光系数8~10:1,塑钢或铝合金有机玻璃窗
室内美化	可设壁画,盆花	无	可设壁画,盆花	无	无
利用面积	平均3~4m²设1个大便厕位	平均1.5~2m²设1个大便厕位	平均5~7m²设1个大便厕位	平均3~4m²设1个大便厕位	宽1.5~2.0m,长2.0~3.0m设1个厕位
供水口	直径50~100mm	直径50~75mm	直径50~75mm	直径50~75mm	直径50~75mm
供水管	管径25mm	管径25mm	管径25mm	管径25mm	管径25mm
排水	排水管75mm以上	排水管75mm以上	排水管75mm以上	排水管75mm以上	排水管75mm以上
拖布池	视条件定	无	视条件定	无	无
室内顶棚	同墙体	同墙体	车顶结构	同墙体	同墙体
室内墙面	与外墙共用	与外墙共用	原车不变	与外墙共用	与外墙共用
地面、蹲台	铺防滑塑板或橡胶板	铺防滑塑板或橡胶板	铺色彩淡雅防滑塑板或橡胶板	铺防滑塑板或橡胶板	铺防滑橡胶板
大便器	坐、蹲(前冲式)式独立大便器(1:5~7)	坐、蹲(前冲式)式独立大便器	豪华型坐、蹲(前冲式)式独立大便器(1:5~7)	坐、蹲(前冲式)式独立大便器(1:5~7)	专用带扶手架坐式独立大便器,男女共用一个
老年人大便器	带扶手架豪华型坐便器,男女各一个(与残疾人分设)	组合放置时,视需要设置	带扶手架标准坐便器,男女各一个	带扶手架坐便器,男女各一个	无
大便冲水设备	脚踏式冲水设备	脚踏式冲水设备	脚踏式冲水设备	脚踏式冲水设备	手动式冲水设备
大便厕位面积(m²)	0.9×(1.2~1.4)	0.9×(1.2~1.4)	0.9×(1.2~1.4)	0.85×(1.0~1.2)	3m²以上
大便厕位隔断板(门)高度	防划、防画的新材料,高1.8m以上	无	防划、防画的新材料,高1.8m以上	防划、防画的新材料,高1.5m以上	无

类别 项目	组装厕所	单位厕所	汽车厕所	拖动厕所	无障碍厕所
大便厕门显示器	有（有人，无人）	有	有	有	有
挂衣钩	每个厕位设一个挂衣钩	设一个挂衣钩	每个厕位设一个挂衣钩	每个厕位设一个挂衣钩	设在1.4～1.6m高度
手纸架	有	有	有	有	有
手纸容器	女厕每厕位设一个	女厕设一个	女厕每厕位设一个	女厕每厕位设一个	有
小便器	半挂式	无	豪华大半挂	半挂式	带扶手架的专用小便器
小便冲洗设备	脚踏式冲水设备	无	脚踏式冲水设备	脚踏式冲水设备	手动
小便站位间距	0.7m以上	无	0.8m以上	0.7m以上	站位宽度0.8～1.0m
小便站位隔板	防划、防画的新材料，宽0.4m，高0.8m	无	防划、防画的新材料，宽0.4m，高0.8m	防划、防画的新材料，宽0.4m，高0.8m	无
洗手盆	不少于1个洗手盆	1个洗手盆	不少于1个玛瑙大理石台架豪华洗手盆	1个洗手盆	低位专用洗手盆
洗手液机	有（手动式），男女厕各设1个	有（手动式），设1个	有（挂式），配擦手纸巾	有（手动式），设1个	有（挂式），配擦手纸巾
烘手机	有，男女厕各设1个	视需要定	有，男女厕各设1个	有，男女厕各设1个	有，设1个
画镜	有（防振式）	可不设	镜箱（防振式）	有（防振式）	有（防振式）
烟灰缸	免水冲厕所禁烟（不设）	免水冲厕所禁烟（不设）	无	无	无
除臭装置	有，喷药除臭	有，喷药除臭	有，喷药除臭	无	有，喷药除臭
指路牌	可有	可有	可有	可有	可有
厕所标牌	有	有	有	有	有
厕门男女标牌	有	有	有	有	有
坐蹲器形状牌	有	有	有	有	有

6.0.3 组装厕所的总宽度不得大于运载车辆底盘的宽度，箱体高度不宜大于2.5m，运载时的总高度不宜大于4.0m，以保证装载后运输过程中具有较好的通过性能。

6.0.4 活动厕所的粪箱宜采用耐腐蚀的不锈钢、塑料等材料制成。采用钢板制作，应使用沥青油等做防腐处理。粪箱应设置便于抽吸粪便的抽粪口，其孔径应大于ϕ160mm；并应设置排粪口，孔径应大于ϕ75mm。粪箱应设置排气管，直接通向高处向室外排放。

6.0.5 活动厕所的水箱应设置便于加水的加水口或加水管，加水管的内径应为ϕ25mm。

6.0.6 活动厕所洗手盆的下水管应有水封装置。

6.0.7 免水冲公共厕所在使用中应做好粪便配套运输、消纳和处理，严禁将粪便倒入垃圾清洁站内。

3 公共建筑

3.1 地下室设计审查

1. 审查主要内容

地下室设计重点审查内容包括:

(1) 地下室防水等级,构造作法及防水材料的厚度。

(2) 防火分区面积、疏散距离,双层机械停车库防火分区面积是否折减。

(3) 变配电房、消防水泵房、变压器室和锅炉房等设备用房是否划分独立的防火分区,应有直接对外出入口。

(4) 地下商场不应设在地下三层及三层以下。营业厅每个防火分区允许的最大面积为2000m²,当地下商场总建筑面积大于20000m²采用不开设门窗洞口的防火墙分隔,相邻区域需局部连通时,可采取下列防火分隔措施:

1) 下沉式广场等室外开敞空间。

2) 防火隔间。

3) 避难走道。

4) 防烟楼梯间。

(5) 歌舞娱乐放映游艺场所不应设在地下二层及二层以下。当布置在地下一层时,地下一层地面与室外出入口地坪的高差不应大于10m;一个厅、室的建筑面积不应大于200m²,并应采用耐火极限不低于2.0h的不燃烧体隔墙和1.0h的不燃烧体楼板与其他部位隔开,厅、室的疏散门应设置乙级防火门;同时应设置防烟与排烟设施。

(6) 人防工程设计,具体包括:

1) 设计说明。

2) 人防顶板底面标高是否高于室外地坪。

3) 人防出入口部直接通向楼梯间时不应将防护密闭门和密闭门当作防火门。

4) 每个防护单元对外出入口战时采用预制构件封堵数量不应超过2个。

5) 人防疏散宽度 (0.3m/百人)。

(7) 汽车坡道出入口是否按照规定设置挡水槛。

2. 设计中常见问题

(1) 在地下建筑的防水设计中,设防道数不清。

(2) 防水等级不明。

(3) 防水层厚度不明。

(4) 对防水材料性能及用法不明,标注错误。

(5) 在地下机动车库设计中,把车辆出入口视为人员疏散出口。

(6) 疏散出口离库内最远一点距离过大。

（7）在车辆出入口漏设防火卷帘或甲级防火门及防火挑檐。

（8）无外窗的车库，未交代进排风井的位置、尺寸。

（9）有进排风井的设计其出地面高度常常不足2.5m。

（10）地下常用的设备机房未采用甲级防火门，防火门未向疏散方向开启。

（11）长度大于7m的配电装置室只设一个出口。

（12）住宅的卧室、起居室（厅）或厨房布置在了地下室。

（13）当住宅的卧室、起居室（厅）或厨房布置在半地下室时，没有采取采光、通风、日照、防潮、排水或安全防护措施。

（14）住宅地下机动车库库内坡道将宽的单车道兼作了双车道。

（15）住宅地下机动车库内设置了修理车位或设置了使用或存放易燃、易爆物品的房间。

（16）住宅地下机动车库内车道净高低于2.20m，或车位净高低于2.00m。

（17）住宅地下机动车库内直通住宅单元的楼（电）梯间没有设门。

（18）住宅地下机动车库利用了楼（电）梯间进行自然通风。

（19）住宅地下自行车库净高低于2.00m。

（20）住宅地下室没有采取有效防水措施。

3. 审查要点汇总

（1）《人民防空地下室设计规范》（GB 50038—2005）

3.1.1 防空地下室的位置、规模、战时及平时的用途，应根据城市的人防工程规划以及地面建筑规划，地上与地下综合考虑，统筹安排。

3.1.3 防空地下室距生产、储存易燃易爆物品厂房、库房的距离不应小于50m；距有害液体、重毒气体的贮罐不应小于100m。

3.2.13 在染毒区与清洁区之间应设置整体浇筑的钢筋混凝土密闭隔墙，其厚度不应小于200mm，并应在染毒区一侧墙面用水泥砂浆抹光。当密闭隔墙上有管道穿过时，应采取密闭措施。在密闭隔墙上开设门洞时，应设置密闭门。

3.2.15 顶板底面高出室外地平面的防空地下室必须符合下列规定。

1 上部建筑为钢筋混凝土结构的甲类防空地下室。其顶板底面不得高出室外地平面；上部建筑为砌体结构的甲类防空地下室，其顶板底面可高出室外地平面，但必须符合下列规定：

1）当地具有取土条件的核5级甲类防空地下室，其顶板底面高出室外地平面的高度不得大于0.50m，并应在临战时按下述要求在高出室外地平面的外墙外侧覆土，覆土的断面应为梯形，其上部水平段的宽度不得小于1.0m，高度不得低于防空地下室顶板的上表面，其水平段外侧为斜坡，其坡度不得大于1:3（高:宽）；

2）核6级、核6B级的甲类防空地下室，其顶板底面高出室外地平面的高度不得大于1.00m，且其高出室外地平面的外墙必须满足战时防常规武器爆炸、防核武器爆炸、密闭和墙体防护厚度等各项防护要求。

2 乙类防空地下室的顶板底面高出室外地平面的高度不得大于该地下室净高的1/2，且其高出室外地平面的外墙必须满足战时防常规武器爆炸、密闭和墙体防护厚度等各项防护要求。

3.3.1 防空地下室战时使用的出入口，其设置应符合下列规定：

1 防空地下室的每个防护单元不应少于两个出入口（不包括竖井式出入口、防护单元之间的连通口），其中至少有一个室外出入口（竖井式除外）。战时主要出入口应设在室外出入口（符合第3.3.2条规定的防空地下室除外）。

3.3.2 符合下列规定的防空地下室，可不设室外出入口：

1 乙类防空地下室当符合下列条件之一时：

1）与具有可靠出入口（如室外出入口）的，且其抗力级别不低于该防空地下室的其他人防工程相连通；

2）上部地面建筑为钢筋混凝土结构（或钢结构）的常6级乙类防空地下室，当符合下列各项规定时：

（1）主要出入口的首层楼梯间直通室外地面，且其通往地下室的梯段上端至室外的距离不大于5.00m；

（2）主要出入口与其中的一个次要出入口的防护密闭门之间的水平直线距离不小于15.00m，且两个出入口楼梯结构均按主要出入口的要求设计。

2 因条件限制（主要指地下室已占满红线时）无法设置室外出入口的核6级、核6B级的甲类防空地下室，当符合下列条件之一时：

1）与具有可靠出入口（如室外出入口）的，且其抗力级别不低于该防空地下室的其他人防工程相连通；

2）当上部地面建筑为钢筋混凝土结构（或钢结构），且防空地下室的主要出入口满足下列各项条件时：

（1）首层楼梯间直通室外地面，且其通往地下室的梯段上端至室外的距离不大于2.00m；

（2）在首层楼梯间由梯段至通向室外的门洞之间，设置有与地面建筑的结构脱开的防倒塌棚架；

（3）首层楼梯间直通室外的门洞外侧上方，设置有挑出长度不小于1.00m的防倒塌挑檐（当地面建筑的外墙为钢筋混凝土剪力墙结构时可不设）；

（4）主要出入口与其中的一个次要出入口的防护密闭门之间的水平直线距离不小于15.00m。

3.6.6 柴油电站的贮油间应符合下列规定：

2 贮油间应设置向外开启的防火门，其地面应低于与其相连接的房间（或走道）地面150～200mm或设门槛；

3 严禁柴油机排烟管、通风管、电线、电缆等穿过贮油间。

3.7.2 平战结合的防空地下室中，下列各项应在工程施工、安装时一次完成：

——现浇的钢筋混凝土和混凝土结构、构件；

——战时使用的及平战两用的出入口、连通口的防护密闭门、密闭门；

——战时使用的及平战两用的通风口防护设施；

——战时使用的给水引入管、排水出户管和防爆波地漏。

3.8.1 防空地下室设计应做好室外地面的排水处理，避免在上部地面建筑周围积水。

3.8.2 防空地下室的防水设计不应低于《地下工程防水技术规范》（GB 50108）规定的防水等级的二级标准。

3.8.3 上部建筑范围内的防空地下室顶板应采用防水混凝土，当有条件时宜附加一种柔性防水层。

（2）《住宅设计规范》（GB 50096—2011）

6.9.1　卧室、起居室（厅）、厨房不应布置在地下室；当布置在半地下室时，必须对采光、通风、日照、防潮、排水及安全防护采取措施，并不得降低各项指标要求。

6.9.2　除卧室、起居室（厅）、厨房以外的其他功能房间可布置在地下室，当布置在地下室时，应对采光、通风、防潮、排水及安全防护采取措施。

6.9.3　住宅的地下室、半地下室做自行车库和设备用房时，其净高不应低于 2.00m。

6.9.4　当住宅的地上架空层及半地下室做机动车停车位时，其净高不应低于 2.20m。

6.9.5　地上住宅楼、电梯间宜与地下车库连通，并宜采取安全防盗措施。

6.9.6　直通住宅单元的地下楼、电梯间入口处应设置乙级防火门，严禁利用楼、电梯间为地下车库进行自然通风。

6.9.7　地下室、半地下室应采取防水、防潮及通风措施，采光井应采取排水措施。

（3）《地下工程防水技术规范》（GB 50108—2008）

3.1.4　地下工程迎水面主体结构应采用防水混凝土，并应根据防水等级的要求采取其他防水措施。

3.2.1　地下工程的防水等级应分为四级，各等级防水标准应符合表 3.2.1 的规定。

地下工程防水标准　　　　　　　　　　　表 3.2.1

防水等级	防水标准	适用范围
一级	不允许渗水，结构表面无湿渍	人员长期停留的场所；因有少量湿渍会使物品变质、失效的贮物场所及严重影响设备正常运转和危及工程安全运营的部位；极重要的战备工程、地铁车站
二级	不允许漏水，结构表面可有少量湿渍 房屋建筑地下工程：总湿渍面积不应大于总防水面积（包括顶板、端面、地面）的 1/1000；任意 100m² 防水面积上的湿渍不超过 2 处，单个湿渍的最大面积不大于 0.1 m² 其他地下工程：总湿渍面积不应大于总防水面积的 2/1000；任意 100m² 砂防水面积上的湿渍不超过 3 处，单个湿渍的最大面积不大于 0.2m²；其中，隧道工程平均渗水量不大于 0.05L/（m²·d），任意 100m² 防水面积上的渗水量不大于 0.15L/（m²·d）	人员经常活动的场所；在有少量湿渍的情况下不会使物品变质、失效的贮物场所及基本不影响设备正常运转和工程安全运营的部位；重要的战备工程
三级	有少量漏水点，不得有线流和漏泥砂 任意 100m² 防水面积上的漏水或湿渍点数不超过 7 处，单个漏水点的最大漏水量不大于 2.5L/d，单个湿渍的最大面积不大于 0.3m²	人员临时活动的场所；一般战备工程
四级	有漏水点，不得有线流和漏泥砂 整个工程平均漏水量不大于 2L/（m²·d）；任意 100m² 防水面积上的平均漏水量不大于 4L/（m²·d）	对渗漏水无严格要求的工程

3.2.2 地下工程不同防水等级的适用范围，应根据工程的重要性和使用中对防水的要求按表3.2.2选定。

不同防水等级的适用范围　　　　　　　　　　　　　表3.2.2

防水等级	适用范围
一级	人员长期停留的场所；因有少量湿渍会使物品变质、失效的贮物场所及严重影响设备正常运转和危及工程安全运营的部位；极重要的战备工程、地铁车站
二级	人员经常活动的场所；在有少量湿渍的情况下不会使物品变质、失效的贮物场所及基本不影响设备正常运转和工程安全运营的部位；重要的战备工程
三级	人员临时活动的场所；一般战备工程
四级	对渗漏水无严格要求的工程

3.3.1 地下工程的防水设防要求，应根据使用功能、使用年限、水文地质、结构形式、环境条件、施工方法及材料性能等因素确定。

1 明挖法地下工程的防水设防应按表3.3.1-1选用；

明挖法地下工程防水设防　　　　　　　　　　　　表3.3.1-1

工程部位	主体结构							施工缝							后浇带				变形缝（诱导缝）					
防水措施	防水混凝土	防水卷材	防水涂料	塑料防水板	膨润土防水材料	防水砂浆	金属板	遇水膨胀止水条（胶）	外贴式止水带	中埋式止水带	外抹防水砂浆	外涂防水涂料	水泥基渗透结晶型防水涂料	预埋注浆管	补偿收缩混凝土	外贴式止水带	预埋注浆管	遇水膨胀止水条（胶）	中埋式止水带	外贴式止水带	可卸式止水带	防水密封材料	外贴防水卷材	外涂防水涂料
防水等级 一级	应选	应选一种至二种						应选二种							应选	应选二种		应选	应选	应选二种				
防水等级 二级	应选	应选一种						应选一种至二种							应选	应选一种至二种		应选	应选	应选一种至二种				
防水等级 三级	应选	宜选一种						宜选一种至二种							应选	宜选一种至二种		应选	应选	宜选一种至二种				
防水等级 四级	宜选	—						宜选一种							应选	宜选一种		应选	应选	宜选一种				

2 暗挖法地下工程的防水设防应按表3.3.1-2选用。

3.3.2 处于侵蚀性介质中的工程，应采用耐侵蚀的防水混凝土、防水砂浆、防水卷材或防水涂料等防水材料。

3.3.4 结构刚度较差或受振动作用的工程，宜采用延伸率较大的卷材、涂料等柔性防水材料。

工程部位	衬砌结构							内衬砌施工缝						内衬砌变形缝、诱导缝			
防水措施	防水混凝土	防水卷材	防水涂料	塑料防水板	膨润土防水材料	防水砂浆	金属板	外贴式止水带	预埋注浆管	遇水膨胀止水条(胶)	防水密封材料	中埋式止水带	水泥基渗透结晶型防水涂料	中埋式止水带	外贴式止水带	可卸式止水带	防水密封材料
防水等级 一级	必选	应选一种至二种						应选一种至二种						应选	应选一种至二种		
二级	应选	应选一种						应选一种						应选	应选一种		
三级	宜选	宜选一种						宜选一种						应选	宜选一种		
四级	宜选	宜选一种						宜选一种						应选	宜选一种		

（4）《民用建筑设计通则》（GB 50352—2005）

6.3.1　地下室、半地下室应有综合解决其使用功能的措施，合理布置地下停车库、地下人防、各类设备用房等功能空间及各类出入口部；地下空间与城市地铁、地下人行道及地下空间之间应综合开发，相互连接，做到导向明确、流线简捷。

6.3.2　地下室、半地下室作为主要用房使用时，应符合安全、卫生的要求，并应符合下列要求：

1　严禁将幼儿、老年人生活用房设在地下室或半地下室；

2　居住建筑中的居室不应布置在地下室内；当布置在半地下室时，必须对采光、通风、日照、防潮、排水及安全防护采取措施；

3　建筑物内的歌舞、娱乐、放映、游艺场所不应设置在地下二层及二层以下；当设置在地下一层时，地下一层地面与室外出入口地坪的高差不应大于10m。

6.3.3　地下室平面外围护结构应规整，其防水等级及技术要求除应符合现行国家标准《地下工程防水技术规范》GB 50108 的规定外，尚应符合下列规定：

1　地下室应在一处或若干处地面较低点设集水坑，并预留排水泵电源和排水管道；

2　地下管道、地下管沟、地下坑井、地漏、窗井等处应有防止涌水、倒灌的措施。

6.3.4　地下室、半地下室的耐火等级、防火分区、安全疏散、防排烟设施、房间内部装修等应符合防火规范的有关规定。

（5）《住宅建筑规范》（GB 50368—2005）

5.4.1　住宅的卧室、起居室（厅）、厨房不应布置在地下室。当布置在半地下室时，必须采取采光、通风、日照、防潮、排水及安全防护措施。

5.4.2　住宅地下机动车库应符合下列规定：

1　库内坡道严禁将宽的单车道兼作双车道。

2　库内不应设置修理车位，并不应设置使用或存放易燃、易爆物品的房间。

3　库内车道净高不应低于2.20m。车位净高不应低于2.00m。

4 库内直通住宅单元的楼（电）梯间应设门，严禁利用楼（电）梯间进行自然通风。

5.4.3 住宅地下自行车库净高不应低于2.00m。

5.4.4 住宅地下室应采取有效防水措施。

（6）《宿舍建筑设计规范》（JGJ 36—2005）

4.2.6 居室不应布置在地下室。

4.2.7 居室不宜布置在半地下室。

4.3.14 宿舍建筑宜集中设置地下或半地下自行车库。

（7）《图书馆建筑设计规范》（JGJ 38—1999）

5.3.4 书库和非书资料库设于地下室时，地下室的防水（潮）设计应符合现行国家标准《地下工程防水技术规范》GBJ 108 的有关规定；当不设空气调节时，应有可靠的除湿装置。

（8）《商店建筑设计规范》（JGJ 48—201×）

4.3.6 商店建筑的地下室、半地下室，如用作商品临时储存、验收、整理和加工场地时，应有良好防潮、通风措施。

3.2 门窗设计审查

1. 审查主要内容
门窗设计重点审查内容包括：

（1）门窗框料材质、玻璃品种及规格要求须明确，整窗传热系数、气密性等级应符合相关规定。

（2）外门窗类型与玻璃的选用，气密性等级。

（3）木制部位的防腐（禁用沥青类材料）。

（4）玻璃幕墙的防火封堵做法，气密性等级。

（5）使用安全玻璃的部位及大玻璃落地门窗的警示标志。

（6）低窗、凸窗是否设防护栏杆。

（7）卧室、起居室、厨房应设置外窗，窗地面积比不应小于1/7。

（8）燃气灶应安装在通风良好的厨房内，利用卧室的套间或用户单独使用的走廊作厨房时，应设门并与卧室隔开。

2. 设计中常见问题
（1）非标门窗不画大样，没有表示出门窗的立面分格形式、开启扇、位置、尺寸；尤其是玻璃幕墙，不交代分格尺寸与开启扇。

（2）对外窗尤其是幕墙，普遍不提出物理性能要求。

（3）对门窗安全玻璃及防护措施要求在说明中不详。

（4）对于用于屋顶采光的玻璃（包括玻璃雨篷），未采用夹胶玻璃、钢化玻璃、夹丝玻璃和聚碳酸酯板（PC 板）等安全性能好的玻璃；当采光顶高出 5.0m 时，未采用夹胶玻璃；胶层厚度未注明应≥0.76mm。

（5）对外门、楼梯门尺寸，未考虑特殊要求场合的最小尺寸，如医院主楼梯疏散门应不小于 1.65m，高层建筑内的观众厅、会议厅门，位于走道尽端房间门（高层时当建筑面积 ≤75m²，多层时房间最远点到门口直线距离大于 15m），以及商场疏散门等均应不小于 1.4m；也未考虑门洞口与梯段宽度的匹配关系（即门洞口与梯宽尺寸应相同）。

（6）防火门窗不明确耐火等级和材质；个别的将防火门设计成弹簧门（防火门应向疏散方向开启，且能自行关闭）。

（7）对跨越楼层间的玻璃幕墙，不注明层间防火分隔要求；无窗间墙、窗槛墙时，应有耐火 ≥1.0h、高度 ≥0.8m 的不燃烧实体墙裙或梁；幕墙与结构之间缝隙（明框幕墙至少 30～40mm，隐框可达 200～230mm）应采用 0.15mm 厚钢板、高度不小于 100mm 的防火材料（岩棉、矿棉）封堵。

（8）在防火分区两边的门窗（位于同一墙面时，窗间距应不小于 2.0m；位于内转角时，窗间水平距离应不小于 4.0m），当分隔尺寸不满足规范要求时，防火墙两侧，应采用火灾时可自动关闭的乙级防火窗或为固定窗扇。

（9）外窗窗台距楼面、地面的净高低于 0.90m 且没有防护设施。

3. 审查要点汇总

（1）《人民防空地下室设计规范》（GB 50038—2005）

3.3.6 防空地下室出入口人防门的设置应符合下列规定：

1 人防门的设置数量应符合表 3.3.6 的规定，并按由外到内的顺序，设置防护密闭门、密闭门；

出入口人防门设置数量 表 3.3.6

人防门	工程类别			
	医疗救护工程、专业队队员掩蔽部、一等人员掩蔽所、生产车间、食品站		二等人员掩蔽所、电站控制室、物资库、区域供水站	专业队装备掩蔽部、汽车库、电站发电机房
	主要口	次要口		
防护密闭门	1	1	1	1
密闭门	2	1	1	0

2 防护密闭门应向外开启。

3.3.17 防护密闭门的设置应符合下列规定：

1 当防护密闭门设置在直通式坡道中时，应采取使防护密闭门不被常规武器（通道口外的）爆炸破片直接命中的措施（如适当弯曲或折转通道轴线等）；

2 当防护密闭门沿通道侧墙设置时，防护密闭门门扇应嵌入墙内设置，且门扇的外表面不得突出通道的内墙面；

3 当防护密闭门设置于竖井内时，其门扇的外表面不得突出竖井的内墙面。

3.3.18 设置在出入口的防护密闭门和防爆波活门。其设计压力值应符合下列规定：

1 乙类防空地下室应按表 3.3.18-1 确定；

2 甲类防空地下室应按表 3.3.18-2 确定。

乙类防空地下室出入口防护密闭门的设计压力值（MPa）　　表3.3.18-1

防常规武器抗力级别			常5级	常6级
室外出入口	直通式	通道长度≤15m	0.30	0.15
		通道长度>15m	0.20	0.10
	单向式、穿廊式、楼梯式、竖井式			
	室内出入口			

注：通道长度：直通式出入口按有防护顶盖段通道中心线在平面上的投影长计。

甲类防空地下室出入口防护密闭门的设计压力值（MPa）　　表3.3.18-2

防核武器抗力级别		核4级	核4B级	核5级	核6级	核6B级
室外出入口	直通式、单向式	0.90	0.60	0.30	0.15	0.10
	穿廊式、楼梯式、竖井式	0.60	0.40			
	室内出入口					

（2）《住宅设计规范》（GB 50096—2011）

5.8.1 窗外没有阳台或平台的外窗，窗台距楼面、地面的净高低于0.90m时，应设置防护设施。

5.8.2　当设置凸窗时应符合下列规定：

1　窗台高度低于或等于0.45m时，防护高度从窗台起算不应低于0.90m。

2　可开启窗扇窗洞口底距窗台面的净高低于0.90m时，窗洞口处应有防护措施。其防护高度从窗台面起算不应低于0.90m。

3　严寒和寒冷地区不宜设置凸窗。

5.8.3　底层外窗和阳台门、下沿低于2.00m且紧邻走廊或共用上人屋面上的窗和门，应采取防卫措施。

5.8.4　面临走廊、共用上人屋面或凹口的窗，应避免视线干扰，向走廊开启的窗扇不应妨碍交通。

5.8.5　户门应采用具备防盗、隔声功能的防护门。向外开启的户门不应妨碍公共交通及相邻户门开启。

5.8.6　厨房和卫生间的门应在下部设置有效截面积不小于0.02m²的固定百叶，也可距地面留出不小于30mm的缝隙。

5.8.7　各部位门洞的最小尺寸应符合表5.8.7的规定。

门洞最小尺寸　　表5.8.7

类　　别	洞口宽度（m）	洞口高度（m）	类　　别	洞口宽度（m）	洞口高度（m）
共用外门	1.20	2.00	厨房门	0.80	2.00
户（套）门	1.00	2.00	卫生间门	0.70	2.00

类　别	洞口宽度（m）	洞口高度（m）	类　别	洞口宽度（m）	洞口高度（m）
起居室（厅）门	0.90	2.00	阳台门（单扇）	0.70	2.00
卧室门	0.90	2.00			

注：1 表中门洞口高度不包括门上梁子高度，宽度以平开门为准。

2 洞口两侧地面有高低差时，以高地面为起算高度。

（3）《中小学校设计规范》（GB 50099—2011）

5.1.9 教学用房的窗应符合下列规定：

1 教学用房中，窗的采光应符合本规范第9.2节的规定。

2 教学用房及教学辅助用房的窗玻璃应满足教学要求，不得采用彩色玻璃。

3 教学用房及教学辅助用房中，外窗的可开启窗扇面积应符合本规范第9.1节及第10.1节通风换气的规定。

4 教学用房及教学辅助用房的外窗在采光、保温、隔热、散热和遮阳等方面的要求应符合国家现行有关建筑节能标准的规定。

5.1.11 教学用房的门应符合下列规定：

1 除音乐教室外，各类教室的门均宜设置上亮窗。

2 除心理咨询室外，教学用房的门扇均宜附设观察窗。

8.1.8 教学用房的门窗设置应符合下列规定：

1 疏散通道上的门不得使用弹簧门、旋转门、推拉门、大玻璃门等不利于疏散通畅、安全的门；

2 各教学用房的门均应向疏散方向开启，开启的门扇不得挤占走道的疏散通道；

3 靠外廊及单内廊一侧教室内隔墙的窗开启后，不得挤占走道的疏散通道，不得影响安全疏散；

4 二层及二层以上的临空外窗的开启扇不得外开。

（4）《民用建筑设计通则》（GB 50352—2005）

6.10.1 门窗产品应符合下列要求：

1 门窗的材料、尺寸、功能和质量等应符合使用要求，并应符合建筑门窗产品标准的规定；

2 门窗的配件应与门窗主体相匹配，并应符合各种材料的技术要求；

3 应推广应用具有节能、密封、隔声、防结露等优良性能的建筑门窗。

注：门窗加工的尺寸，应按门窗洞口设计尺寸扣除墙面装修材料的厚度，按净尺寸加工。

6.10.2 门窗与墙体应连接牢固，且满足抗风压、水密性、气密性的要求，对不同材料的门窗选择相应的密封材料。

6.10.3 窗的设置应符合下列规定：

1 窗扇的开启形式应方便使用。安全和易于维修、清洗；

2 当采用外开窗时应加强牢固窗扇的措施；

3 开向公共走道的窗扇，其底面高度不应低于2m；

4　临空的窗台低于0.80m时，应采取防护措施，防护高度由楼地面起计算不应低于0.80m；

5　防火墙上必须开设窗洞时，应按防火规范设置；

6　天窗应采用防破碎伤人的透光材料；

7　天窗应有防冷凝水产生或引泄冷凝水的措施；

8　天窗应便于开启、关闭、固定、防渗水，并方便清洗。

注：1　住宅窗台低于0.90m时，应采取防护措施；

　　2　低窗台、凸窗等下部有能上人站立的宽窗台面时，贴窗护栏或固定窗的防护高度应从窗台面起计算。

6.10.4　门的设置应符合下列规定：

1　外门构造应开启方便，坚固耐用；

2　手动开启的大门扇应有制动装置，推拉门应有防脱轨的措施；

3　双面弹簧门应在可视高度部分装透明安全玻璃；

4　旋转门、电动门、卷帘门和大型门的邻近应另设平开疏散门，或在门上设疏散门；

5　开向疏散走道及楼梯间的门扇开足时，不应影响走道及楼梯平台的疏散宽度；

6　全玻璃门应选用安全玻璃或采取防护措施，并应设防撞提示标志；

7　门的开启不应跨越变形缝。

6.11.2　玻璃幕墙应符合下列规定：

1　玻璃幕墙适用于抗震地区和建筑高度应符合有关规范的要求。

2　玻璃幕墙应采用安全玻璃，并应具有抗撞击的性能。

3　玻璃幕墙分隔应与楼板、梁、内隔墙处连接牢固，并满足防火分隔要求。

4　玻璃窗扇开启面积应按幕墙材料规格和通风口要求确定，并确保安全。

（5）《宿舍建筑设计规范》（JGJ 36—2005）

4.6.1　宿舍门窗的选用应符合国家相关标准。

4.6.2　宿舍的外窗窗台不应低于0.90m，当低于0.90m时应采取安全防护措施。

4.6.3　宿舍居室外窗不宜采用玻璃幕墙。

4.6.4　开向公共走道的窗扇，其底面距本层地面的高度不宜低于2m。当低于2m时不应妨碍交通，并避免视线干扰。

4.6.5　宿舍的底层外窗、阳台，其他各层的窗台下沿距下面屋顶平台、大挑檐、公共走廊等地面低于2m的外窗，应采取安全防范措施，且应满足逃生救援的要求。

4.6.6　居室的窗应设吊挂窗帘的设施。卫生间、洗浴室和厕所的窗应有遮挡视线的措施。

4.6.7　居室的门宜有安全防范措施，严寒和寒冷地区居室的门宜具有保温性能。

4.6.8　居室和辅助房间的门洞口宽度不应小于0.90m，阳台门洞口宽度不应小于0.80m，居室内附设卫生间的门洞口宽度不应小于0.70m，设亮窗的门洞口高度不应小于2.40m，不设亮窗的门洞口高度不应小于2.10m。

（6）《图书馆建筑设计规范》（JGJ 38—1999）

4.5.2　门厅应符合下列规定：

1　应根据管理和服务的需要设置验证、咨询、收发、寄存和监控等功能设施；

2 多雨地区，其门厅内应有存放雨具的设备；

3 严寒及寒冷地区，其门厅应有防风沙的门斗；

4 门厅的使用面积可按每阅览座位 0.05m² 计算。

（7）《托儿所、幼儿园建筑设计规范》（JGJ 39—1987）

3.7.2 严寒、寒冷地区主体建筑的主要出入口应设挡风门斗，其双层门中心距离不应小于 1.6m。幼儿经常出入的门应符合下列规定：

1 在距地 0.60～1.20m 高度内，不应装易碎玻璃。

2 在距地 0.70m 处，宜加设幼儿专用拉手。

3 门的双面均宜平滑、无棱角。

4 不应设置门槛和弹簧门。

5 外门宜设纱门。

3.7.3 外窗应符合下列要求：

1 活动室、音体活动室的窗台距地面高度不宜大于 0.60m。距地面 1.30m 内不应设平开窗。楼层无室外阳台时应设护栏。

2 所有外窗均应加设纱窗。活动室、寝室、音体活动室及隔离室的窗应有遮光设施。

（8）《商店建筑设计规范》（JGJ 48—201×）

4.1.4 商店建筑如设置外向橱窗时，应符合下列规定：

1 橱窗平台高于室内外地面不宜小于 0.20m；

2 橱窗应符合防晒、防眩光、防盗等要求；

3 采暖地区的封闭橱窗一般不采暖，其内壁应为绝热构造，外表应为防雾构造。

4.1.5 商店建筑的外门窗应符合下列规定：

1 连通外界的底（楼）层门窗应采取安全防范措施；

2 根据具体要求，外门窗应采取通风、防雨、防晒、保温等措施；

3 严寒和寒冷地区的门应设门斗或采取其他防寒设施；

4 外窗可开启面积不应小于窗面积的 30%，并应有良好的气密性、水密性和保温隔热性能，满足节能要求。

（9）《综合医院建筑设计规范》（JGJ 49—1988）

第 3.6.4 条 手术室的门窗

一、通向清洁走道的门净宽，不应小于 1.10m。

二、通向洗手室的门净宽，不应大于 0.80m；应设弹簧门。当洗手室和手术室不贴邻时，则手术室通向清洁走道的门必须设弹簧门或自动启闭门。

三、手术室可采用天然光源或人工照明。当采用天然光源时，窗洞口面积与地板面积之比不得大于 1/7，并应采取有效遮光措施。

（10）《旅馆建筑设计规范》（JGJ 62—1990）

第 3.2.6 条 门、阳台

一、客房入口门洞宽度不应小于 0.9m，高度不应低于 2.1m。

二、客房内卫生间门洞宽度不应小于 0.75m，高度不应低于 2.1m。

三、既做套间又可分为两个单间的客房之间的连通门和隔墙，应符合客房隔声标准。

四、相邻客房之间的阳台不应连通。

第 3.3.1 条　门厅

一、门厅内交通流线及服务分区应明确，对团体客人及其行李等，可根据需要采取分流措施；总服务台位置应明显。

二、一、二、三级旅馆建筑门厅内或附近应设厕所、休息会客、外币兑换、邮电通信、物品寄存及预订票证等服务设施；四、五、六级旅馆建筑门厅内或附近应设厕所、休息、接待等服务设施。

（11）《建筑玻璃应用技术规程》（JGJ 113—2009）

7.2.1　活动门玻璃、固定门玻璃和落地窗玻璃的选用应符合下列规定：

1　有框玻璃应使用符合本规程表 7.1.1-1 的规定的安全玻璃。

2　无框玻璃应使用公称厚度不小于 12mm 的钢化玻璃。

7.2.2　室内隔断应使用安全玻璃，且最大使用面积应符合本规程表 7.1.1-1 的规定。

7.2.3　人群集中的公共场所和运动场所中装配的室内隔断玻璃应符合下列规定：

1　有框玻璃应使用符合本规程表 7.1.1-1 的规定且公称厚度不小于 5mm 的钢化玻璃或公称厚度不小于 6.38mm 的夹层玻璃。

2　无框玻璃应使用符合本规程表 7.1.1-1 的规定且公称厚度不小于 10mm 的钢化玻璃。

7.2.4　浴室用玻璃应符合下列规定：

1　淋浴隔断、浴缸隔断玻璃应使用符合本规程表 7.1.1-1 规定的安全玻璃。

2　浴室内无框玻璃应使用符合本规程表 7.1.1-1 的规定且公称厚度不小于 5mm 的钢化玻璃。

7.2.5　室内栏板用玻璃应符合下列规定：

1　不承受水平荷载的栏板玻璃应使用符合本规程表 7.1.1-1 的规定且公称厚度不小于 5mm 的钢化玻璃，或公称厚度不小于 6.38mm 的夹层玻璃。

2　承受水平荷载的栏板玻璃应使用符合本规程表 7.1.1-1 的规定且公称厚度不小于 12mm 的钢化玻璃或公称厚度不小于 16.76mm 钢化夹层玻璃。当栏板玻璃最低点离一侧楼地面高度在 3m 或 3m 以上、5m 或 5m 以下时，应使用公称厚度不小于 16.75mm 钢化夹层玻璃。当栏板玻璃最低点离一侧楼地面高度大于 5m 时，不得使用承受水平荷载的栏板玻璃。

7.2.6　室外栏板玻璃除应符合本规程第 7.2.5 条的规定外，尚应进行玻璃抗风压设计。对有抗震设计要求的地区，尚应考虑地震作用的组合效应。

（12）《建筑安全玻璃管理规定》发改运行 ［2003］2116 号

建筑物需要以玻璃作为建筑材料的下列部位必须使用安全玻璃：

（1）7 层及 7 层以上建筑物外开窗。

（2）面积大于 1.5m² 的窗玻璃或玻璃底边离最终装修面小于 500mm 的落地窗。

（3）幕墙（全玻幕除外）。

（4）倾斜装配窗、各类天棚（含天窗、采光顶）、吊顶。

（5）观光电梯及其外围护。

（6）室内隔断、浴室围护和屏风。

（7）楼梯、阳台、平台走廊的栏板和中庭内拦板。

（8）用于承受行人行走的地面板。

（9）水族馆和游泳池的观察窗、观察孔。

（10）公共建筑物的出入口、门厅等部位。

（11）易遭受撞击、冲击而造成人体伤害的其他部位。

安全玻璃最大许用面积

表7.1.1-1

玻璃种类	公称厚度（mm）	最大许用面积（m²）
钢化玻璃	4	2.0
	5	3.0
	6	4.0
	8	6.0
	10	8.0
	12	9.0
夹层玻璃	6.38 6.76 7.52	3.0
	8.38 8.76 9.52	5.0
	10.38 10.76 11.52	7.0
	12.38 12.76 13.52	8.0

3.3 屋面及女儿墙设计审查

1. 审查主要内容

屋面及女儿墙设计重点审查内容包括：

（1）屋面防水工程应根据建筑物的类别、重要程度、使用功能要求确定防水等级，并应按相应等级进行防水设防。

（2）防水涂料外观质量和品种、型号应符合国家现行有关材料标准的规定。

2. 设计中常见问题

（1）套用国家或省级屋面防水设计标准图集，不注明保温层的材料品种；保温层厚度未按标准图推荐要求选择。

（2）屋面防水未按规范要求设防（一般建筑按Ⅲ级一道防水设防，高层建筑按Ⅱ级二道防水设防）；选用卷材或涂料防水没有明确防水层厚度，即使明确了厚度，部分厚度却达不到所选材料及设防等级规定的要求（如SBS、APP卷材用于Ⅲ级一道防水时应≥4mm，而用非焦油聚氨酯防水涂料时应≥2.0mm）。

（3）屋面排水设计，常不明确下雨水口的形式（有女儿墙外排时为侧排式，内排时为直排式）及节点做法索引号；有女儿墙时（或上层有建筑时）不明确泛水做法，出屋面门口泛水高度常低于250mm，甚至未考虑屋面保温隔热层厚度及屋面起坡升起后的尺寸，门内侧反而低于室外，形成倒排水；高跨屋面向低处屋面无组织排水时，未设防冲刷附加层（卷材或混凝土板）；有组织排水时，水落管下未设水簸箕。

（4）上人屋面女儿墙（或栏杆）的净高尺寸，只考虑保温防水层厚度尺寸，常忽略屋面起坡尺寸，使屋面最高点女儿墙净高不符合安全要求（临空高度在24m以下时，栏杆高度≥1.05m，临空高度在24m及24m以上时，栏杆高度≥1.10m）。

（5）局部突出高于2.0m的屋面未设检修用人孔或爬梯；一个局部屋面只设一个下雨水口，一旦堵塞而不能及时清通时，屋面将会积水。

（6）有的公共建筑屋面设计成屋顶花园，此时应设两道防水（上层为刚性防水层），应明确种植土层的材料厚度、并组织好种植层的排水（用陶粒或专用疏水塑料夹层板）和节水型灌溉系统（滴灌或喷灌）。

（7）对设一部楼梯顶层局部升高在两层部位，应控制每层建筑面积≤200m²，否则应设两部楼梯。

（8）对采用彩钢板或成型彩钢夹芯板的屋面，未明确彩钢板的色彩、夹芯保温层的种类、厚度（常用不燃材料为：岩棉、矿棉；难燃材料为：阻燃型泡沫塑料或聚氨酯硬泡；保温层厚度应满足热工规范的规定并按隔热要求复核）。

（9）采用彩钢板的屋面往往不注明屋面排水坡（10%），特别是缺少排水檐沟的沟宽、沟深尺寸（应由给排水专业复核后确定泛水坡度）。

3. 审查要点汇总

（1）《屋面工程技术规范》（GB 50345—2012）

3.0.5 屋面防水工程应根据建筑物的类别、重要程度、使用功能要求确定防水等级，并应按相应等级进行防水设防；对防水有特殊要求的建筑屋面，应进行专项防水设计。屋面防水等级和设防要求应符合表3.0.5的规定。

屋面防水等级和设防要求　　　　　　　　　　　　　　表3.0.5

防水等级	建筑类别	设防要求
Ⅰ级	重要建筑和高层建筑	两道防水设防
Ⅱ级	一般建筑	一道防水设防

4.1.4 防水材料的选择应符合下列规定：

1 外露使用的防水层，应选用耐紫外线、耐老化、耐候性好的防水材料；

2 上人屋面，应选用耐霉变、拉伸强度高的防水材料；

3 长期处于潮湿环境的屋面，应选用耐腐蚀、耐霉变、耐穿刺、耐长期水浸等性能的防水材料；

4 薄壳、装配式结构、钢结构及大跨度建筑屋面，应选用耐候性好、适应变形能力强的防水材料；

5 倒置式屋面应选用适应变形能力强、接缝密封保证率高的防水材料；

6 坡屋面应选用与基层粘结力强、感温性小的防水材料；

7 屋面接缝密封防水，应选用与基材粘结力强和耐候性好、适应位移能力强的密封材料；

8 基层处理剂、胶粘剂和涂料，应符合现行行业标准《建筑防水涂料有害物质限量》

JC 1066 的有关规定。

4.4.5 屋面排汽构造设计应符合下列规定：

1 找平层设置的分格缝可兼作排汽道，排汽道的宽度宜为 40mm；

2 排汽道应纵横贯通，并应与大气连通的排汽孔相通，排汽孔可设在檐口下或纵横排汽道的交叉处；

3 排汽道纵横间距宜为 6m，屋面面积每 36m² 宜设置一个排汽孔，排汽孔应作防水处理；

4 在保温层下也可铺设带支点的塑料板。

4.5.1 卷材、涂膜屋面防水等级和防水做法应符合表 4.5.1 的规定。

卷材、涂膜屋面防水等级和防水做法 表 4.5.1

防水等级	防 水 做 法
Ⅰ级	卷材防水层和卷材防水层、卷材防水层和涂膜防水层、复合防水层
Ⅱ级	卷材防水层、涂膜防水层、复合防水层

注：在Ⅰ级屋面防水做法中，防水层仅作单层卷材时，应符合有关单层防水卷材屋面技术的规定。

4.5.3 防水涂料的选择应符合下列规定：

1 防水涂料可按合成高分子防水涂料、聚合物水泥防水涂料和高聚物改性沥青防水涂料选用，其外观质量和品种、型号应符合国家现行有关材料标准的规定。

2 应根据当地历年最高气温、最低气温、屋面坡度和使用条件等因素，选择耐热性、低温柔性相适应的涂料。

3 应根据地基变形程度、结构形式、当地年温差、日温差和振动等因素，选择拉伸性能相适应的涂料。

4 应根据屋面涂膜的暴露程度，选择耐紫外线、耐老化相适应的涂料。

5 屋面坡度大于 25% 时，应选择成膜时间较短的涂料。

4.5.5 每道卷材防水层最小厚度应符合表 4.5.5 的规定。

每道卷材防水层最小厚度（mm） 表 4.5.5

防水等级	合成高分子防水卷材	高聚物改性沥青防水卷材		
		聚酯胎、玻纤胎、聚乙烯胎	自粘聚酯胎	自粘无胎
Ⅰ级	1.2	3.0	2.0	1.5
Ⅱ级	1.5	4.0	3.0	2.0

4.5.6 每道涂膜防水层最小厚度应符合表 4.5.6 的规定。

每道涂膜防水层最小厚度（mm） 表 4.5.6

防水等级	合成高分子防水涂膜	聚合物水泥防水涂膜	高聚物改性沥青防水涂膜
Ⅰ级	1.5	1.5	2.0
Ⅱ级	2.0	2.0	3.0

4.5.7 复合防水层最小厚度应符合表4.5.7的规定。

复合防水层最小厚度（mm） 表4.5.7

防水等级	合成高分子防水卷材+合成高分子防水涂膜	自粘聚合物改性沥青防水卷材（无胎）+合成高分子防水涂膜	高聚物改性沥青防水卷材+高聚物改性沥青防水涂膜	聚乙烯丙纶卷材+聚合物水泥防水胶结材料
Ⅰ级	1.2+1.5	1.5+1.5	3.0+2.0	(0.7+1.3)×2
Ⅱ级	1.0+1.0	1.2+1.0	3.0+1.2	0.7+1.3

4.5.9 附加层设计应符合下列规定：

1 檐沟、天沟与屋面交接处、屋面平面与立面交接处，以及水落口、伸出屋面管道根部等部位，应设置卷材或涂膜附加层；

2 屋面找平层分格缝等部位，宜设置卷材空铺附加层，其空铺宽度不宜小于100mm；

3 附加层最小厚度应符合表4.5.9的规定。

附加层最小厚度（mm） 表4.5.9

附加层材料	最小厚度	附加层材料	最小厚度
合成高分子防水卷材	1.2	合成高分子防水涂料、聚合物水泥防水涂料	1.5
高聚物改性沥青防水卷材（聚酯胎）	3.0	高聚物改性沥青防水涂料	2.0

注：涂膜附加层应夹铺胎体增强材料。

4.6.3 密封材料的选择应符合下列规定：

1 应根据当地历年最高气温、最低气温、屋面构造特点和使用条件等因素，选择耐热度、低温柔性相适应的密封材料；

2 应根据屋面接缝变形的大小以及接缝的宽度，选择位移能力相适应的密封材料；

3 应根据屋面接缝粘结性要求，选择与基层材料相容的密封材料；

4 应根据屋面接缝的暴露程度，选择耐高低温、耐紫外线、耐老化和耐潮湿等性能相适应的密封材料。

4.8.1 瓦屋面防水等级和防水做法应符合表4.8.1的规定。

瓦屋面防水等级和防水做法 表4.8.1

防水等级	防水做法	防水等级	防水做法
Ⅰ级	瓦+防水层	Ⅱ级	瓦+防水垫层

注：防水层厚度应符合本规范第4.5.5条和第4.5.6条Ⅱ级防水的规定。

4.9.1 金属板屋面防水等级和防水做法应符合表4.9.1的规定。

金属板屋面防水等级和防水做法			表4.9.1
防水等级	防水做法	防水等级	防水做法
Ⅰ级	压型金属板＋防水垫层	Ⅱ级	压型金属板、金属面绝热夹芯板

注：1 当防水等级为Ⅰ级时，压型铝合金板基板厚度不应小于0.9mm；压型钢板基板厚度不应小于0.6mm；

2 当防水等级为Ⅰ级时，压型金属板应采用360°咬口锁边连接方式；

3 在Ⅰ级屋面防水做法中，仅作压型金属板时，应符合《金属压型板应用技术规范》等相关技术的规定。

4.10.8 玻璃采光顶的玻璃应符合下列规定：

1 玻璃采光顶应采用安全玻璃，宜采用夹层玻璃或夹层中空玻璃；

2 玻璃原片应根据设计要求选用，且单片玻璃厚度不宜小于6mm；

3 夹层玻璃的玻璃原片厚度不宜小于5mm；

4 上人的玻璃采光顶应采用夹层玻璃；

5 点支承玻璃采光顶应采用钢化夹层玻璃；

6 所有采光顶的玻璃应进行磨边倒角处理。

4.10.9 玻璃采光顶所采用夹层玻璃应符合现行国家标准《建筑用安全玻璃 第3部分：夹层玻璃》GB 15763.3 的有关规定外，尚应符合下列规定：

1 夹层玻璃宜为干法加工合成，夹层玻璃的两片玻璃厚度相差不宜大于2mm；

2 夹层玻璃的胶片宜采用聚乙烯醇缩丁醛胶片，聚乙烯醇缩丁醛胶片的厚度不应小于0.76mm；

3 暴露在空气中的夹层玻璃边缘应进行密封处理。

4.10.10 玻璃采光顶采用夹层中空玻璃除应符合第4.10.9条和现行国家标准《中空玻璃》GB/T 11944 的有关规定外，尚应符合下列规定：

1 中空玻璃气体层的厚度不应小于12mm；

2 中空玻璃宜采用双道密封结构。隐框或半隐框中空玻璃的二道密封应采用硅酮结构密封胶；

3 中空玻璃的夹层面应在中空玻璃的下表面。

4.11.14 女儿墙的防水构造应符合下列规定：

1 女儿墙压顶可采用混凝土或金属制品。压顶向内排水坡度不应小于5%，压顶内侧下端应作滴水处理。

2 女儿墙泛水处的防水层下应增设附加层，附加层在平面和立面的宽度均不应小于250mm。

3 低女儿墙泛水处的防水层可直接铺贴或涂刷至压顶下，卷材收头应用金属压条钉压固定，并应用密封材料封严；涂膜收头应用防水涂料多遍涂刷（图4.11.14-1）。

4 高女儿墙泛水处的防水层泛水高度不应小于250mm，防水层收头应符合③的规定；泛水上部

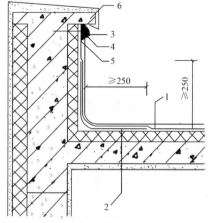

图4.11.14-1 低女儿墙

1—防水层；2—附加层；3—密封材料；
4—金属压条；5—水泥钉；6—压顶

的墙体应作防水处理（图 4.11.14-2）。

5 女儿墙泛水处的防水层表面，宜采用涂刷浅色涂料或浇筑细石混凝土保护。

（2）《民用建筑设计通则》（GB 50352—2005）

6.13.1 屋面工程应根据建筑物的性质、重要程度、使用功能及防水层合理使用年限，结合工程特点、地区自然条件等，按不同等级进行设防。

6.13.2 屋面排水坡度应根据屋顶结构形式，屋面基层类别，防水构造形式，材料性能及当地气候等条件确定，并应符合表 6.13.2 的规定。

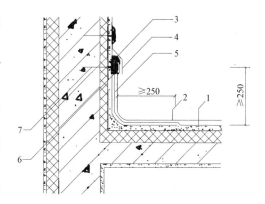

图 4.11.14-2 高女儿墙
1—防水层；2—附加层；3—密封材料；4—金属盖板；
5—保护层；6—金属压条；7—水泥钉

屋面的排水坡度 表 6.13.2

屋面类别	屋面排水坡度（%）	屋面类别	屋面排水坡度（%）
卷材防水、刚性防水的平屋面	2～5	网架、悬索结构金属板	≥4
平瓦	20～50	压型钢板	5～35
波形瓦	10～50	种植土屋面	1～3
油毡瓦	≥20		

注：1 平屋面采用结构找坡不应小于 3%，采用材料找坡宜为 2%；
  2 卷材屋面的坡度不宜大于 25%，当坡度大于 25% 时应采取固定和防止滑落的措施；
  3 卷材防水屋面天沟、檐沟纵向坡度不应小于 1%，沟底水落差不得超过 200mm。天沟、檐沟排水不得流经变形缝和防火墙；
  4 平瓦必须铺置牢固，地震设防地区或坡度大于 50% 的屋面，应采取固定加强措施；
  5 架空隔热屋面坡度不宜大于 5%，种植屋面坡度不宜大于 3%。

6.13.3 屋面构造应符合下列要求：

1 屋面面层应采用不燃烧体材料，包括屋面突出部分及屋顶加层，但一、二级耐火等级建筑物，其不燃烧体屋面基层上可采用可燃卷材防水层；

2 屋面排水宜优先采用外排水；高层建筑、多跨及集水面积较大的屋面宜采用内排水；屋面水落管的数量、管径应通过验（计）算确定；

3 天沟、檐沟、檐口、水落口、泛水、变形缝和伸出屋面管道等处应采取与工程特点相适应的防水加强构造措施，并应符合有关规范的规定；

4 当屋面坡度较大或同一屋面落差较大时，应采取固定加强和防止屋面滑落的措施；平瓦必须铺置牢固；

5 地震设防区或有强风地区的屋面应采取固定加强措施；

6 设保温层的屋面应通过热工验算，并采取防结露、防蒸汽渗透及施工时防保温层受潮等措施；

7 采用架空隔热层的屋面，架空隔热层的高度应按照屋面的宽度或坡度的大小变化确定，架空层不得堵塞；当屋面宽度大于 10m 时，应设置通风屋脊；屋面基层上宜有适当厚度的保温隔热层；

8 采用钢丝网水泥或钢筋混凝土薄壁构件的屋面板应有抗风化、抗腐蚀的防护措施；刚性防水屋面应有抗裂措施；

9 当无楼梯通达屋面时，应设上屋面的检修人孔或低于 10m 时可设外墙爬梯，并应有安全防护和防止儿童攀爬的措施；

10 闷顶应设通风口和通向闷顶的检修人孔；闷顶内应有防火分隔。

(3)《建筑玻璃应用技术规程》（JGJ 113—2009）

8.2.1 两边支承的屋面玻璃，应支撑在玻璃的长边。

8.2.2 屋面玻璃必须使用安全玻璃。当屋面玻璃最高点离地面的高度大于 3m 时，必须使用夹层玻璃。用于屋面的夹层玻璃，其胶片厚度不应小于 0.76mm。

8.2.3 当屋面玻璃使用钢化玻璃时，钢化玻璃应进行均质处理。

8.2.4 上人屋面玻璃应按地板玻璃进行设计。

8.2.5 不上人屋面的活荷载除应符合现行国家标准《建筑结构荷载规范》GB 50009 的规定外，尚应符合下列规定：

1 与水平面夹角小于 30°的屋面玻璃，在玻璃板中心点直径为 150mm 的区域内，应能承受垂直于玻璃的 1.1kN 的活荷载标准值；

2 与水平面夹角大于或等于 30°的屋面玻璃，在玻璃板中心直径为 150mm 的区域内，应能承受垂直玻璃为 0.5kN 的活荷载标准值。

8.2.6 当屋面玻璃采用中空玻璃时，集中活荷载应只作用中空玻璃上片玻璃。

8.2.7 屋面玻璃的最大应力设计值应按弹性力学计算，且最大应力不得超过长期荷载作用下的强度设计值。

8.2.8 屋面玻璃的强度设计值可按本规程式（4.1.3）计算，也可按本规程表 4.1.9 取值。

3.4 无障碍设计审查

1. 审查主要内容

无障碍设计重点审查内容包括：

(1) 无障碍设计说明应与图纸的表达一致。

(2) 公共建筑中配备电梯时，应设无障碍电梯。

(3) 公共厕所、专用厕所、无障碍客房等无障碍设施与设计要求是否符合规范规定。

2. 设计中常见问题

(1) 商场、办公楼等公共场合常不设无障碍坡道；设了坡道的项目，坡道净宽不足 1200mm，门前平台宽度不足 1500mm（中型建筑）、2000mm（大型）；坡度不足 1/12。

(2) 设有无障碍坡道的商场，办公楼等建筑，没有残疾人专用卫生间或厕位；即使设了专位，轮椅无回转空间（$d \leqslant 1500$），厕位无助立扶手；抓杆做法不明确，入口门宽 < 800mm，仍然无法使用。

（3）设有电梯的建筑，电梯未提无障碍使用要求。

（4）无障碍设计的建筑入口设台阶时，没有设轮椅坡道或扶手。

（5）建筑入口或入口平台进行无障碍设计时不符合要求。

（6）建筑入口或入口平台的无障碍设计坡道的坡度不符合要求。

（7）供轮椅通行的走道或通道净宽小于1.20m。

3. 审查要点汇总

（1）《无障碍设计规范》（GB 50763—2012）

8.2.2 为公众办理业务与信访接待的办公建筑的无障碍设计应符合下列规定：

1 建筑的主要出入口应为无障碍出入口；

2 建筑出入口大厅、休息厅、贵宾休息室、疏散大厅等人员聚集场所有高差或台阶时应设轮椅坡道，宜提供休息座椅和可以放置轮椅的无障碍休息区；

3 公众通行的室内走疲乏应为无障碍通道，走道长度大于60.00m时，宜设休息区，休息区应避开行走路线；

4 供公众使用的楼梯宜为无障碍楼梯；

5 供公众使用的男、女公共厕所均应满足本规范第3.9.1条的有关规定或在男、女公共厕所附近设置1个无障碍厕所，且建筑内至少应设置1个无障碍厕所，内部办公人员使用的男、女公共厕所至少应各有1个满足本规范第3.9.1条的有关规定或在男、女公共厕所附近设置1个无障碍厕所；

6 法庭、审判庭及为公众服务的会议及报告厅等的公众座席座位数为300座及以下时应至少设置1个轮椅席位，300座以上时不应少于0.2%且不少于2个轮椅席位。

8.2.3 其他办公建筑的无障碍设施应符合下列规定：

1 建筑物至少应有1处无障碍出入口，且宜位于主要出入口处；

2 男、女公共厕所至少各有1处应满足本规范第3.9.1条或第3.9.2条的有关规定；

3 多功能厅、报告厅等至少应设置1个轮椅座席。

8.3.2 教育建筑的无障碍设施应符合下列规定：

1 凡教师、学生和婴幼儿使用的建筑物主要出入口应为无障碍出入口，宜设置为平坡出入口；

2 主要教学用房应至少设置1部无障碍楼梯；

3 公共厕所至少有1处应满足本规范第3.9.1条的有关规定。

8.3.3 接收残疾生源的教育建筑的无障碍设施应符合下列规定：

1 主要教学用房每层至少有1处公共厕所应满足本规范第3.9.1条的有关规定；

2 合班教室、报告厅以及剧场等应设置不少于2个轮椅座席，服务报告厅的公共厕所应满足本规范第3.9.1条的有关规定或设置无障碍厕所；

3 有固定座位的教室、阅览室、实验教室等教学用房，应在靠近出入口处预留轮椅回转空间。

8.4.1 医疗康复建筑进行无障碍设计的范围应包括综合医院、专科医院、疗养院、康复中心、急救中心和其他所有与医疗、康复有关的建筑物。

8.4.2 医疗康复建筑中，凡病人、康复人员使用的建筑的无障碍设施应符合下列规定：

1 室外通行的步行道应满足本规范第3.5节有关规定的要求;

2 院区室外的休息座椅旁,应留有轮椅停留空间;

3 主要出入口应为无障碍出入口,宜设置为平坡出入口;

4 室内通道应设置无障碍通道,净宽不应小于1.80m,并按照本规范第3.8节的要求设置扶手;

5 门应符合本规范第3.5节的要求;

6 同一建筑内应至少设置1部无障碍楼梯;

7 建筑内设有电梯时,每组电梯应至少设置1部无障碍电梯;

8 首层应至少设置1处无障碍厕所;各楼层至少有1处公共厕所应满足本规范第3.9.1条的有关规定或设置无障碍厕所;病房内的厕所应设置安全抓杆,并符合本规范第3.9.4条的有关规定;

9 儿童医院的门、急诊部和医技部,每层宜设置至少1处母婴室,并靠近公共厕所;

10 诊区、病区的护士站、公共电话台、查询处、饮水器、自助售货处、服务台等应设置低位服务设施;

11 无障碍设施应设符合我国国家标准的无障碍标志,在康复建筑的院区主要出入口处宜设置盲文地图或供视觉障碍者使用的语音导医系统和提示系统、供听力障碍者需要的手语服务及文字提示导医系统。

8.4.3 门、急诊部的无障碍设施还应符合下列规定:

1 挂号、收费、取药处应设置文字显示器以及语言广播装置和低位服务台或窗口;

2 候诊区应设轮椅停留空间。

8.4.4 医技部的无障碍设施应符合下列规定:

1 病人更衣室内应留有直径不小于1.50m的轮椅回转空间,部分更衣箱高度应小于1.40m;

2 等候区应留有轮椅停留空间,取报告处宜设文字显示器和语音提示装置。

8.4.7 办公、科研、餐厅、食堂、太平间用房的主要出入口应为无障碍出入口。

8.5.1 福利及特殊服务建筑进行无障碍设计的范围应包括福利院、敬(安、养)老院、老年护理院、老年住宅、残疾人综合服务设施、残疾人托养中心、残疾人体训中心及其他残疾人集中或使用频率较高的建筑等。

8.5.2 福利及特殊服务建筑的无障碍设施应符合下列规定:

1 室外通行的步行道应满足本规范第3.5节有关规定的要求;

2 室外院区的休息座椅旁应留有轮椅停留空间;

3 建筑物首层主要出入口应为无障碍出入口,宜设置为平坡出入口。主要出入口设置台阶时,台阶两侧宜设置扶手;

4 建筑出入口大厅、休息厅等人员聚集场所宜提供休息座椅和可以放置轮椅的无障碍休息区;

5 公共区域的室内通道,走道两侧墙面应设置扶手,并满足本规范3.8节的有关规定;室外的连通走道应选用平整、坚固、耐磨、不光滑的材料并宜设防风避雨设施;

6 楼梯应为无障碍楼梯;

7 电梯应为无障碍电梯;

8　居室户门净宽不应小于900mm；居室内走道净宽不应小于1.20m；卧室、厨房、卫生间门净宽不应小于800mm；

9　居室内宜留有直径不小于1.5m的轮椅回转空间；

10　居室内的厕所应设置安全抓杆，并符合本规范第3.9.4条的有关规定；居室外的公共厕所应满足本规范第3.9.1条的有关规定或设置无障碍厕所；

11　公共浴室应满足本规范第3.10节的有关规定；居室内的淋浴间或盆浴间应设置安全抓杆，并符合本规范第3.10.2及3.10.3条的有关规定；

12　居室宜设置语音提示装置。

8.5.3　其他不同建筑类别应符合国家现行的有关建筑设计规范与标准的设计要求。

8.6.1　体育建筑进行无障碍设计的范围应包括作为体育比赛（训练）、体育教学、体育休闲的体育场馆和场地设施等。

8.6.2　体育建筑的无障碍设施应符合下列规定：

1　特级、甲级场馆基地内应设置不少于停车数量的2%，且不少于2个无障碍机动车停车位，乙级、丙级场馆基地内应设置不少于2个无障碍机动车停车位；

2　建筑物的观众、运动员及贵宾出入口应至少各设1处无障碍出入口，其他功能分区的出入口可根据需要设置无障碍出入口；

3　建筑的检票口及无障碍出入口到各种无障碍设施的室内走道应为无障碍通道，通道长度大于60.00m时宜设休息区，休息区应避开行走路线；

4　大厅、休息厅、贵宾休息室、疏散大厅等主要人员聚集场宜设放置轮椅的无障碍休息区；

5　供观众使用的楼梯应为无障碍楼梯；

6　特级、甲级场馆内各类观众看台区、主席台、贵宾区内如设置电梯应至少各设置1部无障碍电梯，乙级、丙级场馆内座席区设有电梯时，至少应设置1部无障碍电梯，并应满足赛事和观众的需要；

7　特级、甲级场馆每处观众区和运动员区使用的男、女公共厕所均应满足本规范第3.9.1条的有关规定或在每处男、女公共厕所附近设置1个无障碍厕所，且场馆内至少应设置1个无障碍厕所；主席台休息区、贵宾休息区应至少各设置1个无障碍厕所；乙级、丙级场馆的观众区和运动员区各至少有1处男、女公共厕所应满足本规范第3.9.1条的有关规定或各在男、女公共厕所附近设置1个无障碍厕所；

8　运动员浴室均应满足本规范第3.10节的有关规定；

9　场馆内各类观众看台的座席区都应设置轮椅席位，并在轮椅席位旁或邻近的座席处，设置1:1的陪护席位，轮椅席位数不应少于观众席位总数的0.2%。

8.7.1　文化建筑进行无障碍设计的范围应包括文化馆、活动中心、图书馆、档案馆、纪念馆、纪念塔、纪念碑、宗教建筑、博物馆、展览馆、科技馆、艺术馆、美术馆、会展中心、剧场、音乐厅、电影院、会堂、演艺中心等。

8.7.2　文化类建筑的无障碍设施应符合下列规定：

1　建筑物至少应有1处为无障碍出入口，且宜位于主要出入口处；

2　建筑出入口大厅、休息厅（贵宾休息厅）、疏散大厅等主要人员聚集场所有高差或台阶时应设轮椅坡道，宜设置休息座椅和可以放置轮椅的无障碍休息区；

3 公众通行的室内走道及检票口应为无障碍通道，走道长度大于60.00m，宜设休息区，休息区应避开行走路线；

4 供公众使用的主要楼梯宜为无障碍楼梯；

5 供公众使用的男、女公共厕所每层至少有1处应满足本规范第3.9.1条的有关规定或在男、女公共厕所附近设置1个无障碍厕所；

6 公共餐厅应提供总用餐数2%的活动座椅，供乘轮椅者使用。

8.7.3 文化馆、少儿活动中心、图书馆、档案馆、纪念馆、纪念塔、纪念碑、宗教建筑、博物馆、展览馆、科技馆、艺术馆、美术馆、会展中心等建筑物的无障碍设施还应符合下列规定：

1 图书馆、文化馆等安有探测仪的出入口应便于乘轮椅者进入；

2 图书馆、文化馆等应设置低位目录检索台；

3 报告厅、视听室、陈列室、展览厅等设有观众席位时应至少设1个轮椅座位；

4 县、市级及以上图书馆应设盲人专用图书室（角），在无障碍入口、服务台、楼梯间和电梯间入口、盲人图书室前应设行进盲道和提示盲道；

5 宜提供语音导览机、助听器等信息服务。

8.8.1 商业服务建筑进行无障碍设计的范围包括各类百货店、购物中心、超市、专卖店、专业店、餐饮建筑、旅馆等商业建筑，银行、证券等金融服务建筑，邮局、电信局等邮电建筑，娱乐建筑等。

8.8.2 商业服务建筑的无障碍设计应符合下列规定：

1 建筑物至少应有1处为无障碍出入口，且宜位于主要出入口处；

2 公众通行的室内走道应为无障碍通道；

3 供公众使用的男、女公共厕所每层至少有1处应满足本规范第3.9.1条的有关规定或在男、女公共厕所附近设置1个无障碍厕所，大型商业建筑宜在男、女公共厕所满足本规范第3.9.1条的有关规定的同时且在附近设置1个无障碍厕所；

4 供公众使用的主要楼梯应为无障碍楼梯。

8.9.1 汽车客运站建筑进行无障碍设计的范围包括各类长途汽车站。

8.9.2 汽车客运站建筑的无障碍设计应符合下列规定：

1 站前广场人行通道的地面应平整、防滑、不积水，有高差时应做轮椅坡道；

2 建筑物至少应有1处为无障碍出入口，宜设置为平坡出入口，且宜位于主要出入口处；

3 门厅、售票厅、候车厅、检票口等旅客通行的室内走道应为无障碍通道；

4 供旅客使用的男、女公共厕所每层至少有1处应满足本规范第3.9.1条的有关规定或在男、女公共厕所附近设置1个无障碍厕所，且建筑内至少应设置1个无障碍厕所；

5 供公众使用的主要楼梯应为无障碍楼梯；

6 行包托运处（含小件寄存处）应设置低位窗口。

(2)《铁路旅客车站建筑设计规范（2011年版）》（GB 50226—2007）

5.3.5 无障碍候车区设计应符合下列规定：

1 无障碍候车区可按本标准第5.3.1条确定其使用面积，并不宜小于$2m^2$/人；

2 无障碍候车区的位置宜邻近站台，并宜单独设置检票口；

3 在有多层候车区的站房，无障碍候车区宜设在首层，或站台层靠近检票口附近。

（3）《宿舍建筑设计规范》（JGJ 36—2005）

4.1.5 每栋宿舍应在首层至少设置 1 间无障碍居室，或在宿舍区内集中设置无障碍居室。居室中的无障碍设施应符合现行行业标准《城市道路和建筑物无障碍设计规范》JGJ 50 的要求。

（4）《城市公共厕所设计标准》（CJJ 14-2005）

7.0.1 公共厕所无障碍设施应与公共厕所同步设计、同步建设。

7.0.2 在现有的建筑中，应建造无障碍厕位或无障碍专用厕所。

7.0.3 无障碍厕位或无障碍专用厕所的设计应符合现行行业标准《城市道路和建筑物无障碍设计规范》JGJ 50 的规定。

3.5 电梯设计审查

1. 审查主要内容

电梯设计重点审查内容包括：

（1）电梯（自动扶梯）选择及性能说明（功能、载重量、速度、停站数、提升高度等）及无障碍电梯（公建）的配置。

（2）综合医院四层及四层以上的门诊楼或病房楼应设电梯，且不得少于两台；三层及三层以下无电梯的病房楼以及观察室与抢救室不在同一层又无电梯的急诊部，均应设置坡道（坡度不宜大于 1/10）。

（3）疗养院建筑超过四层时应设置电梯，五层及五层以上办公建筑应设电梯。

（4）电梯不应与卧室、起居室紧邻布置。受条件限制需要紧邻布置时，必须采取有效的隔声和减振措施。

（5）七层以及七层以上的住宅或住户入口层楼面距室外设计地面的高度超过 16m 以上的住宅必须设置电梯。

（6）七层及七层以上宿舍或居室最高入口层楼面距室外设计地面的高度大于 21m 时，应设置电梯。

2. 设计中常见问题

（1）普遍缺少对选用电梯技术性能要求的说明，包括电梯使用功能、品种（客梯、货梯、餐梯、杂梯、医梯）、载重量、速度、停站数、提升高度等指标。

（2）当为消防电梯时，不符合规范对消防电梯的载重量、速度要求，井底未设置排水设施；当与普通客梯相邻时，其井道、机房未做好防火分隔（耐火 2.0h 的隔墙，隔墙上开门时为甲级防火门）。

（3）使用自动扶梯的场合，未核算防火分区的分层面积，超出规范规定的防火分区面积时，未作防火分隔（用耐火 3.0h 的复合防火卷帘）；有的垂直升降防火卷帘未设导轨，无法实现真正的防火分隔。

（4）无地下室的电梯、自动扶梯井底未做防水设计。

（5）机房内井道板高差≥600mm 时，未设上下爬梯及防护栏杆。

（6）电梯机房顶部有水箱时，机房顶板未做防水设计。

（7）七层以及七层以上的住宅或住户入口层楼面距室外设计地面的高度超过 16m 以上的住宅没有设置电梯。

3. 审查要点汇总

（1）《建筑设计防火规范》（GB 50016—2012）

5.5.10 自动扶梯和电梯不应计作安全疏散设施。

7.3.1 建筑高度大于 36m 的住宅建筑，其他高层民用建筑应设置消防电梯。消防电梯应分别设在不同的防火分区内，且每个防火分区不应少于 1 台。

7.3.2 建筑高度大于 32m 且设置电梯的高层厂房或高层仓库，每个防火分区内宜设置 1 台消防电梯。

符合下列条件的建筑可不设置消防电梯：

1 建筑高度大于 32m 且设置电梯，任一层工作平台人数不超过 2 人的高层塔架；

2 局部建筑高度大于 32m，且局部高出部分的每层建筑面积不大于 $50m^2$ 的丁、戊类厂房。

7.3.3 符合消防电梯要求的客梯或货梯可兼作消防电梯。

7.3.4 住宅与其他使用功能上下组合建造的建筑，可根据各自部分的高度按本规范第 7.3.1 条的规定设置消防电梯。

7.3.5 消防电梯应设置前室，并应符合下列规定：

1 前室的使用面积不应小于 $6m^2$；与防烟楼梯间合用的前室，应符合本规范第 5.5.30 条和第 6.4.3 条的规定，前室的门应采用乙级防火门；

注：设置在仓库连廊、冷库穿堂或谷物筒仓工作塔内的消防电梯，可不设置前室。

2 前室宜靠外墙设置，在首层应设置直通室外的安全出口或经过长度不大于 30m 的通道通向室外。

7.3.6 消防电梯井、机房与相邻电梯井、机房之间，应采用耐火极限不低于 2.00h 的不燃烧体隔墙隔开；当在隔墙上开门时，应设置甲级防火门。

7.3.7 消防电梯的井底应设置排水设施，排水井的容量不应小于 $2m^3$，排水泵的排水量不应小于 10L/s。消防电梯间前室门口宜设置挡水设施。

7.3.8 消防电梯应符合下列规定：

1 应能每层停靠；

2 电梯的载重量不应小于 800kg；

3 电梯从首层到顶层的运行时间不宜大于 60s；

4 电梯的动力与控制电缆、电线、控制面板应采取防水措施；

5 在首层的消防电梯入口处应设置供消防队员专用的操作按钮；

6 电梯轿厢的内装修应采用不燃烧材料；

7 电梯轿厢内部应设置专用消防对讲电话。

（2）《人民防空地下室设计规范》（GB 50038—2005）

3.3.26 当电梯通至地下室时。电梯必须设置在防空地下室的防护密闭区以外。

（3）《高层民用建筑设计防火规范（2005 年版）》（GB 50045—1995）

6.3.1 下列高层建筑应设消防电梯：

6.3.1.1　一类公共建筑。

6.3.1.2　塔式住宅。

6.3.1.3　十二层及十二层以上的单元式住宅和通廊式住宅。

6.3.1.4　高度超过32m的其他二类公共建筑。

6.3.2　高层建筑消防电梯的设置数量应符合下列规定：

6.3.2.1　当每层建筑面积不大于1500m^{2}时，应设1台。

6.3.2.2　当大于1500m^{2}但不大于4500m^{2}时，应设2台。

6.3.2.3　当大于4500m^{2}时，应设3台。

6.3.2.4　消防电梯可与客梯或工作电梯兼用，但应符合消防电梯的要求。

6.3.3　消防电梯的设置应符合下列规定：

6.3.3.1　消防电梯宜分别设在不同的防火分区内。

6.3.3.2　消防电梯间应设前室，其面积：居住建筑不应小于4.50m^2；公共建筑不应小于6.00m^2。当与防烟楼梯间合用前室时，其面积：居住建筑不应小于6.00m^2；公共建筑不应小于10m^2。

6.3.3.3　消防电梯间前室宜靠外墙设置，在首层应设直通室外的出口或经过长度不超过30m的通道通向室外。

6.3.3.4　消防电梯间前室的门，应采用乙级防火门或具有停滞功能的防火卷帘。

6.3.3.5　消防电梯的载重量不应小于800kg。

6.3.3.6　消防电梯井、机房与相邻其他电梯井、机房之间，应采用耐火极限不低于2.00h的隔墙隔开，当在隔墙上开门时，应设甲级防火门。

6.3.3.7　消防电梯的行驶速度，应按从首层到顶层的运行时间不超过60s计算确定。

6.3.3.8　消防电梯轿厢的内装修应采用不燃烧材料。

6.3.3.9　动力与控制电缆、电线应采取防水措施。

6.3.3.10　消防电梯轿厢内应设专用电话；并应在首层设供消防队员专用的操作按钮。

6.3.3.11　消防电梯间前室门口宜设挡水设施。

消防电梯的井底应设排水设施，排水井容量不应小于2.00m^3，排水泵的排水量不应小于10L/s。

（4）《住宅设计规范》（GB 50096—2011）

6.4.1　属于下列情况之一时，必须设置电梯：

1　七层及七层以上住宅或住户入口层楼面距室外设计地面的高度超过16m时；

2　底层作为商店或其他用房的六层及六层以下住宅，其住户入口层楼面距该建筑物的室外设计地面高度超过16m时；

3　底层做架空层或贮存空间的六层及六层以下住宅，其住户入口层楼面距该建筑物的室外设计地面高度超过16m时；

4　顶层为两层一套的跃层住宅时，跃层部分不计层数，其顶层住户入口层楼面距该建筑物室外设计地面的高度超过16m时。

6.4.2　十二层及十二层以上的住宅，每栋楼设置电梯不应少于两台，其中应设置一台可容纳担架的电梯。

6.4.3　十二层及十二层以上的住宅每单元只设置一部电梯时，从第十二层起应设置与相邻住宅单元联通的联系廊。联系廊可隔层设置，上下联系廊之间的间隔不应超过五层。联系廊的净宽不应小于1.10m，局部净高不应低于2.00m。

6.4.4　十二层及十二层以上的住宅由二个及二个以上的住宅单元组成，且其中有一个或一个以上住宅单元未设置可容纳担架的电梯时，应从第十二层起应设置与可容纳担架的电梯联通的联系廊。联系廊可隔层设置，上下联系廊之间的间隔不应超过五层。联系廊的净宽不应小于1.10m，局部净高不应低于2.00m。

6.4.5　七层及七层以上住宅电梯应在设有户门和公共走廊的每层设站。住宅电梯宜成组集中布置。

6.4.6　候梯厅深度不应小于多台电梯中最大轿厢的深度，且不应小于1.50m。

6.4.7　电梯不应紧邻卧室布置。当受条件限制，电梯不得不紧邻兼起起居的卧室布置时，应采取隔声、减震的构造措施。

（5）《铁路旅客车站建筑设计规范（2011年版）》（GB 50226—2007）

5.2.3　特大型、大型站的站房内应设置自动扶梯和电梯，中型站的站房宜设置自动扶梯和电梯。

（6）《民用建筑设计通则》（GB 50352—2005）

6.8.1　电梯设置应符合下列规定：

1　电梯不得计作安全出口；

2　以电梯为主要垂直交通的高层公共建筑和12层及12层以上的高层住宅，每栋楼设置电梯的台数不应少于2台；

3　建筑物每个服务区单侧排列的电梯不宜超过4台，双侧排列的电梯不宜超过2×4台；电梯不应在转角处贴邻布置；

4　电梯候梯厅的深度应符合表6.8.1的规定，并不得小于1.50m；

候梯厅深度　　　　　　　　　　　　　　　　表6.8.1

电梯类别	布置方式	候梯厅深度
住宅电梯	单台	$\geqslant B$
	多台单侧排列	$\geqslant B^*$
	多台双侧排列	$\geqslant$ 相对电梯 B^* 之和并 <3.50m
公共建筑电梯	单台	$\geqslant 1.5B$
	多台单侧排列	$\geqslant 1.5B^*$，当电梯群为4台时应 $\geqslant 2.40$m
	多台双侧排列	$\geqslant$ 相对电梯 B^* 之和并 <4.50m
病床电梯	单台	$\geqslant 1.5B$
	多台单侧排列	$\geqslant 1.5B^*$
	多台双侧排列	$\geqslant$ 相对电梯 B^* 之和

注：B 为轿厢深度，B^* 为电梯群中最大轿厢深度。

5 电梯井道和机房不宜与有安静要求的用房贴邻布置，否则应采取隔振、隔声措施；

6 机房应为专用的房间，其围护结构应保温隔热，室内应有良好通风、防尘，宜有自然采光，不得将机房顶板作水箱底板及在机房内直接穿越水管或蒸汽管；

7 消防电梯的布置应符合防火规范的有关规定。

6.8.2 自动扶梯、自动人行道应符合下列规定：

1 自动扶梯和自动人行道不得计作安全出口；

2 出入口畅通区的宽度不应小于2.50m，畅通区有密集人流穿行时，其宽度应加大；

3 栏板应平整、光滑和无突出物；扶手带顶面距自动扶梯前缘、自动人行道踏板面或胶带面的垂直高度不应小于0.90m；扶手带外边至任何障碍物不应小于0.50m，否则应采取措施防止障碍物引起人员伤害；

4 扶手带中心线与平行墙面或楼板开口边缘间的距离、相邻平行交叉设置时两梯（道）之间扶手带中心线的水平距离不宜小于0.50m，否则应采取措施防止障碍物引起人员伤害；

5 自动扶梯的梯级、自动人行道的踏板或胶带上空，垂直净高不应小于2.30m；

6 自动扶梯的倾斜角不应超过30°，当提升高度不超过6m，额定速度不超过0.50m/s时，倾斜角允许增至35°；倾斜式自动人行道的倾斜角不应超过12°；

7 自动扶梯和层间相通的自动人行道单向设置时，应就近布置相匹配的楼梯；

8 设置自动扶梯或自动人行道所形成的上下层贯通空间，应符合防火规范所规定的有关防火分区等要求。

（7）《住宅建筑规范》（GB 50368—2005）

5.2.5 七层以及七层以上的住宅或住户入口层楼面距室外设计地面的高度超过16m以上的住宅必须设置电梯。

9.8.3 12层及12层以上的住宅应设置消防电梯。

（8）《宿舍建筑设计规范》（JGJ 36—2005）

4.5.6 七层及七层以上宿舍或居室最高入口层楼面距室外设计地面的高度大于21m时，应设置电梯。

（9）《图书馆建筑设计规范》（JGJ 38—1999）

4.1.4 图书馆的四层及四层以上设有阅览室时，宜设乘客电梯或客货两用电梯。

（10）《商店建筑设计规范》（JGJ 48—201×）

4.1.7 大型商店营业部分宜设顾客电梯、自动扶梯、自动人行道；多层商店宜按所售商品和规模设置货梯或提升机。

4.1.8 商店建筑设置的自动扶梯、自动人行道应符合下列规定：

1 自动扶梯倾斜角应小于或等于30°；自动人行道倾斜角不应超过12°；

2 自动扶梯、自动人行道上下两端水平距离3m范围内应保持畅通不得兼作他用；

3 当只设单向自动扶梯或自动人行道时，附近应设与之相配合的楼梯；

4 设置自动扶梯或自动人行道所形成的上下贯通空间应符合国家现行标准《建筑设计防火规范》GB 50016或《高层民用建筑设计防火规范》GB 50045的有关规定。

（11）《综合医院建筑设计规范》（JGJ 49—1988）

第3.1.4条 电梯

一、四层及四层以上的门诊楼或病房楼应设电梯，且不得少于二台；当病房楼高度超过24m时，应设污物梯。

二、供病人使用的电梯和污物梯，应采用"病床梯"。

三、电梯井道不得与主要用房贴邻。

第4.0.4条 楼梯、电梯

三、每层电梯间应设前室，由走道通向前室的门，应为向疏散方向开启的乙级防火门。

（12）《剧场建筑设计规范》（JGJ 57—2000）

6.1.4 主台上空应设栅顶和安装各种滑轮的专用梁，并应符合下列规定：

4 由主台台面去栅顶的爬梯如超过2.00m以上，不得采用垂直铁爬梯。甲、乙等剧场上栅顶的楼梯不得少于2个，有条件的宜设工作电梯，电梯可由台仓通往各层天桥直达栅顶；

7.1.1 化妆室应靠近舞台布置，主要化妆室应与舞台同层。当在其他层设化妆室时，应靠近出场口，甲、乙等剧场有条件的应设置电梯。

（13）《旅馆建筑设计规范》（JGJ 62—1990）

第3.1.8条 电梯。

一、一、二级旅馆建筑3层及3层以上，三级旅馆建筑4层及4层以上，四级旅馆建筑6层及6层以上，五、六级旅馆建筑7层及7层以上，应设乘客电梯。

二、乘客电梯的台数应通过设计和计算确定。

三、主要乘客电梯位置应在门厅易于看到且较为便捷的地方。

四、客房服务电梯应根据旅馆建筑等级和实际需要设置，五、六级旅馆建筑可与乘客电梯合用。

五、消防电梯的设置应符合现行的《高层民用建筑设计防火规范》的有关规定。

（14）《办公建筑设计规范》（JGJ 67—2006）

4.1.3 五层及五层以上办公建筑应设电梯。

（15）《汽车库建筑设计规范》（JGJ 100—1998）

4.1.17 三层以上的多层汽车库或二层以下地下汽车库应设置供载人电梯。

4 居住建筑

4.1 室内环境设计审查

1. 审查主要内容

室内环境设计重点审查内容包括：

（1）住宅应在平面布置和建筑构造上采取防噪声措施。

（2）各类建筑应进行采光系数的计算，其采光系数标准值应符合相关规定。

2. 设计中常见问题

（1）高层住宅地下部分设有水泵房、风机房，电梯与卧室或客厅紧邻布置而未采取有效地隔声和减振措施。

（2）住宅房间布置不满足冬季日照要求。

（3）住宅窗地面积比不满足要求。

（4）住宅在平面布置或建筑构造上没有采取防噪声措施。

（5）卧室或起居室在白天关窗状态下超过了所允许的噪声等级 50dB（A 声级），或夜间超过了 40dB（A 声级）。

（6）楼板的计权标准化撞击声压级大于 75dB。

（7）没有采取构造措施提高楼板的撞击声隔声性能。

（8）空气声计权隔声量，楼板小于 40dB。

（9）空气声计权隔声量，分隔住宅和非居住用途空间的楼板小于 55dB。

（10）空气声计权隔声量，分户墙小于 40dB。

（11）空气声计权隔声量，外窗小于 30dB。

（12）空气声计权隔声量，户门小于 25dB。

（13）没有采取构造措施提高楼板、分户墙、外窗或户门的空气声隔声性能。

（14）水、暖、电或气管线穿过楼板或墙体时，孔洞周边没有采取密封隔声措施。

（15）电梯与卧室或起居室紧邻布置。

（16）受条件限制需要电梯与卧室或起居室紧邻布置时，没有采取有效的隔声或减振措施。

（17）管道井、水泵房或风机房没有采取有效的隔声措施，水泵或风机没有采取减振措施。

（18）住宅没有充分利用外部环境提供的日照条件。

（19）成套住宅没有能获得冬季日照的居住空间。

（20）卧室、起居室（厅）或厨房没有设置外窗，或窗地面积比小于 1/7。

（21）套内空间没有提供与其使用功能相适应的照度水平。

（22）套外的门厅、电梯前厅、走廊或楼梯的地面照度不能满足使用功能要求。

（23）住宅不能自然通风。

（24）成套住宅的通风开口面积小于地面面积的 5%。

（25）住宅的屋面、外墙或外窗不能防止雨水或冰雪融化水侵入室内。

（26）住宅屋面或外墙的内表面在室内温或湿度设计条件下出现了结露。

（27）住宅室内空气污染物的活度或浓度不符合相应要求。

3. 审查要点汇总

（1）《住宅设计规范》（GB 50096—2011）

7.1.1 每套住宅应至少有一个居住空间能获得冬季日照。

7.1.2 需要获得冬季日照的居住空间的窗洞开口宽度不应小于 0.60m。

7.1.3 卧室、起居室（厅）、厨房应有直接天然采光。

7.1.4 卧室、起居室（厅）、厨房的采光系数不应低于 1%；当楼梯间设置采光窗时，采光系数不应低于 0.5%。

7.1.5 卧室、起居室（厅）、厨房的采光窗洞口的窗地面积比不应低于 1/7。

7.1.6 当楼梯间设置采光窗时，采光窗洞口的窗地面积比不应低于 1/12。

7.1.7 采光窗下沿离楼面或地面高度低于 0.50m 的便宜行事洞口面积不应计入采光面积内，窗洞口上沿距地面高度不宜低于 2.00m。

7.1.8 除严寒地区外，居住空间朝西外窗应采取外遮阳措施，居住空间朝东外窗宜采取外遮阳措施。当采用天窗、斜屋顶窗采光时，应采取活动遮阳措施。

7.2.1 卧室、起居室（厅）、厨房应有自然通风。

7.2.2 住宅的平面空间组织、剖面设计、门窗的位置、方向和开启方式的设置，应有利于组织室内自然通风。单朝向住宅宜采取改善自然通风的措施。

7.2.3 每套住宅的自然通风开口面积不应小于地面面积的 5%。

7.2.4 采用自然通风的房间，其直接或间接自然通风开口面积应符合下列规定：

1 卧室、起居室（厅）、明卫生间的直接自然通风开口面积不应小于该房间地板面积的 1/20；当采用自然通风的房间外设置阳台时，阳台的自然通风开口面积不应小于采用自然通风的房间和阳台地板面积总和的 1/20；

2 厨房的直接自然通风开口面积不应小于该房间地板面积的 1/10，并不得小于 0.6m²；当厨房外设置阳台时，阳台的自然通风开口面积不应小于厨房和阳台地板面积总和的 1/10，并不得小于 0.6m²。

7.3.1 卧室、起居室（厅）内噪声级，应符合下列规定：

1 昼间卧室内的等效连续 A 声级不应大于 45dB；

2 夜间卧室内的等效连续 A 声级不应大于 37dB；

3 起居室（厅）的等效连续 A 声级不应大于 45dB。

7.3.2 分户墙和分户楼板的空气声隔声性能应符合下列规定：

1 分隔卧室、起居室（厅）的分户墙和分户楼板，空气声隔声评价量（$R_W + C$）应大于 45dB；

2 分隔住宅和非居住用途空间的楼板，空气声隔声评价量（$R_W + C_{tr}$）应大于 51dB。

7.3.3 卧室、起居室（厅）的分户楼板的计权规范化撞击声压级宜小于 75dB。当条件受到限制时，分户楼板的计权规范化撞击声压级应小于 85dB，且应在楼板上预留可供今后改善的条件。

7.3.4 住宅建筑的体形、朝向和平面布置应有利于噪声控制。在住宅平面设计时，当卧室、起居室（厅）布置在噪声源一侧时，外窗应采取隔声降噪措施；当居住空间与可能产生噪声的房间相邻时，分隔墙和分隔楼板应采取隔声降噪措施；当内天井、凹天井中设置相邻户间窗口时，宜采取隔声降噪措施。

7.3.5 起居室（厅）不宜紧邻电梯布置。受条件限制起居室（厅）紧邻电梯布置时，必须采取有效的隔声和减振措施。

7.4.1 住宅的屋面、地面、外墙、外窗应采取防止雨水和冰雪融化水侵入室内的措施。

7.4.2 住宅的屋面和外墙的内表面在设计的室内温度、湿度条件下不应出现结露。

7.5.1 住宅室内装修设计宜进行环境空气质量预评价。

7.5.2 在选用住宅建筑材料、室内装修材料以及选择施工工艺时，应控制有害物质的含量。

7.5.3 住宅室内空气污染物的活度和浓度应符合表 7.5.3 的规定。

住宅室内空气污染物限值　　　　　　　　　　　　表 7.5.3

污染物名称	活度、浓度限值	污染物名称	活度、浓度限值
氡	≤200Bq/m³	氨	≤0.2mg/m³
游离甲醛	≤0.08mg/m³	总挥发性有机化合物 TVOC	≤0.5mg/m³
苯	≤0.09mg/m³		

（2）《中小学校设计规范》（GB 50099—2011）

9.1.1 中小学校建筑的室内空气质量应符合现行国家标准《室内空气质量标准》GB/T 18883 及《民用建筑工程室内环境污染控制规范》GB 50325 的有关规定。

9.1.2 中小学校教学用房的新风量应符合现行国家标准《公共建筑节能设计标准》GB 50189 的有关规定。

9.1.3 当采用换气次数确定室内通风量时，各主要房间的最小换气次数应符合表 9.1.3 的规定。

各主要房间的最小换气次数标准　　　　　　　　　　　　表 9.1.3

房　间　名　称		换气次数/（次/h）
普通教室	小　学	2.5
	初　中	3.5
	高　中	4.5
实验室		3.0
风雨操场		3.0
厕所		10.0
保健室		2.0
学生宿舍		2.5

9.1.4 中小学校设计中必须对建筑及室内装修所采用的建材、产品、部品进行严格择定，避免对校内空气造成污染。

9.2.1 教学用房工作面或地面上的采光系数不得低于表9.2.1的规定和现行国家标准《建筑采光设计标准》GB/T 50033的有关规定。在建筑方案设计时，其采光窗洞口面积应按不低于表9.2.1窗地面积比的规定估算。

教学用房工作面或地面上的采光系数标准和窗地面积比　　　　表9.2.1

房 间 名 称	规定采光系数的平面	采光系数最低值（％）	窗地面积比
普通教室、史地教室、美术教室、书法教室、语言教室、音乐教室、合班教室、阅览室	课桌面	2.0	1:5.0
科学教室、实验室	实验桌面	2.0	1:5.0
计算机教室	机台面	2.0	1:5.0
舞蹈教室、风雨操场	地面	2.0	1:5.0
办公室、保健室	地面	2.0	1:5.0
饮水处、厕所、淋浴	地面	0.5	1:10.0
走道、楼梯间	地面	1.0	—

注：表中所列采光系数值适用于我国Ⅲ类光气候区，其他光气候区应将表中的采光系数值乘以相应的光气候系数。光气候系数应符合现行国家标准《建筑采光设计标准》GB/T 50033的有关规定。

9.2.2 普通教室、科学教室、实验室、史地、计算机、语言、美术、书法等专用教室及合班教室、图书室均应以自学生座位左侧射入的光为主。教室为南向外廊式布局时，应以北向窗为主要采光面。

9.2.3 除舞蹈教室、体育建筑设施外，其他教学用房室内各表面的反射比值应符合表9.2.3的规定，会议室、卫生室（保健室）的室内各表面的反射比值宜符合表9.2.3的规定。

教学用房室内各表面的反射比值　　　　表9.2.3

表面部位	反射比	表面部位	反射比
顶棚	0.70～0.80	侧墙、后墙	0.70～0.80
前墙	0.50～0.60	课桌面	0.25～0.45
地面	0.20～0.40	黑板	0.10～0.20

9.3.1 主要用房桌面或地面的照明设计值不应低于表9.3.1的规定，其照度均匀度不应低于0.7且不应产生眩光。

9.3.2 主要用房的照明功率密度值及对应照度值应符合表9.3.2的规定及现行国家标准《建筑照明设计标准》GB 50034的有关规定。

教学用房的照明标准   表 9.3.1

房间名称	规定照度的平面	维持平均照度（lx）	统一眩光值 UGR	显色指数 Ra
普通教室、史地教室、书法教室、音乐教室、语言教室、合班教室、阅览室	课桌面	300	19	80
科学教室、实验室	实验桌面	300	19	80
计算机教室	机台面	300	19	80
舞蹈教室	地面	300	19	80
美术教室	课桌面	500	19	90
风雨操场	地面	300	—	65
办公室、保健室	桌面	300	19	80
走道、楼梯间	地面	100	—	—

教学用房的照明功率密度值及对应照度值   表 9.3.2

房 间 名 称	照明功率密度（W/m²）		对应照度值（lx）
	现行值	目标值	
普通教室、史地教室、书法教室、音乐教室、语言教室、合班教室、阅览室	11	9	300
科学教室、实验室、舞蹈教室	11	9	300
有多媒体设施教室	11	9	300
美术教室	18	15	500
办公室、保健室	11	9	300

9.4.1　教学用房的环境噪声控制值应符合现行国家标准《民用建筑隔声设计规范》GB 50118 的有关规定。

9.4.2　主要教学用房的隔声标准应符合表 9.4.2 的规定。

主要教学用房的隔声标准   表 9.4.2

房 间 名 称	空气声隔声标准（dB）	顶部楼板撞击声隔声单值评价量（dB）
语言教室、阅览室	≥50	≤65
普通教室、实验室等与不产生噪声的房间之间	≥45	≤75
普通教室、实验室等与产生噪声的房间之间	≥50	≤65
音乐教室等产生噪声的房间之间	≥45	≤65

9.4.3 教学用房的混响时间应符合现行国家标准《民用建筑隔声设计规范》GB 50118 的有关规定。

（3）《民用建筑隔声设计规范》（GB 50118—2010）

4.1.1 卧室、起居室（厅）内的噪声级，应符合表 4.1.1 的规定。

卧室、起居室（厅）内的允许噪声级 表 4.1.1

房 间 名 称	允许噪声级（A 声级，dB）	
	昼间	夜间
卧 室	≤45	≤37
起居室（厅）	≤45	

4.1.2 高要求住宅的卧室、起居室（厅）内的噪声级，应符合表 4.1.2 的规定。

高要求住宅的卧室、起居室（厅）内的允许噪声级 表 4.1.2

房 间 名 称	允许噪声级（A 声级，dB）	
	昼间	夜间
卧室	≤40	≤30
起居室（厅）	≤40	

4.2.1 分户墙、分户楼板及分隔住宅和非居住用途空间楼板的空气声隔声性能，应符合表 4.2.1 的规定。

分户构件空气声隔声标准 表 4.2.1

构 件 名 称	空气声隔声单值评价量 + 频谱修正量（dB）	
分户墙、分户楼板	计权隔声量 + 粉红噪声频谱修正量 $R_w + C$	>45
分隔住宅和非居住用途空间的楼板	计权隔声量 + 交通噪声频谱修正量 $R_w + C_{tr}$	>51

4.2.2 相邻两户房间之间及住宅和非居住用途空间分隔楼板上下的房间之间的空气声隔声性能，应符合表 4.2.2 的规定。

房间之间空气声隔声标准 表 4.2.2

房 间 名 称	空气声隔声单值评价量 + 频谱修正量（dB）	
卧室、起居室（厅）与邻户房间之间	计权标准化声压级差 + 粉红噪声频谱修正量 $D_{nT,w} + C$	≥45
住宅和非居住用途空间分隔楼板上下的房间之间	计权标准化声压级差 + 交通噪声频谱修正量 $D_{nT,w} + C_{tr}$	≥51

4.2.3 高要求住宅的分户墙、分户楼板的空气声隔声性能，应符合表4.2.3的规定。

高要求住宅分户构件空气声隔声标准　　　　　表4.2.3

构 件 名 称	空气声隔声单值评价量 + 频谱修正量（dB）	
分户墙、分户楼板	计权隔声量 + 粉红噪声频谱修正量 $R_w + C$	> 50

4.2.4 高要求住宅相邻两户房间之间的空气声隔声性能，应符合表4.2.4的规定。

高要求住宅房间之间空气声隔声标准　　　　　表4.2.4

房 间 名 称	空气声隔声单值评价量 + 频谱修正量（dB）	
卧室、起居室（厅）与邻户房间之间	计权标准化声压级差 + 粉红噪声频谱修正量 $D_{nT,w} + C$	≥50
相邻两户的卫生间之间	计权标准化声压级差 + 粉红噪声频谱修正量 $D_{nT,w} + C$	≥45

4.2.5 外窗（包括未封闭阳台的门）的空气声隔声性能，应符合表4.2.5的规定。

外窗（包括未封闭阳台的门）的空气声隔声标准　　　　　表4.2.5

构 件 名 称	空气声隔声单值评价量 + 频谱修正量（dB）	
交通干线两侧卧室、起居室（厅）的窗	计权隔声量 + 交通噪声频谱修正量 $R_w + C_{tr}$	≥30
其他窗	计权隔声量 + 交通噪声频谱修正量 $R_w + C_{tr}$	≥25

4.2.6 外墙、户（套）门和户内分室墙的空气声隔声性能，应符合表4.2.6的规定。

外墙、户（套）门和户内分室墙的空气声隔声标准　　　　　表4.2.6

构 件 名 称	空气声隔声单值评价量 + 频谱修正量（dB）	
外墙	计权隔声量 + 交通噪声频谱修正量 $R_w + C_{tr}$	≥45
户（套）门	计权隔声量 + 粉红噪声频谱修正量 $R_w + C$	≥25
户内卧室墙	计权隔声量 + 粉红噪声频谱修正量 $R_w + C$	≥35
户内其他分室墙	计权隔声量 + 粉红噪声频谱修正量 $R_w + C$	≥30

4.2.7 卧室、起居室（厅）的分户楼板的撞击声隔声性能，应符合表4.2.7的规定。

分户楼板撞击声隔声标准 表4.2.7

构件名称	空气声隔声单值评价量＋频谱修正量（dB）	
卧室、起居室（厅）的分户楼板	计权规范化撞击声压级 $L_{n,w}$（实验室测量）	＜75
	计权标准化撞击声压级 $L'_{nT,w}$（现场测量）	≤75

注：当确有困难时，可允许住宅分户楼板的撞击声隔声单值评价量小于或等于85dB，但在楼板结构上应预留改善的可能条件。

4.2.8 高要求住宅卧室、起居室（厅）的分户楼板的撞击声隔声性能，应符合表4.2.8的规定。

高要求住宅分户楼板撞击声隔声标准 表4.2.8

构件名称	空气声隔声单值评价量＋频谱修正量（dB）	
卧室、起居室（厅）的分户楼板	计权规范化撞击声压级 $L_{n,w}$（实验室测量）	＜65
	计权标准化撞击声压级 $L'_{nT,w}$（现场测量）	≤65

5.1.1 学校建筑中各种教学用房内的噪声级，应符合表5.1.1的规定。

室内允许噪声级 表5.1.1

房间名称	允许噪声级（A声级，dB）	房间名称	允许噪声级（A声级，dB）
语言教室、阅览室	≤40	音乐教室、琴房	≤45
普通教室、实验室、计算机房	≤45	舞蹈教室	≤50

5.1.2 学校建筑中教学辅助用房内的噪声级，应符合表5.1.2的规定。

室内允许噪声级 表5.1.2

房间名称	允许噪声级（A声级，dB）	房间名称	允许噪声级（A声级，dB）
教师办公室、休息室、会议室	≤45	教学楼中封闭的走廊、楼梯间	≤50
健身房	≤50		

5.2.1 教学用房隔墙、楼板的空气声隔声性能，应符合表5.2.1的规定。

教学用房隔墙、楼板的空气声隔声标准 表5.2.1

构件名称	空气声隔声单值评价量＋频谱修正量（dB）	
语言教室、阅览室的隔墙与楼板	计权隔声量＋粉红噪声频谱修正量 $R_w + C$	＞50

构 件 名 称	空气声隔声单值评价量＋频谱修正量（dB）	
普通教室与各种产生噪声的房间之间的隔墙、楼板	计权隔声量＋粉红噪声频谱修正量 $R_w + C$	＞50
普通教室之间的隔墙与楼板	计权隔声量＋粉红噪声频谱修正量 $R_w + C$	＞45
音乐教室、琴房之间的隔墙与楼板	计权隔声量＋粉红噪声频谱修正量 $R_w + C$	＞45

注：产生噪声的房间系指音乐教室、舞蹈教室、琴房、健身房，以下相同。

5.2.2 教学用房与相邻房间之间的空气声隔声性能，应符合表5.2.2的规定。

教学用房与相邻房间之间的空气声隔声标准 表5.2.2

构 件 名 称	空气声隔声单值评价量＋频谱修正量（dB）	
语言教室、阅览室与相邻房间之间	计权标准化声压级差＋粉红噪声频谱修正量 $D_{nT,w} + C$	≥50
普通教室与各种产生噪声的房间之间	计权标准化声压级差＋粉红噪声频谱修正量 $D_{nT,w} + C$	≥50
普通教室之间	计权标准化声压级差＋粉红噪声频谱修正量 $D_{nT,w} + C$	≥45
音乐教室、琴房之间	计权标准化声压级差＋粉红噪声频谱修正量 $D_{nT,w} + C$	≥45

5.2.3 教学用房的外墙、外窗和门的空气声隔声性能，应符合表5.2.3的规定。

教学用房的外墙、外窗和门的空气声隔声标准 表5.2.3

构 件 名 称	空气声隔声单值评价量＋频谱修正量（dB）	
外墙	计权隔声量＋交通噪声频谱修正量 $R_w + C_{tr}$	≥45
临交通干线的外窗	计权隔声量＋交通噪声频谱修正量 $R_w + C_{tr}$	≥30
其他外窗	计权隔声量＋交通噪声频谱修正量 $R_w + C_{tr}$	≥25
产生噪声间的门	计权隔声量＋粉红噪声频谱修正量 $R_w + C$	≥25
其他门	计权隔声量＋粉红噪声频谱修正量 $R_w + C$	≥20

5.2.4 教学用房楼板的撞击声隔声性能，应符合表5.2.4的规定。

教学用房楼板的撞击声隔声标准　　　　　　　　　　　　　表 5.2.4

构件名称	撞击声隔声单值评价量（dB）	
	计权规范化撞击声压级 $L_{n,w}$（实验室测量）	计权标准化撞击声压级 $L'_{nT,w}$（现场测量）
语言教室、阅览室与上层房间之间的楼板	<65	≤65
普通教室、实验室、计算机房与上层产生噪声的房间之间的楼板	<65	≤65
琴房、音乐教室之间的楼板	<65	≤65
普通教室之间的楼板	<75	≤75

注：当确有困难时，可允许普通教室之间楼板的撞击声隔声单值评价量小于或等于85dB，但在楼板结构上应预留改善的可能条件。

6.1.1　医院主要房间内的噪声级，应符合表6.1.1的规定。

室内允许噪声级　　　　　　　　　　　　　　　　　　　表 6.1.1

房间名称	允许噪声级（A声级，dB）			
	高要求标准		低限标准	
	昼间	夜间	昼间	夜间
病房、医护人员休息室	≤40	≤35①	≤45	≤40
各类重症监护室	≤40	≤35	≤45	≤40
诊室	≤40		≤45	
手术室、分娩室	≤40		≤45	
洁净手术室	—		≤50	
人工生殖中心净化区	—		≤40	
听力测听室	—		≤25②	
化验室、分析实验室	—		≤40	
入口大厅、候诊厅	≤50		≤55	

①对特殊要求的病房，室内允许噪声级应小于或等于30dB。

②表中听力测听室允许噪声级的数值，适用于采用纯音气导和骨导听阈测听法的听力测听室。采用声场测听法的听力测听室的允许噪声级另有规定。

6.2.1　医院各类房间隔墙、楼板的空气声隔声性能，应符合表6.2.1的规定。

各类房间隔墙、楼板的空气声隔声标准　　　　　　　　　表 6.2.1

构件名称	空气声隔声单值评价量+频谱修正量	高要求标准（dB）	低限标准（dB）
病房与产生噪声的房间之间的隔墙、楼板	计权隔声量+交通噪声频谱修正量 $R_w + C_{tr}$	>55	>50
手术室与产生噪声的房间之间的隔墙、楼板	计权隔声量+交通噪声频谱修正量 $R_w + C_{tr}$	>50	>45

96

构件名称	空气声隔声单值评价量 + 频谱修正量	高要求标准（dB）	低限标准（dB）
病房之间及病房、手术室与普通房间之间的隔墙、楼板	计权隔声量 + 粉红噪声频谱修正量 $R_w + C$	>50	>45
诊室之间的隔墙、楼板	计权隔声量 + 粉红噪声频谱修正量 $R_w + C$	>45	>40
听力测听室的隔墙、楼板	计权隔声量 + 粉红噪声频谱修正量 $R_w + C$	—	>50
体外震波碎石室、核磁共振室的隔墙、楼板	计权隔声量 + 交通噪声频谱修正量 $R_w + C_{tr}$	—	>50

6.2.2 相邻房间之间的空气声隔声性能，应符合表 6.2.2 的规定。

相邻房间之间的空气声隔声标准　　　　　　　表 6.2.2

构件名称	空气声隔声单值评价量 + 频谱修正量	高要求标准（dB）	低限标准（dB）
病房与产生噪声的房间之间	计权标准化声压级差 + 交通噪声频谱修正量 $D_{nT,w} + C_{tr}$	≥55	≥50
手术室与产生噪声的房间之间	计权标准化声压级差 + 交通噪声频谱修正量 $D_{nT,w} + C_{tr}$	≥50	≥45
病房之间及手术室、病房与普通间之间	计权标准化声压级差 + 粉红噪声频谱修正量 $D_{nT,w} + C$	≥50	≥45
诊室之间	计权标准化声压级差 + 粉红噪声频谱修正量 $D_{nT,w} + C$	≥45	≥40
听力测听室与毗邻房间之间	计权标准化声压级差 + 粉红噪声频谱修正量 $D_{nT,w} + C$	—	≥50
体外震波碎石室、核磁共振室与毗邻房间之间	计权标准化声压级差 + 交通噪声频谱修正量 $D_{nT,w} + C_{tr}$	—	≥50

6.2.3 外墙、外窗和门的空气声隔声性能，应符合表 6.2.3 的规定。

外墙、外窗和门的空气声隔声标准　　　　　　　表 6.2.3

构件名称	空气声隔声单值评价量 + 频谱修正量（dB）	
外墙	计权隔声量 + 交通噪声频谱修正量 $R_w + C_{tr}$	≥45
外窗	计权隔声量 + 交通噪声频谱修正量 $R_w + C_{tr}$	≥30（临街一侧病房）
		≥25（其他）
门	计权隔声量 + 粉红噪声频谱修正量 $R_w + C$	≥30（听力测听室）
		≥20（其他）

6.2.4 各类房间与上层房间之间楼板的撞击声隔声性能，应符合表6.2.4的规定。

各类房间与上层房间之间楼板的撞击声隔声标准 表6.2.4

构件名称	撞击声隔声单值评价量	高要求标准（dB）	低限标准（dB）
病房、手术室与上层房间之间的楼板	计权规范化撞击声压级 $L_{n,w}$（实验室测量）	<65	<75
	计权标准化撞击声压级 $L'_{nT,w}$（现场测量）	≤65	≤75
听力测听室与上层房间之间的楼板	计权标准化撞击声压级 $L'_{nT,w}$（现场测量）	—	≤60

注：当确有困难时，可允许上层为普通房间的病房、手术室顶部楼板的撞击声隔声单值评价量小于或等于85dB，但在楼板结构上应预留改善的可能条件。

7.1.1 旅馆建筑各房间内的噪声级，应符合表7.1.1的规定。

室内允许噪声级 表7.1.1

房间名称	允许噪声级（A声级，dB）					
	特级		一级		二级	
	昼间	夜间	昼间	夜间	昼间	夜间
客房	≤35	≤30	≤40	≤35	≤45	≤40
办公室、会议室	≤40		≤45		≤45	
多用途厅	≤40		≤45		≤50	
餐厅、宴会厅	≤45		≤50		≤55	

7.2.1 客房之间的隔墙或楼板、客房与走廊之间的隔墙、客房外墙（含窗）的空气声隔声性能，应符合表7.2.1的规定。

客房墙、楼板的空气声隔声标准 表7.2.1

构件名称	空气声隔声单值评价量＋频谱修正量	特级（dB）	一级（dB）	二级（dB）
客房之间的隔墙、楼板	计权隔声量＋粉红噪声频谱修正量 $R_w + C$	>50	>45	>40
客房与走廊之间的隔墙	计权隔声量＋粉红噪声频谱修正量 $R_w + C$	>45	>45	>40
客房外墙（含窗）	计权隔声量＋交通噪声频谱修正量 $R_w + C_{tr}$	>40	>35	>30

7.2.2 客房之间、走廊与客房之间，以及室外与客房之间的空气声隔声性能，应符合表7.2.2的规定。

客房之间、走廊与客房之间以及室外与客房之间的空气声隔声标准　　　表 7.2.2

构件名称	空气声隔声单值评价量 + 频谱修正量	特级（dB）	一级（dB）	二级（dB）
客房之间	计权标准化声压级差 + 粉红噪声频谱修正量 $D_{nT,w} + C$	≥50	≥45	≥40
走廊与客房之间	计权标准化声压级差 + 粉红噪声频谱修正量 $D_{nT,w} + C$	≥40	≥40	≥35
室外与客房	计权标准化声压级差 + 交通噪声频谱修正量 $D_{nT,w} + C_{tr}$	≥40	≥35	≥30

7.2.3　客房外窗与客房门的空气声隔声性能，应符合表 7.2.3 的规定。

客房外窗与客房门的空气声隔声标准　　　表 7.2.3

构件名称	空气声隔声单值评价量 + 频谱修正量	特级（dB）	一级（dB）	二级（dB）
客房外窗	计权隔声量 + 交通噪声频谱修正量 $R_w + C_{tr}$	≥35	≥30	≥25
客房门	计权隔声量 + 粉红噪声频谱修正量 $R_w + C$	≥30	≥25	≥20

7.2.4　客房与上层房间之间楼板的撞击声隔声性能，应符合表 7.2.4 的规定。

客房楼板撞击声隔声标准　　　表 7.2.4

构件名称	撞击声隔声单值评价量	特级（dB）	一级（dB）	二级（dB）
客房与上层房间之间的楼板	计权规范化撞击声压级 $L_{n,w}$（实验室测量）	<55	<65	<75
	计权标准化撞击声压级 $L'_{nT,w}$（现场测量）	≤55	≤65	≤75

7.2.5　客房及其他对噪声敏感的房间与有噪声或振动源的房间之间的隔墙和楼板，其空气声隔声性能标准、撞击声隔声性能标准应根据噪声和振动源的具体情况确定，并应对噪声和振动源进行减噪和隔振处理，使客房及其他对噪声敏感的房间内的噪声级满足本规范表 7.1.1 的规定。

7.2.6　不同级别旅馆建筑的声学指标（包括室内允许噪声级、空气声隔声标准及撞击声隔声标准）所应达到的等级，应符合本规范表 7.2.6 的规定。

声学指标等级与旅馆建筑等级的对应关系　　　表 7.2.6

声学指标的等级	旅馆建筑的等级	声学指标的等级	旅馆建筑的等级
特级	五星级以上旅游饭店及同档次旅馆建筑	二级	其他档次的旅馆建筑
一级	三、四星级旅游饭店及同档次旅馆建筑		

8.1.1 办公室、会议室的噪声级，应符合表8.1.1的规定。

办公室、会议室内允许噪声级

表8.1.1

房间名称	允许噪声级（A声级，dB）	
	高要求标准	低限标准
单人办公室	≤35	≤40
多人办公室	≤40	≤45
电视电话会议室	≤35	≤40
普通会议室	≤40	≤45

8.2.1 办公室、会议室隔墙、楼板的空气声隔声性能，应符合表8.2.1的规定。

办公室、会议室隔墙、楼板的空气声隔声标准

表8.2.1

构件名称	空气声隔声单值评价量＋频谱修正量	高要求标准（dB）	低限标准（dB）
办公室、会议室与产生噪声的房间之间的隔墙、楼板	计权隔声量＋交通噪声频谱修正量 $R_w + C_{tr}$	>50	>45
办公室、会议室与普通房间之间的隔墙、楼板	计权隔声量＋粉红噪声频谱修正量 $R_w + C$	>50	>45

8.2.2 办公室、会议室与相邻房间之间的空气声隔声性能，应符合表8.2.2的规定。

办公室、会议室与相邻房间之间的空气声隔声标准

表8.2.2

构件名称	空气声隔声单值评价量＋频谱修正量	高要求标准（dB）	低限标准（dB）
办公室、会议室与产生噪声的房间之间	计权标准化声压级差＋交通噪声频谱修正量 $D_{nT,w} + C_{tr}$	≥50	≥45
办公室、会议室与普通房间之间	计权标准化声压级差＋粉红噪声频谱修正量 $D_{nT,w} + C$	≥50	≥45

8.2.3 办公室、会议室的外墙、外窗（包括未封闭阳台的门）和门的空气声隔声性能，应符合表8.2.3的规定。

办公室、会议室的外墙、外窗和门的空气声隔声标准

表8.2.3

构件名称	空气声隔声单值评价量＋频谱修正量（dB）	
外墙	计权隔声量＋交通噪声频谱修正量 $R_w + C_{tr}$	≥45
临交通干线的办公室、会议室外窗	计权隔声量＋交通噪声频谱修正量 $R_w + C_{tr}$	≥30

构 件 名 称	空气声隔声单值评价量+频谱修正量（dB）	
其他外窗	计权隔声量+交通噪声频谱修正量 $R_w + C_{tr}$	≥25
门	计权隔声量+粉红噪声频谱修正量 $R_w + C$	≥20

8.2.4 办公室、会议室顶部楼板的撞击声隔声性能，应符合表8.2.4的规定。

办公室、会议室顶部楼板的撞击声隔声标准 表8.2.4

构 件 名 称	撞击声隔声单值评价量（dB）			
	高要求标准		低限标准	
	计权规范化撞击 声压级 $L_{n,w}$ （实验室测量）	计权标准化撞击 声压级 $L'_{nT,w}$ （现场测量）	计权规范化撞击 声压级 $L_{n,w}$ （实验室测量）	计权标准化撞击 声压级 $L'_{nT,w}$ （现场测量）
办公室、会议室 顶部的楼板	<65	≤65	<75	≤75

注：当确有困难时，可允许办公室、会议室顶部楼板的计权规范化撞击声压级或计权标准化撞击声压级小于或等于85dB，但在楼板结构上应预留改善的可能条件。

9.1.1 商业建筑各房间内空场时的噪声级，应符合表9.1.1的规定。

室内允许噪声级 表9.1.1

房 间 名 称	允许噪声级（A声级，dB）	
	高要求标准	低限标准
商场、商店、购物中心、会展中心	≤50	≤55
餐厅	≤45	≤55
员工休息室	≤40	≤45
走廊	≤50	≤60

9.3.1 噪声敏感房间与产生噪声房间之间的隔墙、楼板的空气声隔声性能应符合表9.3.1的规定。

噪声敏感房间与产生噪声房间之间的隔墙、楼板的空气声隔声标准 表9.3.1

构 件 名 称	计权隔声量+交通噪声频谱修正量 $R_w + C_{tr}$（dB）	
	高要求标准	低限标准
健身中心、娱乐场所等与噪声敏感房间之间的 隔墙、楼板	>60	>55
购物中心、餐厅、会展中心等与噪声敏感房间 之间的隔墙、楼板	>50	>45

9.3.2 噪声敏感房间与产生噪声房间之间的空气声隔声性能应符合表9.3.2的规定。

噪声敏感房间与产生噪声房间之间的空气声隔声标准　　　表9.3.2

构件名称	计权标准化声压级差 + 交通噪声频谱修正量 $D_{nT,w} + C_{tr}$（dB）	
	高要求标准	低限标准
健身中心、娱乐场所等与噪声敏感房间之间	>60	>55
购物中心、餐厅、会展中心等与噪声敏感房间之间	>50	>45

9.3.3 噪声敏感房间的上一层为产生噪声房间时，噪声敏感房间顶部楼板的撞击声隔声性能应符合表9.3.3的规定。

噪声敏感房间顶部楼板的撞击声隔声标准　　　表9.3.3

构件名称	撞击声隔声单值评价量（dB）			
	高要求标准		低限标准	
	计权规范化撞击声压级 $L_{n,w}$（实验室测量）	计权标准化撞击声压级 $L'_{nT,w}$（现场测量）	计权规范化撞击声压级 $L_{n,w}$（实验室测量）	计权标准化撞击声压级 $L'_{nT,w}$（现场测量）
健身中心、娱乐场所等与噪声敏感房间之间的楼板	<45	≤45	<50	≤50

（4）《铁路旅客车站建筑设计规范（2011年版）》（GB 50226—2007）

8.3.2 旅客车站主要场所的照明应符合下列要求：

5　旅客站台所采用的光源不应与站内的黄色信号灯的颜色相混。

8.3.4 旅客车站疏散和安全照明应有自动投入使用的功能，并应符合下列规定：

1　各候车区（室）、售票厅（室）、集散厅应设疏散和安全照明；重要的设备房间应设安全照明。

2　各出入口、楼梯、走道、天桥、地道应设疏散照明。

（5）《民用建筑设计通则》（GB 50352—2005）

7.1.1 各类建筑应进行采光系数的计算，其采光系数标准值应符合下列规定。

1　居住建筑的采光系数标准值应符合表7.1.1-1的规定。

居住建筑的采光系数标准值　　　表7.1.1-1

采光等级	房间名称	侧面采光	
		采光系数最低值 C_{min}（%）	室内天然光临界照度（lx）
IV	起居室（厅）、卧室、书房、厨房	1	50
V	卫生间、过厅、楼梯间、餐厅	0.5	25

2 办公建筑的采光系数标准值应符合表7.1.1-2的规定。

办公建筑的采光系数标准值 表7.1.1-2

采光等级	房间名称	侧面采光	
		采光系数最低值 C_{min}（%）	室内天然光临界照度（lx）
II	设计室、绘图室	3	150
III	办公室、视屏工作室、会议室	2	100
IV	复印室、档案室	1	50
V	走道、楼梯间、卫生间	0.5	25

3 学校建筑的采光系数标准值必须符合7.1.1-3的规定。

学校建筑的采光系数标准值 表7.1.1-3

采光等级	房间名称	侧面采光	
		采光系数最低值 C_{min}（%）	室内天然光临界照度（lx）
III	教室、阶梯教室实验室、报告厅	2	100
V	走道、楼梯间、卫生间	0.5	25

4 图书馆建筑的采光系数标准值应符合表7.1.1-4的规定。

图书馆建筑的采光系数标准值 表7.1.1-4

采光等级	房间名称	侧面采光		顶部采光	
		采光系数最低值 C_{min}（%）	室内天然光临界照度（lx）	采光系数平均值 C_{av}（%）	室内天然光临界照度（lx）
III	阅览室、开架书库	2	100	—	—
IV	目录室	1	50	1.5	75
V	书库、走道、楼梯间、卫生间	0.5	25	—	—

5 医院建筑的采光系数标准应符合表7.1.1-5的规定。

医院建筑的采光系数标准值 表7.1.1-5

采光等级	房间名称	侧面采光		顶部采光	
		采光系数最低值 C_{min}（%）	室内天然光临界照度（lx）	采光系数平均值 C_{av}（%）	室内天然光临界照度（lx）
III	诊室、药房、治疗室、化验室	2	100	—	—

采光等级	房间名称	侧面采光		顶部采光	
		采光系数最低值 C_{min}（%）	室内天然光临界照度（lx）	采光系数平均值 C_{av}（%）	室内天然光临界照度（lx）
IV	候诊室、挂号处、综合大厅、病房、医生办公室（护士室）	1	50	1.5	75
V	走道、楼梯间、卫生间	0.5	25	—	—

注：表7.1.1-1至表7.1.1-5所列采光系数标准值适用于Ⅲ类光气候区。其他地区的采光系数标准值应乘以相应地区光气候系数。

7.1.2 有效采光面积计算应符合下列规定：

1 侧窗采光口离地面高度在0.80m以下的部分不应计入有效采光面积；

2 侧窗采光口上部有效宽度超过1m以上的外廊、阳台等外挑遮挡物，其有效采光面积可按采光口面积的70%计算；

3 平天窗采光时，其有效采光面积可按侧面采光口面积的2.50倍计算。

7.2.1 建筑物室内应有与室外空气直接流通的窗口或洞口，否则应设自然通风道或机械通风设施。

7.2.2 采用直接自然通风的空间，其通风开口面积应符合下列规定：

1 生活、工作的房间的通风开口有效面积不应小于该房间地板面积的1/20；

2 厨房的通风开口有效面积不应小于该房间地板面积的1/10，并不得小于0.60m²，厨房的炉灶上方应安装排除油烟设备，并设排烟道。

7.2.3 严寒地区居住用房，厨房、卫生间应设自然通风道或通风换气设施。

7.2.4 无外窗的浴室和厕所应设机械通风换气设施，并设通风道。

7.2.5 厨房、卫生间的门的下方应设进风固定百叶，或留有进风缝隙。

7.2.6 自然通风道的位置应设于窗户或进风口相对的一面。

7.3.1 建筑物宜布置在向阳、无日照遮挡、避风地段。

7.3.2 设置供热的建筑物体形应减少外表面积。

7.3.3 严寒地区的建筑物宜采用围护结构外保温技术，并不应设置开敞的楼梯间和外廊，其出入口应设门斗或采取其他防寒措施；寒冷地区的建筑物不宜设置开敞的楼梯间和外廊，其出入口宜设门斗或采取其他防寒措施。

7.3.4 建筑物的外门窗应减少其缝隙长度，并采取密封措施，宜选用节能型外门窗。

7.3.5 严寒和寒冷地区设置集中供暖的建筑物，其建筑热工和采暖设计应符合有关节能设计标准的规定。

7.3.6 夏热冬冷地区、夏热冬暖地区建筑物的建筑节能设计应符合有关节能设计标准的规定。

7.4.1 夏季防热的建筑物应符合下列规定：

1 建筑物的夏季防热应采取绿化环境、组织有效自然通风、外围护结构隔热和设置建筑遮阳等综合措施；

2 建筑群的总体布局、建筑物的平面空间组织、剖面设计和门窗的设置，应有利于组织室内通风；

3 建筑物的东、西向窗户，外墙和屋顶应采取有效的遮阳和隔热措施；

4 建筑物的外围护结构，应进行夏季隔热设计，并应符合有关节能设计标准的规定。

7.4.2 设置空气调节的建筑物应符合下列规定：

1 建筑物的体形应减少外表面积；

2 设置空气调节的房间应相对集中布置；

3 空气调节房间的外部窗户应有良好的密闭性和隔热性；向阳的窗户宜设遮阳设施，并宜采用节能窗；

4 设置非中央空气调节设施的建筑物，应统一设计、安装空调机的室外机位置，并使冷凝水有组织排水；

5 间歇使用的空气调节建筑，其外围护结构内侧和内围护结构宜采用轻质材料；连续使用的空调建筑，其外围结构内侧和内围护结构宜采用重质材料；

6 建筑物外围护结构应符合有关节能设计标准的规定。

7.5.1 民用建筑各类主要用房的室内允许噪声级应符合表 7.5.1。

室内允许噪声级（昼间） 表 7.5.1

建筑类别	房间名称	允许噪声级（A 声级，dB）			
		特级	一级	二级	三级
住宅	卧室、书房	—	≤40	≤45	≤50
	起居室	—	≤45	≤50	≤50
学校	有特殊安静要求的房间	—	≤40	—	—
	一般教室	—	—	≤50	—
	无特殊安静要求的房间	—	—	—	≤55
医院	病房、医务人员休息室	—	≤40	≤45	≤50
	门诊室	—	≤55	≤55	≤60
	手术室	—	≤45	≤45	≤50
	听力测听室	—	≤25	≤25	≤30
旅馆	客房	≤35	≤40	≤45	≤55
	会议室	≤40	≤45	≤50	≤50
	多用途大厅	≤40	≤45	≤50	—
	办公室	≤45	≤50	≤55	≤55
	餐厅、宴会厅	≤50	≤55	≤60	—

注：夜间室内允许噪声级的数值比昼间小 10dB（A）。

7.5.2 不同房间围护结构（隔墙、楼板）的空气声隔声标准应符合表 7.5.2 规定。

空气声隔声标准

表 7.5.2

建筑类别	围护结构部位	计权隔声量（dB）			
		特级	一级	二级	三级
住宅	分户墙、楼板	—	≥50	≥45	≥40
学校	隔墙、楼板	—	≥50	≥45	≥40
医院	病房与病房之间	—	≥45	≥40	≥35
	病房与产生噪声房间之间	—	≥50	≥50	≥45
	手术室与病房之间	—	≥50	≥45	≥40
	手术室与产生噪声房间之间	—	≥50	≥50	≥45
	听力测听室围护结构	—	≥50	≥50	≥50
旅馆	客房与客房间隔墙	≥50	≥45	≥40	≥40
	客房与走廊间隔墙（含门）	≥40	≥40	≥35	≥30
	客房外墙（含窗）	≥40	≥35	≥25	≥20

7.5.3 不同房间楼板撞击声隔声标准应符合表 7.5.3 的规定。

撞击声隔声标准

表 7.5.3

建筑类别	楼板部位	计权隔声量（dB）			
		特级	一级	二级	三级
住宅	分户层间	—	≤65	≤75	≤75
学校	教室层间	—	≤65	≤65	≤75
医院	病房与病房之间	—	≤65	≤75	≤75
	病房与手术室之间	—	—	≤75	≤75
	听力测听室上部	—	≤65	≤65	≤65
旅馆	客房层间	≤55	≤65	≤75	≤75
	客房与有振动房间之间	≤55	≤55	≤65	≤65

7.5.4 民用建筑的隔声减噪设计应符合下列规定：

1 对于结构整体性较强的民用建筑，应对附着于墙体和楼板的传声源部件采取防止结构声传播的措施；

2 有噪声和振动的设备用房应采取隔声、隔振和吸声的措施，并应对设备和管道采取减振、消声处理；平面布置中，不宜将有噪声和振动的设备用房设在主要用房的直接上层或贴邻布置，当其设在同一楼层时，应分区布置；

3 安静要求较高的房间内设置吊顶时，应将隔墙砌至梁、板底面；采用轻质隔墙时，其隔声性能应符合有关隔声标准的规定。

（6）《住宅建筑规范》（GB 50368—2005）

7.1.1 住宅应在平面布置和建筑构造上采取防噪声措施。卧室、起居室在关窗状态下的白天允许噪声级为50dB（A声级），夜间允许噪声级为40dB（A声级）。

7.1.2 楼板的计权标准化撞击声压级不应大于75dB。

应采取构造措施提高楼板的撞击声隔声性能。

7.1.3 空气声计权隔声量，楼板不应小于40dB（分隔住宅和非居住用途空间的楼板不应小于55dB），分户墙不应小于40dB，外窗不应小于30dB，户门不应小于25dB。应采取构造措施提高楼板、分户墙、外窗、户门的空气声隔声性能。

7.1.4 水、暖、电、气管线穿过楼板和墙体时，孔洞周边应采取密封隔声措施。

7.1.5 电梯不应与卧室、起居室紧邻布置。受条件限制需要紧邻布置时，必须采取有效的隔声和减振措施。

7.1.6 管道井、水泵房、风机房应采取有效的隔声措施，水泵、风机应采取减振措施。

7.2.1 住宅应充分利用外部环境提供的日照条件，每套住宅至少应有一个居住空间能获得冬季日照。

7.2.2 卧室、起居室（厅）、厨房应设置外窗，窗地面积比不应小于1/7。

7.2.3 套内空间应能提供与其使用功能相适应的照度水平。套外的门厅、电梯前厅、走廊、楼梯的地面照度应能满足使用功能要求。

7.2.4 住宅应能自然通风，每套住宅的通风开口面积不应小于地面面积的5%。

7.3.1 住宅的屋面、外墙、外窗应能防止雨水和冰雪融化水侵入室内。

7.3.2 住宅屋面和外墙的内表面在室内温、湿度设计条件下不应出现结露。

7.4.1 住宅室内空气污染物的活度和浓度应符合表7.4.1的规定。

住宅室内空气污染物限值　　　　　　　　　　　　　表7.4.1

序号	项　目	限值	序号	项　目	限值
1	氡	≤200Bq/m³	4	氨	≤0.2mg/m³
2	游离甲醛	≤0.08mg/m³	5	总挥发性有机化合物（TVOC）	≤0.5mg/m³
3	苯	≤0.09mg/m³			

（7）《宿舍建筑设计规范》（JGJ 36—2005）

5.1.1 宿舍内的居室、公共盥洗室、公共厕所、公共浴室和公共活动室应直接自然通风和采光，走廊宜有自然通风和采光。

5.1.2 采用自然通风的居室，其通风开口面积不应小于该居室地板面积的1/20。

5.1.3 严寒地区的居室应设置通风换气设施。

5.1.4 宿舍的室内采光标准应符合表5.1.4采光系数最低值，其窗地比可按表5.1.4的规定取值。

室内采光标准 表 5.1.4

房 间 名 称	侧面采光	
	采光系数最低值（%）	窗地面积比最低值（A_c/A_d）
居室	1	1/7
楼梯间	0.5	1/12
公共厕所、公共浴室	0.5	1/10

注：1 窗地面积比值为直接天然采光房间的侧窗洞口面积 A_c 与该房间地面面积 A_d 之比；

2 本表按Ⅲ类光气候单层普通玻璃铝合金窗计算，当用于其他光气候区时或采用其他类型窗时，应按现行国家标准《建筑采光设计标准》GB/T 50033 的有关规定进行调整；

3 离地面高度低于 0.80m 的窗洞口面积不计入采光面积内。窗洞口上沿距地面高度不宜低于 2m。

5.2.1 宿舍居室内的允许噪声级（A 声级），昼间应小于或等于 50dB，夜间应小于或等于 40dB，分室墙与楼板的空气声的计权隔声量应大于或等于 40dB，楼板的计权标准化撞击声压级宜小于或等于 75dB。

5.2.2 居室不应与电梯、设备机房紧邻布置；居室与公共楼梯间、公共盥洗室等有噪声的房间紧邻布置时，应采取隔声减振措施，其隔声量应达到国家相关规范要求。

（8）《托儿所、幼儿园建筑设计规范》（JGJ 39—1987）

4.3.3 照度标准不应低于表 4.3.3 的规定。

主要房间平均照度标准（lx） 表 4.3.3

房 间 名 称	照 度 值	工 作 面
活动室、乳儿室、音体活动室	150	距地 0.5m
医务保健室、隔离室、办公室	100	距地 0.80m
寝室、喂奶室、配奶室、厨房	75	距地 0.80m
卫生间、洗衣房	30	地面
门厅、烧火间、库房	20	地面

（9）《体育场馆照明设计及检测标准》（JGJ 153-2007）

4.2.7 观众席和运动场地安全照明的平均水平照度值不应小于 20lx。

4.2.8 体育馆出口及其通道的疏散照明最小水平照度值不应小于 5lx。

4.2 无障碍设计审查

1. 审查主要内容

无障碍设计重点审查内容包括：

（1）七层及七层以上住宅无障碍设计的范围：

1）建筑入口。

2）入口平台。

3）候梯厅。

4）公共走道。

5）无障碍住房。

（2）无障碍坡道坡度与建筑入口平台的宽度。

（3）无障碍通道的最小宽度。

（4）供残疾人使用的门净宽、门把手一侧的墙面宽度、门内外地面高差等是否符合规范规定。

2. 设计中常见问题

（1）高层住宅只在入口处设置了无障碍坡道，无障碍设计内容不全。

（2）高层住宅入口平台宽度小于2.00m。

（3）无障碍住房中厨房和卫生间不满足无障碍要求。

（4）七层或七层以上的住宅的建筑其无障碍设计不符合规定。

（5）七层或七层以上住宅建筑入口平台宽度小于2.00m。

3. 审查要点汇总

（1）《住宅设计规范》（GB 50096—2011）

6.6.1　七层及七层以上的住宅，应对下列部位进行无障碍设计。

1　建筑入口；

2　入口平台；

3　候梯厅；

4　公共走道。

6.6.2　住宅入口及入口平台的无障碍设计应符合下列规定：

1　建筑入口设台阶时，应同时设置轮椅坡道和扶手；

2　坡道的坡度应符合表6.6.2的规定；

坡道的坡度 表6.6.2

坡度	1:20	1:16	1:12	1:10	1:8
最大高度（m）	1.50	1.00	0.75	0.60	0.35

3　供轮椅通行的门净宽不应小于0.8m；

4　供轮椅通行的推拉门和平开门，在门把手一侧的墙面，应留有不小于0.5m的墙面宽度；

5　供轮椅通行的门扇，应安装视线观察玻璃、横执把手和关门拉手，在门扇的下方应安装高0.35m的护门板；

6　门槛高度及门内外地面高差不应大于0.15m，并应以斜坡过渡。

6.6.3　七层及七层以上住宅建筑入口平台宽度不应小于2.00m，七层以下住宅建筑入口平台宽度不应小于1.50m。

6.6.4　供轮椅通行的走道和通道净宽不应小于1.20m。

（2）《民用建筑设计通则》（GB 50352—2005）

3.5.1　居住区道路、公共绿地和公共服务设施应设置无障碍设施，并与城市道路无障碍设施相连接。

3.5.2　设置电梯的民用建筑的公共交通部位应设无障碍设施。

3.5.3 残疾人、老年人专用的建筑物应设置无障碍设施。

3.5.4 居住区及民用建筑无障碍设施的实施范围和设计要求应符合国家现行标准《城市道路和建筑物无障碍设计规范》JGJ 50 的规定。

（3）《住宅建筑规范》（GB 50368—2005）

5.3.1 七层及七层以上的住宅，应对下列部位进行无障碍设计：

1 建筑入口；

2 入口平台；

3 候梯厅；

4 公共走道；

5 无障碍住房。

5.3.2 建筑入口及入口平台的无障碍设计应符合下列规定：

1 建筑入口设台阶时，应设轮椅坡道和扶手；

2 坡道的坡度应符合表 5.3.2 的规定；

坡道的坡度 表 5.3.2

高度（m）	1.50	1.00	0.75	0.60	0.35
坡度	1:20	1:16	1:12	1:10	1:8

3 供轮椅通行的门净宽不应小于 0.80m；

4 供轮椅通行的推拉门和平开门，在门把手一侧的墙面，应留有不小于 0.50m 的墙面宽度；

5 供轮椅通行的门扇，应安装视线观察玻璃、横执把手和关门拉手，在门扇的下方应安装高 0.35m 的护门板；

6 门槛高度及门内外地面高差不应大于 15mm，并应以斜坡过渡。

5.3.3 七层及七层以上住宅建筑入口平台宽度不应小于 2.00m。

5.3.4 供轮椅通行的走道和通道净宽不应小于 1.20m。

（4）《无障碍设计规范》（GB 50763—2012）

7.4.1 居住建筑进行无障碍设计的范围应包括住宅及公寓、宿舍建筑（职工宿舍、学生宿舍）等。

7.4.2 居住建筑的无障碍设计应符合下列规定：

1 设置电梯的居住建筑应至少设置 1 处无障碍出入口，通过无障碍通道直达电梯厅；未设置电梯的低层和多层居住建筑，当设置无障碍住房及宿舍时，应设置无障碍出入口；

2 设置电梯的居住建筑，每居住单元至少应设置 1 部能直达户门层的无障碍电梯。

7.4.3 居住建筑应按每 100 套住房设置不少于 2 套无障碍住房。

7.4.4 无障碍住房及宿舍宜建于底层。当无障碍住房及宿舍设在二层及以上且未设置电梯时，其公共楼梯应满足本规范第 3.6 节的有关规定。

7.4.5 宿舍建筑中，男女宿舍应分别设置无障碍宿舍，每 100 套宿舍各应设置不少于 1 套无障碍宿舍；当无障碍宿舍设置在二层以上且宿舍建筑设置电梯时，应设置不少于 1 部无障碍电梯，无障碍电梯应与无障碍宿舍以无障碍通道连接。

110

5 建筑节能

5.1 公共建筑节能设计审查

1. 审查主要内容

公共建筑节能设计重点审查内容包括：

（1）公共建筑节能设计规定性指标：

1）屋面、外墙（加权平均）、底面接触室外空气的架空楼板或外挑楼板的传热系数 K。

2）外门窗、屋顶透明部分的传热系数 K、遮阳系数 S_C。

3）地面、地下室外墙热阻 R。

4）建筑各朝向的窗墙面积比，当窗墙面积比小于0.4时玻璃的可见光透射比。

5）屋顶透明部分占屋顶总面积比。

6）外门窗的可开启面积。

7）外门窗、玻璃幕墙的气密性。

（2）规定性指标不满足要求，应进行性能化评价（对比判定法、公共建筑权衡判断）。

（3）设计说明中的节能专篇深度是否符合规定，并且应与节能计算书、节能备案表相一致。

2. 设计中常见问题

（1）建筑物体形系数、窗墙面积比、各部分围护结构的传热系数、外窗遮阳系数等主要指标没有按建筑热工设计分区的具体规定性指标来分别确定。

（2）严寒、寒冷地区建筑的体形系数大于0.40。

（3）建筑每个朝向的窗（包括透明幕墙）墙面积比均大于0.70。

3. 审查要点汇总

（1）《公共建筑节能设计标准》（GB 50189—2005）

4.1.2 严寒、寒冷地区建筑的体形系数应小于或等于0.40。当不能满足本条文的规定时，必须按本标准第4.3节的规定进行权衡判断。

4.2.1 各城市的建筑的气候分区应按表4.2.1确定。

4.2.2 根据建筑所处城市的建筑气候分区，围护结构的热工性能应符合表4.2.2-1、表4.2.2-2、表4.2.2-3、表4.2.2-4、表4.2.2-5以及表4.2.2-6的规定，其中外墙的传热系数为包括结构性热桥在内的平均值 K_m。当建筑所处城市属于温和地区时，应判断该城市的气象条件与表4.2.1中的哪个城市最接近，围护结构的热工性能应符合那个城市所属气候分区的规定。当本条文的规定不能满足时，必须按本标准第4.3节的规定进行权衡判断。

主要城市所处气候分区 表4.2.1

气候分区	代表性城市
严寒地区A区	海伦、博克图、伊春、呼玛、海拉尔、满洲里、齐齐哈尔、富锦、哈尔滨、牡丹江、克拉玛依、佳木斯、安达
严寒地区B区	长春、乌鲁木齐、延吉、通辽、通化、四平、呼和浩特、抚顺、大柴旦、沈阳、大同、本溪、阜新、哈密、鞍山、张家口、酒泉、伊宁、吐鲁番、西宁、银川、丹东
寒冷地区	兰州、太原、唐山、阿坝、喀什、北京、天津、大连、阳泉、平凉、石家庄、德州、晋城、天水、西安、拉萨、康定、济南、青岛、安阳、郑州、洛阳、宝鸡、徐州
夏热冬冷地区	南京、蚌埠、盐城、南通、合肥、安庆、九江、武汉、黄石、岳阳、汉中、安康、上海、杭州、宁波、宜昌、长沙、南昌、株洲、永州、赣州、韶关、桂林、重庆、达县、万州、涪陵、南充、宜宾、成都、贵阳、遵义、凯里、绵阳
夏热冬暖地区	福州、莆田、龙岩、梅州、兴宁、英德、河池、柳州、贺州、泉州、厦门、广州、深圳、湛江、汕头、海口、南宁、北海、梧州

严寒地区A区围护结构传热系数限值 表4.2.2-1

围护结构部位	体形系数≤0.3 传热系数 $K/[W/(m^2 \cdot K)]$	$0.3<$体形系数≤ 0.4 传热系数 $K/[W/(m^2 \cdot K)]$
屋面	≤0.35	≤0.30
外墙（包括非透明幕墙）	≤0.45	≤0.40
底面接触室外空气的架空或外挑楼板	≤0.45	≤0.40
非采暖房间与采暖房间的隔墙或楼板	≤0.6	≤0.6
单一朝向外窗（包括透明幕墙） 窗墙面积比≤0.2	≤3.0	≤2.7
单一朝向外窗（包括透明幕墙） 0.2<窗墙面积比≤0.3	≤2.8	≤2.5
单一朝向外窗（包括透明幕墙） 0.3<窗墙面积比≤0.4	≤2.5	≤2.2
单一朝向外窗（包括透明幕墙） 0.4<窗墙面积比≤0.5	≤2.0	≤1.7
单一朝向外窗（包括透明幕墙） 0.5<窗墙面积比≤0.7	≤1.7	≤1.5
屋顶透明部分	≤2.5	

严寒地区B区围护结构传热系数限值 表4.2.2-2

围护结构部位	体形系数≤0.3 传热系数 $K/[W/(m^2 \cdot K)]$	$0.3<$体形系数≤ 0.4 传热系数 $K/[W/(m^2 \cdot K)]$
屋面	≤0.45	≤0.35
外墙（包括非透明幕墙）	≤0.50	≤0.45

围护结构部位		体形系数≤0.3 传热系数 $K/[W/(m^2 \cdot K)]$	$0.3<$体形系数≤0.4 传热系数 $K/[W/(m^2 \cdot K)]$
底面接触室外空气的架空或外挑楼板		≤0.50	≤0.45
非采暖房间与采暖房间的隔墙或楼板		≤0.8	≤0.8
单一朝向外窗 （包括透明幕墙）	窗墙面积比≤0.2	≤3.2	≤2.8
	$0.2<$窗墙面积比≤0.3	≤2.9	≤2.5
	$0.3<$窗墙面积比≤0.4	≤2.6	≤2.2
	$0.4<$窗墙面积比≤0.5	≤2.1	≤1.8
	$0.5<$窗墙面积比≤0.7	≤1.8	≤1.6
屋顶透明部分		≤2.6	

寒冷地区围护结构传热系数和遮阳系数限值　　　　　表 4.2.2-3

围护结构部位		体形系数≤0.3 传热系数 $K/[W/(m^2 \cdot K)]$		$0.3<$体形系数≤0.4 传热系数 $K/[W/(m^2 \cdot K)]$	
屋面		≤0.55		≤0.45	
外墙（包括非透明幕墙）		≤0.60		≤0.50	
底面接触室外空气的架空或外挑楼板		≤0.60		≤0.50	
非采暖空调房间与采暖空调房间的隔墙或楼板		≤1.5		≤1.5	
外窗（包括透明幕墙）		传热系数 K $/[W/(m^2 \cdot K)]$	遮阳系数 SC （东、南、西向/北向）	传热系数 K $/[W/(m^2 \cdot K)]$	遮阳系数 SC （东、南、西向/北向）
单一朝向外窗（包括透明幕墙）	窗墙面积比≤0.2	≤3.5	—	≤3.0	—
	$0.2<$窗墙面积比≤0.3	≤3.0	—	≤2.5	—
	$0.3<$窗墙面积比≤0.4	≤2.7	≤0.70/—	≤2.3	≤0.70/—
	$0.4<$窗墙面积比≤0.5	≤2.3	≤0.60/—	≤2.0	≤0.60/—
	$0.5<$窗墙面积比≤0.7	≤2.0	≤0.50/—	≤1.8	≤0.50/—
屋顶透明部分		≤2.7	≤0.50	≤2.7	≤0.50

注：有外遮阳时，遮阳系数＝玻璃的遮阳系数×外遮阳的遮阳系数；无外遮阳时，遮阳系数＝玻璃的遮阳系数。

夏热冬冷地区围护结构传热系数和遮阳系数限值　　　　表4.2.2-4

围护结构部位		传热系数 K/ [W/ ($m^2 \cdot$ K)]	
屋面		≤0.70	
外墙（包括非透明幕墙）		≤1.0	
底面接触室外空气的架空或外挑楼板		≤1.0	
外窗（包括透明幕墙）		传热系数 K/ [W/ ($m^2 \cdot$ K)]	遮阳系数 SC（东、南、西向/北向）
单一朝向 外窗（包括 透明幕墙）	窗墙面积比≤0.2	≤4.7	—
	0.2<窗墙面积比≤0.3	≤3.5	≤0.55/—
	0.3<窗墙面积比≤0.4	≤3.0	≤0.50/0.60
	0.4<窗墙面积比≤0.5	≤2.8	≤0.45/0.55
	0.5<窗墙面积比≤0.7	≤2.5	≤0.40/0.50
屋顶透明部分		≤3.0	≤0.40

注：有外遮阳时，遮阳系数＝玻璃的遮阳系数×外遮阳的遮阳系数；无外遮阳时，遮阳系数＝玻璃的遮阳系数。

夏热冬暖地区围护结构传热系数和遮阳系数限值　　　　表4.2.2-5

围护结构部位		传热系数 K/ [W/ ($m^2 \cdot$ K)]	
屋面		≤0.90	
外墙（包括非透明幕墙）		≤1.5	
底面接触室外空气的架空或外挑楼板		≤1.5	
外窗（包括透明幕墙）		传热系数 K/ [W/ ($m^2 \cdot$ K)]	遮阳系数 SC（东、南、西向/北向）
单一朝向 外窗（包括 透明幕墙）	窗墙面积比≤0.2	≤6.5	—
	0.2<窗墙面积比≤0.3	≤4.7	≤0.50/0.60
	0.3<窗墙面积比≤0.4	≤3.5	≤0.45/0.55
	0.4<窗墙面积比≤0.5	≤3.0	≤0.40/0.50
	0.5<窗墙面积比≤0.7	≤3.0	≤0.35/0.45
外窗（包括透明幕墙）		传热系数 K/ [W/ ($m^2 \cdot$ K)]	遮阳系数 SC（东、南、西向/北向）
屋顶透明部分		≤3.5	≤0.35

注：有外遮阳时，遮阳系数＝玻璃的遮阳系数×外遮阳的遮阳系数；无外遮阳时，遮阳系数＝玻璃的遮阳系数。

不同气候区地面和地下室外墙热阻限值　　　　表4.2.2-6

气候分区	围护结构部位		热阻 R/ [($m^2 \cdot$ K) /W]
严寒地区 A 区	地面：周边地面		≥2.0
	非周边地面		≥1.8
	采暖地下室外墙（与土壤接触的墙）		≥2.0
严寒地区 B 区	地面：周边地面		≥2.0
	非周边地面		≥1.8
	采暖地下室外墙（与土壤接触的墙）		≥1.8

气候分区	围护结构部位	热阻 R/ [（$m^2 \cdot K$）/W]
寒冷地区	地面：周边地面 　　　非周边地面	≥1.5
	采暖地下室外墙（与土壤接触的墙）	≥1.5
夏热冬冷地区	地面	≥1.2
	地下室外墙（与土壤接触的墙）	≥1.2
夏热冬暖地区	地面	≥1.0
	地下室外墙（与土壤接触的墙）	≥1.0

注：周边地面系指距外墙内表面2m以内的地面。

　　地面热阻系指建筑基础持力层以上各层材料的热阻之和。

　　地下室外墙热阻系指土壤以内各层材料的热阻之和。

4.2.3　外墙与屋面的热桥部位的内表面温度不应低于室内空气露点温度。

4.2.4　建筑每个朝向的窗（包括透明幕墙）墙面积比均不应大于0.70。当窗（包括透明幕墙）墙面积比小于0.40时，玻璃（或其他透明材料）的可见光透射比不应小于0.4。当不能满足本条文的规定时，必须按本标准第4.3节的规定进行权衡判断。

4.2.5　夏热冬暖地区、夏热冬冷地区的建筑以及寒冷地区中制冷负荷大的建筑，外窗（包括透明幕墙）宜设置外部遮阳，外部遮阳的遮阳系数按本标准附录A确定。

4.2.6　屋顶透明部分的面积不应大于屋顶总面积的20%，当不能满足本条文的规定时，必须按本标准第4.3节的规定进行权衡判断。

4.2.7　建筑中庭夏季应利用通风降温，必要时设置机械排风装置。

4.2.8　外窗的可开启面积不应小于窗面积的30%；透明幕墙应具有可开启部分或设有通风换气装置。

4.2.9　严寒地区建筑的外门应设门斗，寒冷地区建筑的外门宜设门斗或应采取其他减少冷风渗透的措施。其他地区建筑外门也应采取保温隔热节能措施。

4.2.10　外窗的气密性不应低于《建筑外窗气密性能分级及其检测方法》GB 7107规定的4级。

4.2.11　透明幕墙的气密性不应低于《建筑幕墙物理性能分级》GB/T 15225规定的3级。

（2）《商店建筑设计规范》（JGJ 48—201×）

4.1.10　商店建筑应尽可能利用天然采光和自然通风。

4.1.11　商店建筑采用自然通风时，其通风开口有效面积，不应小于该房间地板面积的1/20。

4.1.12　商店建筑设有空调或采暖时应符合下列规定：

1　围护结构应符合建筑节能要求；

2　营业厅内应无明显的冷（热）桥构造缺陷和渗透的变形缝；

3　通风道、通风口应设消音、防火装置；

4　营业厅与空气处理室之间的隔墙应为防火兼隔音构造，并不宜直接开门相通。

5.2 居住建筑节能设计审查

1. 审查主要内容

居住建筑节能设计重点审查内容包括：

（1）居住建筑节能设计规定性指标：

1）建筑各朝向的窗墙面积比。

2）天窗面积及其传热系数、本身的遮阳系数。

3）屋面、外墙、不采暖楼梯间隔墙、接触室外空气的地板、不采暖地下室上部地板、周边地面与非周边地面的传热系数 K。

4）外门窗的传热系数 K 和综合遮阳系数 S_w。

5）外门窗的可开启面积。

6）外门窗的气密性。

（2）规定性指标不满足要求，应进行性能化评价（居住建筑指标判定法、对比判定法）。

（3）设计说明中的节能专篇深度是否符合规定，并且应与节能计算书、节能备案表相一致。

2. 设计中常见问题

（1）住宅没有通过合理选择建筑的体形、朝向或窗墙面积比，来增强围护结构的保温、隔热性能。

（2）住宅使用的采暖或空气调节设备或系统能效比不高。

（3）没有采取室温调控或热量计量措施来降低采暖或空气调节能耗。

（4）节能设计没有采取规定性指标，也没有采取直接计算采暖、空气调节能耗的性能化方法。

（5）住宅围护结构的构造不能防止围护结构内部保温材料受潮。

（6）住宅公共部位的照明没有采用高效光源、高效灯具或节能控制措施。

（7）住宅内使用的电梯、水泵、风机等设备没有采取节电措施。

（8）住宅的设计与建造与地区气候不相适应，不能充分利用自然通风或太阳能等可再生能源。

（9）当采用冷水机组和单元式空气调节机作为集中式空气调节系统的冷源设备时，其性能系数、能效比低于相关的规定值。

（10）性能化设计没有以采暖、空调能耗指标作为节能控制目标。

（11）各建筑热工设计分区的控制目标限值没有根据节能目标分别确定。

（12）严寒、寒冷地区的住宅建筑物耗热量指标超过相关规定指标。

（13）夏热冬冷地区的住宅的建筑物采暖和空气调节年耗电量之和超过相关规定。

（14）夏热冬暖地区的住宅的建筑的空气调节和采暖年耗电量超过相关控制目标。

3. 审查要点汇总

（1）《住宅建筑规范》（GB 50368—2005）

10.1.1　住宅应通过合理选择建筑的体形、朝向和窗墙面积比，增强围护结构的保温、隔热性能，使用能效比高的采暖和空气调节设备和系统，采取室温调控和热量计量措施来降低采暖、空气调节能耗。

10.1.2 节能设计应采用规定性指标，或采用直接计算采暖、空气调节能耗的性能化方法。

10.1.3 住宅围护结构的构造应防止围护内部保温材料受潮。

10.1.4 住宅公共部位的照明应采用高效光源、高效灯具和节能控制措施。

10.1.5 住宅内使用的电梯、水泵、风机等设备应采取节电措施。

10.1.6 住宅的设计与建造应与地区气候相适应，充分利用自然通风和太阳能等可再生能源。

10.2.1 住宅节能设计的规定性指标主要包括：建筑物体形系数、窗墙面积比、各部分围护结构的传热系数、外窗遮阳系数等。各建筑热工设计分区的具体规定性指标应根据节能目标分别确定。

10.2.2 当采用冷水机组和单元式空气调节机作为集中式空气调节系统的冷源设备时，其性能系数、能效比不应低于表10.2.2-1和表10.2.2-2的规定值。

冷水（热泵）机组制冷性能系数　　　　　　表 10.2.2-1

类 型		额定制冷量 CC/kW	性能系数 COP/（W/W）
水冷式	活塞式/漩涡式	≤528	3.80
		528～1163	4.00
		>1163	4.20
	螺杆式	≤528	4.10
		528～1163	4.30
		>1163	4.60
	离心式	≤528	4.40
		528～1163	4.70
		>1163	5.10
风冷或蒸发冷却	活塞式/漩涡式	≤50	2.40
		>50	2.60
	螺杆式	≤50	2.60
		>50	2.80

单元式空气调节机能效比　　　　　　表 10.2.2-2

类 型		能效比 EER/（W/W）
风冷式	不接风管	2.60
	接风管	2.30
水冷式	不接风管	3.00
	接风管	2.70

10.3.1 性能化设计应以采暖、空调能耗指标作为节能控制目标。

10.3.2 各建筑热工设计分区的控制目标限值应根据节能目标分别确定。

10.3.3 性能化设计的控制目标和计算方法应符合下列规定：

1 严寒、寒冷地区的住宅应以建筑物耗热量指标为控制目标。

建筑物耗热量指标的计算应包含围护结构的传热耗热量、空气渗透耗热量和建筑物内部得热量三个部分，计算所得的建筑物耗热量指标不应超过表10.3.3-1的规定。

建筑物耗热量指标（W/m²）　　　　　　　表 10.3.3-1

地名	耗热量指标	地名	耗热量指标	地名	耗热量指标
北京市	20.6	赤峰	21.3	白城	21.8
天津市	20.5	满洲里	22.4	黑龙江	—
河北省	—	博克图	22.2	哈尔滨	21.9
石家庄	20.3	二连浩特	21.9	嫩江	22.5
张家口	21.1	多伦	21.8	齐齐哈尔	21.9
秦皇岛	20.8	白云鄂博	21.6	富锦	22.0
保定	20.5	辽宁省	—	牡丹江	21.8
邯郸	20.3	沈阳	21.2	呼玛	22.7
唐山	20.8	丹东	20.9	佳木斯	21.9
承德	21.0	大连	20.6	安达	22.0
丰宁	21.2	阜新	21.3	伊春	22.4
山西省	—	抚顺	21.4	克山	22.3
太原	20.8	朝阳	21.1	江苏省	—
大同	21.1	本溪	21.2	徐州	20.0
长治	20.8	锦州	21.0	连云港	20.0
阳泉	20.5	鞍山	21.1	宿迁	20.0
临汾	20.4	锦西	21.0	淮阴	20.0
晋城	20.4	吉林省	—	盐城	20.0
运城	20.3	长春	21.7	山东省	—
内蒙古	—	吉林	21.8	济南	20.2
呼和浩特	21.3	延吉	21.5	青岛	20.2
锡林浩特	22.0	通化	21.6	烟台	20.2
海拉尔	22.6	双辽	21.6	德州	20.5
通辽	21.6	四平	21.5	淄博	20.4

地名	耗热量指标	地名	耗热量指标	地名	耗热量指标
兖州	20.4	陕西省	—	格尔木	21.1
潍坊	20.4	西安	20.2	玉树	20.8
河南省	—	榆林	21.0	宁夏	—
郑州	20.0	延安	20.7	银川	21.0
安阳	20.3	宝鸡	20.1	中宁	20.8
濮阳	20.3	甘肃省	—	固原	20.9
新乡	20.1	兰州	20.8	石嘴山	21.0
洛阳	20.0	酒泉	21.0	新疆	—
商丘	20.1	敦煌	21.0	乌鲁木齐	21.8
开封	20.1	张掖	21.0	塔城	21.4
四川省	—	山丹	21.1	哈密	21.3
阿坝	20.8	平凉	20.6	伊宁	21.1
甘孜	20.5	天水	20.3	喀什	20.7
康定	20.3	青海省	—	富蕴	22.4
西藏	—	西宁	20.9	克拉玛依	21.8
拉萨	20.2	玛多	21.5	吐鲁番	21.1
葛尔	21.2	大柴旦	21.4	库车	20.9
日喀则	20.4	共和	21.1	和田	20.7

2 夏热冬冷地区的住宅应以建筑物采暖和空气调节年耗电量之和为控制目标。

建筑物采暖和空气调节年耗电量应采用动态逐时模拟方法在确定的条件下计算。计算条件应包括：

1) 居室室内冬、夏季的计算温度；

2) 典型气象年室外气象参数；

3) 采暖和空气调节的换气次数；

4) 采暖、空气调节设备的能效比；

5) 室内得热强度。

计算所得的采暖和空气调节年耗电量之和，不应超过表 10.3.3-2 按采暖度日数 HDD18 列出的采暖年耗电量和按空气调节度日数 CDD26 列出的空气调节年耗电量的限值之和。

建筑物采暖年耗电量和空气调节年耗电量的限值　　　　表 10.3.3-2

HDD18/（℃·d）	采暖年耗电量 E_h/（kWh/m²）	CDD26/（℃·d）	空气调节年耗电量 E_c/（kWh/m²）
800	10.1	25	13.7
900	13.4	50	15.6
1000	15.6	75	17.4
1100	17.8	100	19.3
1200	20.1	125	21.2
1300	22.3	150	23.0
1400	24.5	175	24.9
1500	26.7	200	26.8
1600	29.0	225	28.6
1700	31.2	250	30.5
1800	33.4	275	32.4
1900	35.7	300	34.2
2000	37.9		
2100	40.1		
2200	42.4		
2300	44.6		
2400	46.8		
2500	49.0		

　　3　夏热冬暖地区的住宅应以参照建筑的空气调节和采暖年耗电量为控制目标。

　　参照建筑和所设计住宅的空气调节和采暖年耗电量应采用动态逐时模拟方法在确定的条件下计算。计算条件应包括：

　　1）居室室内冬、夏季的计算温度；

　　2）典型气象年室外气象参数；

　　3）采暖和空气调节的换气次数；

　　4）采暖、空气调节设备的能效比。

　　参照建筑应按下列原则确定：

　　1）参照建筑的建筑形状、大小和朝向均应与所设计住宅完全相同；

　　2）参照建筑的开窗面积应与所设计住宅相同，但当所设计住宅的窗面积超过规定性指标时，参照建筑的窗面积应减小到符合规定性指标；

　　3）参照建筑的外墙、屋顶和窗户的各项热工性能参数应符合规定性指标。

　　（2）《严寒和寒冷地区居住建筑节能设计标准》（JGJ 26-2010）

4.1.3 严寒和寒冷地区居住建筑的体形系数不应大于表 4.1.3 规定的限值。当体形系数大于表 4.1.3 规定的限值时，必须按照本标准第 4.3 节的要求进行围护结构热工性能的权衡判断。

严寒和寒冷地区居住建筑的体形系数限值 表 4.1.3

	建筑层数			
	≤3 层	(4~8) 层	(9~13) 层	≥14 层
严寒地区	0.50	0.30	0.28	0.25
寒冷地区	0.52	0.33	0.30	0.26

4.1.4 严寒和寒冷地区居住建筑的窗墙面积比不应大于表 4.1.4 规定的限值。当窗墙面积比大于表 4.1.4 规定的限值时，必须按照本标准第 4.3 节的要求进行围护结构热工性能的权衡判断，并且在进行权衡判断时，各朝向的窗墙面积比最大也只能比表 4.1.4 中的对应值大 0.1。

严寒和寒冷地区居住建筑的窗墙面积比限值 表 4.1.4

朝　向	窗墙面积比	
	严寒地区	寒冷地区
北	0.25	0.30
东、西	0.30	0.35
南	0.45	0.50

注：1 敞开式阳台的阳台上部透明部分应计入窗户面积，下部不透明部分不应计入窗户面积。

2 表中的窗墙面积比应按开间计算。表中的"北"代表从北偏东小于 60°至北偏西小于 60°的范围；"东、西"代表从东或西偏北小于等于 30°至偏南小于 60°的范围；"南"代表从南偏东小于等于 30°至偏西小于等于 30°的范围。

4.2.2 根据建筑物所处城市的气候分区区属不同，建筑围护结构的传热系数不应大于表 4.2.2-1~表 4.2.2-5 规定的限值，周边地面和地下室外墙的保温材料层热阻不应小于表 4.2.2-1~表 4.2.2-5 规定的限值，寒冷（B）区外窗综合遮阳系数不应大于表 4.2.2-6 规定的限值。当建筑围护结构的热工性能参数不满足上述规定时，必须按照本标准第 4.3 节的规定进行围护结构热工性能的权衡判断。

严寒（A）区围护结构热工性能参数限值 表 4.2.2-1

围护结构部位	传热系数 K ／［W／ $(m^2 \cdot K)$ ］		
	≤3 层建筑	(4~8) 层的建筑	≥9 层建筑
屋面	0.20	0.25	0.25
外墙	0.25	0.40	0.50
架空或外挑楼板	0.30	0.40	0.40
非采暖地下室顶板	0.35	0.45	0.45

围护结构部位		传热系数 K / [W/ (m² · K)]		
		≤3 层建筑	(4~8) 层的建筑	≥9 层建筑
分隔采暖与非采暖空间的隔墙		1.2	1.2	1.2
分隔采暖与非采暖空间的户门		1.5	1.5	1.5
阳台门下部门芯板		1.2	1.2	1.2
外窗	窗墙面积比≤0.2	2.0	2.5	2.5
	0.2 < 窗墙面积比≤0.3	1.8	2.0	2.2
	0.3 < 窗墙面积比≤0.4	1.6	1.8	2.0
	0.4 < 窗墙面积比≤0.45	1.5	1.6	1.8
围护结构部位		保温材料层热阻 R / [(m² · K) /W]		
周边地面		1.70	1.40	1.10
地下室外墙（与土壤接触的外墙）		1.80	1.50	1.20

严寒（B）区围护结构热工性能参数限值 表 4.2.2-2

围护结构部位		传热系数 K / [W/ (m² · K)]		
		≤3 层建筑	(4~8) 层的建筑	≥9 层建筑
屋面		0.25	0.30	0.30
外墙		0.30	0.45	0.55
架空或外挑楼板		0.30	0.45	0.45
非采暖地下室顶板		0.35	0.50	0.50
分隔采暖与非采暖空间的隔墙		1.2	1.2	1.2
分隔采暖与非采暖空间的户门		1.5	1.5	1.5
阳台门下部门芯板		1.2	1.2	1.2
外窗	窗墙面积比≤0.2	2.0	2.5	2.5
	0.2 < 窗墙面积比≤0.3	1.8	2.2	2.2
	0.3 < 窗墙面积比≤0.4	1.6	1.9	2.0
	0.4 < 窗墙面积比≤0.45	1.5	1.7	1.8
围护结构部位		保温材料层热阻 R / [(m² · K) /W]		
周边地面		1.40	1.10	0.83
地下室外墙（与土壤接触的外墙）		1.50	1.20	0.91

严寒（C）区围护结构热工性能参数限值　　　　表4.2.2-3

围护结构部位		传热系数 K/［W/（m²·K）］		
		≤3层建筑	（4~8）层的建筑	≥9层建筑
屋面		0.30	0.40	0.40
外墙		0.35	0.50	0.60
架空或外挑楼板		0.35	0.50	0.50
非采暖地下室顶板		0.50	0.60	0.60
分隔采暖与非采暖空间的隔墙		1.5	1.5	1.5
分隔采暖与非采暖空间的户门		1.5	1.5	1.5
阳台门下部门芯板		1.2	1.2	1.2
外窗	窗墙面积比≤0.2	2.0	2.5	2.5
	0.2＜窗墙面积比≤0.3	1.8	2.2	2.2
	0.3＜窗墙面积比≤0.4	1.6	2.0	2.0
	0.4＜窗墙面积比≤0.45	1.5	1.8	1.8
围护结构部位		保温材料层热阻 R/［（m²·K）/W］		
周边地面		1.10	0.83	0.56
地下室外墙（与土壤接触的外墙）		1.20	0.90	0.61

寒冷（A）区围护结构热工性能参数限值　　　　表4.2.2-4

围护结构部位		传热系数 K/［W/（m²·K）］		
		≤3层建筑	（4~8）层的建筑	≥9层建筑
屋面		0.35	0.45	0.45
外墙		0.45	0.60	0.70
架空或外挑楼板		0.45	0.60	0.60
非采暖地下室顶板		0.50	0.65	0.65
分隔采暖与非采暖空间的隔墙		1.5	1.5	1.5
分隔采暖与非采暖空间的户门		2.0	2.0	2.0
阳台门下部门芯板		1.7	1.7	1.7
外窗	窗墙面积比≤0.2	2.8	3.1	3.1
	0.2＜窗墙面积比≤0.3	2.5	2.8	2.8
	0.3＜窗墙面积比≤0.4	2.0	2.5	2.5
	0.4＜窗墙面积比≤0.5	1.8	2.0	2.3
周边地面		0.83	0.56	—
地下室外墙（与土壤接触的外墙）		0.91	0.61	—

寒冷（B）区围护结构热工性能参数限值　　　　表 4.2.2-5

围护结构部位	传热系数 K/ [W/ (m²·K)]		
	≤3 层建筑	(4~8) 层的建筑	≥9 层建筑
屋面	0.35	0.45	0.45
外墙	0.45	0.60	0.70
架空或外挑楼板	0.45	0.60	0.60
非采暖地下室顶板	0.50	0.65	0.65
分隔采暖与非采暖空间的隔墙	1.5	1.5	1.5
分隔采暖与非采暖空间的户门	2.0	2.0	2.0
阳台门下部门芯板	1.7	1.7	1.7
外窗　窗墙面积比≤0.2	2.8	3.1	3.1
外窗　0.2＜窗墙面积比≤0.3	2.5	2.8	2.8
外窗　0.3＜窗墙面积比≤0.4	2.0	2.5	2.5
外窗　0.4＜窗墙面积比≤0.5	1.8	2.0	2.3
围护结构部位	保温材料层热阻 R/ [(m²·K) /W]		
周边地面	0.83	0.56	—
地下室外墙（与土壤接触的外墙）	0.91	0.61	—

注：周边地面和地下室外墙的保温材料层不包括土壤和混凝土地面。

寒冷（B）区外窗综合遮阳系数限值　　　　表 4.2.2-6

围护结构部位	遮阳系数 SC（东、西向/南、北向）		
	≤3 层建筑	(4~8) 层的建筑	≥9 层建筑
外窗　窗墙面积比≤0.2	—/—	—/—	—/—
外窗　0.2＜窗墙面积比≤0.3	—/—	—/—	—/—
外窗　0.3＜窗墙面积比≤0.4	0.45/—	0.45/—	0.45/—
外窗　0.4＜窗墙面积比≤0.5	0.35/—	0.35/—	0.35/—

4.2.6　外窗及敞开式阳台门应具有良好的密闭性能。严寒地区外窗及敞开式阳台门的气密性等级不应低于国家标准《建筑外门窗气密、水密、抗风压性能分级及检测方法》GB/T 7106—2008 中规定的 6 级。寒冷地区 1～6 层的外窗及敞开式阳台门的气密性等级不应低于国家标准《建筑外门窗气密、水密、抗风压性能分级及检测方法》GB/T 7106—2008 中规定的 4 级，7 层及 7 层以上不应低于 6 级。

5.1.1　集中采暖和集中空气调节系统的施工图设计，必须对每一个房间进行热负荷和逐项逐时的冷负荷计算。

5.1.6 除当地电力充足和供电政策支持，或者建筑所在地无法利用其他形式能源外，严寒和寒冷地区的居住建筑内，不应设计直接电热采暖。

5.2.4 锅炉的选型，应与当地长期供应的燃料种类相适应。锅炉的设计效率不应低于 5.2.4 中规定的数值。

锅炉的最低设计效率（%） 表 5.2.4

锅炉类型、燃料种类及发热值			在下列锅炉容量（MW）下的设计效率（%）						
			0.7	1.4	2.8	4.2	7.0	14.0	>28.0
燃煤	烟煤	Ⅱ	—	—	73	74	78	79	80
		Ⅲ	—	—	74	76	78	80	82
燃油、燃气			86	87	87	88	89	90	90

5.2.9 锅炉房和热力站的总管上，应设置计量总供热量的热量表（热量计量装置）。集中采暖系统中建筑物的热力入口处，必须设置楼前热量表，作为该建筑物采暖耗热量的热量结算点。

5.2.13 室外管网应进行严格的水力平衡计算。当室外管网通过阀门截流来进行阻力平衡时，各并联环路之间的压力损失差值，不应大于 15%。当室外管网水力平衡计算达不到上述要求时，应在热力站和建筑物热力入口处设置静态水力平衡阀。

5.2.19 当区域供热锅炉房设计采用自动监测与控制的运行方式时，应满足下列规定：

1 应通过计算机自动监测系统，全面、及时地了解锅炉的运行状况。

2 应随时测量室外的温度和整个热网的需求，按照预先设定的程序，通过调节投入燃料量实现锅炉供热量调节，满足整个热网的热量需求，保证供暖质量。

3 应通过锅炉系统热特性识别和工况优化分析程序，根据前几天的运行参数、室外温度，预测该时段的最佳工况。

4 应通过对锅炉运行参数的分析，作出及时判断。

5 应建立各种信息数据库，对运行过程中的各种信息数据进行分析，并应能够根据需要打印各类运行记录，储存历史数据。

6 锅炉房、热力站的动力用电、水泵用电和照明用电应分别计量。

5.2.20 对于未采用计算机进行自动监测与控制的锅炉房和换热站，应设置供热量控制装置。

5.3.3 集中采暖（集中空调）系统，必须设置住户分室（户）温度调节、控制装置及分户热计量（分户热分摊）的装置或设施。

（3）《宿舍建筑设计规范》（JGJ 36—2005）

5.3.1 宿舍应符合国家现行有关居住建筑节能设计标准。

5.3.2 宿舍应保证室内基本的热环境质量，采取冬季保温和夏季隔热及节约采暖和空调能耗的措施。

5.3.3 严寒地区宿舍不应设置开敞的楼梯间和外廊，其入口应设门斗或采取其他防寒措施;寒冷地区的宿舍不宜设置开敞的楼梯间和外廊,其入口宜设门斗或采取其他防寒措施。

5.3.4 寒冷地区居室的西向外窗应采取遮阳措施,东向外窗宜采取遮阳措施;夏热冬冷和夏热冬暖地区居室的东西向外窗应采取遮阳措施。

(4)《夏热冬冷地区居住建筑节能设计标准》(JGJ 134-2010)

4.0.3 夏热冬冷地区居住建筑的体形系数不应大于表4.0.3规定的限值。当体形系数大于表4.0.3规定的限值时,必须按照本标准第5章的要求进行建筑围护结构热工性能的综合判断。

夏热冬冷地区居住建筑的体形系数限值　　　　表4.0.3

建筑层数	≤3 层	(4~11) 层	≥12 层
建筑的体形系数	0.55	0.40	0.35

4.0.4 建筑围护结构各部分的传热系数和热惰性指标不应大于表4.0.4规定的限值。当设计建筑的围护结构中的屋面、外墙、架空或外挑楼板、外窗不符合表4.0.4的规定时,必须按照本标准第5章的规定时行建筑围护结构热工性能的综合判断。

建筑围护结构各部分的传热系数 (K) 和热惰性指标 (D) 的限值　　表4.0.4

围护结构部位		传热系数 K/ [W/ (m² · K)]	
		热惰性指标 D≤2.5	热惰性指标 D>2.5
体形系数 ≤0.40	屋面	0.8	1.0
	外墙	1.0	1.5
	底面接触室外空气的架空或外挑楼板	1.5	
	分户墙、楼板、楼梯间隔墙、外走廊隔墙	2.0	
	户门	3.0 (通往封闭空间) 2.0 (通往非封闭空间或户外)	
	外窗 (含阳台门透明部分)	应符合表4.0.5-1、表4.0.5-2的规定	
体形系数 >0.40	屋面	0.5	0.6
	外墙	0.80	1.0
	底面接触室外空气的架空或外挑楼板	1.0	
	分户墙、楼板、楼梯间隔墙、外走廊隔墙	2.0	
	户门	3.0 (通往封闭空间) 2.0 (通往非封闭空间或户外)	
	外窗 (含阳台门透明部分)	应符合表4.0.5-1、表4.0.5-2的规定	

4.0.5 不同朝向外窗(包括阳台门的透明部分)的窗墙面积比不应大于表4.0.5-1规定的限值。不同朝向、不同窗墙面积比的外窗传热系数不应大于表4.0.5-2规定的限

126

值；综合遮阳系数应符合表4.0.5-2的规定。当外窗为凸窗时，凸窗的传热系数限值应比表4.0.5-2规定的限值小10%；计算窗墙面积比时，凸窗的面积应按洞口面积计算。当设计建筑的窗墙面积比或传热系数、遮阳系数不符合表4.0.5-1和表4.0.5-2的规定时，必须按照本标准第5章的规定进行建筑围护结构热工性能的综合判断。

不同朝向外窗的窗墙面积比限值　　　　　　　　　　表4.0.5-1

朝　　向	窗墙面积比	朝　　向	窗墙面积比
北	0.40	南	0.45
东、西	0.35	每套房间允许一个房间（不分朝向）	0.60

不同朝向、不同窗墙面积比的外窗传热系数和综合遮阳系数限值　　表4.0.5-2

建筑	窗墙面积比	传热系数 K/ [W/ (m^2・K)]	外窗综合遮阳系数 SC_w（东、西向/南向）
体形系数 ≤0.40	窗墙面积比≤0.20	4.7	—/—
	0.20＜窗墙面积比≤0.30	4.0	—/—
	0.30＜窗墙面积比≤0.40	3.2	夏季≤0.40/夏季≤0.45
	0.40＜窗墙面积比≤0.45	2.8	夏季≤0.35/夏季≤0.40
	0.45＜窗墙面积比≤0.60	2.5	东、西、南向设置外遮阳 夏季≤0.25 冬季≥0.60
体形系数 ＞0.40	窗墙面积比≤0.20	4.0	—/—
	0.20＜窗墙面积比≤0.30	3.2	—/—
	0.30＜窗墙面积比≤0.40	2.8	夏季≤0.40/夏季≤0.45
	0.40＜窗墙面积比≤0.45	2.5	夏季≤0.35/夏季≤0.40
	0.45＜窗墙面积比≤0.60	2.3	东、西、南向设置外遮阳 夏季≤0.25 冬季≥0.60

注：1　表中的"东、西"代表从东或西偏北30°（含30°）至偏南60°（含60°）的范围；"南"代表从南偏东30°至偏西30°的范围。

　　2　楼梯间、外走廊的窗不按本表规定执行。

5.0.1　当设计建筑不符合本标准第4.0.3、第4.0.4和第4.0.5条中的各项规定时，应按本章的规定对设计建筑进行围护结构热工性能的综合判断。

5.0.2　建筑围护结构热工性能的综合判断应以建筑物在本标准第5.0.6条规定的条件下计算得出的采暖和空调耗电量之和为判据。

5.0.6　设计建筑和参照建筑的采暖和空调年耗电量的计算应符合下列规定：

1　整栋建筑每套住宅室内计算温度，冬季应全天为18℃，夏季应全天为26℃；

2　采暖计算期应为当年12月1日至次年2月28日，空调计算期应为当年6月15日至 8 月 31 日；

    3　室外气象计算参数应采用典型气象年；

    4　采暖和空调时，换气次数应为 1.0 次/年；

    5　采暖、空调设备为家用空气源热泵空调器，制冷时额定能效比应取 2.3，采暖时额定能效比应取 1.9；

    6　室内得热平均强度应取 $4.3\mathrm{W/m^2}$。

6　建筑安全及防火

6.1　建筑分类

1.审查主要内容

（1）民用建筑、高层建筑应根据其使用性质、火灾危险性、疏散和扑救难度等进行分类。

（2）民用建筑的设计使用年限应符合相关规定。

2.设计中常见问题

（1）建筑分类不正确导致耐火等级错误。

（2）混淆民用建筑的设计使用年限。

3.审查要点汇总

（1）《建筑设计防火规范》（GB 50016—2012）

5.1.1　民用建筑应根据其使用性质、火灾危险性、疏散和扑救难度等进行分类，并应符合表5.1.1的规定。

建筑分类   表5.1.1

名称	高层民用建筑		单层或多层民用建筑
	一类	二类	
住宅建筑	建筑高度大于54m的住宅建筑	建筑高度大于27m，但不大于54m的住宅建筑	建筑高度不大于27m的住宅建筑
公共建筑	1.医疗建筑、重要公共建筑 2.建筑高度24m以上任一楼层建筑面积大于1500m²的商店、展览、电信、邮政、财贸金融建筑和综合建筑 3.省级及以上的广播电视和防灾指挥调度建筑、网局级和省级电力调度 4.藏书超过100万册的图书馆、书库 5.建筑高度大于50m的其他公共建筑	除一类外的非住宅高层民用建筑	1.建筑高度大于24m的单层公共建筑 2.建筑高度不大于24m的其他民用建筑

注：表中未列入的建筑，其类别应根据本表类比确定。非住宅类居住建筑的防火设计，除本规范另有规定外，应符合本规范有关公共建筑的要求。

（2）《人民防空地下室设计规范》（GB 50038—2005）

1.0.2　本规范适用于新建或改建的属于下列抗力级别范围内的甲、乙类防空地下室以及居住小区内的结合民用建筑易地修建的甲、乙类单建掘开式人防工程设计。

1　防常规武器抗力级别5级和6级（以下分别简称为常5级和常6级）；

2 防核武器抗力级别4级、4B级、5级、6级和6B级（以下分别简称为核4级、核4B级、核5级、核6级和核6B级）。

注：本规范中对"防空地下室"的各项要求和规定，除注明者外均适用于居住小区内的结合民用建筑易地修建的单建掘开式人防工程。

1.0.4 甲类防空地下室设计必须满足其预定的战时对核武器、常规武器和生化武器的各项防护要求。乙类防空地下室设计必须满足其预定的战时对常规武器和生化武器的各项防护要求。

（3）《高层民用建筑设计防火规范（2005年版）》（GB 50045—1995）

3.0.1 高层建筑应根据其使用性质、火灾危险性、疏散和扑救难度等进行分类。并应符合表3.0.1的规定。

建 筑 分 类   表3.0.1

名称	一 类	二 类
居住建筑	十九层及十九层以上的住宅	十至十八层的住宅
公共建筑	1. 医院 2. 高级旅馆 3. 建筑高度超过50m或24m以上部分的任一楼层的建筑面积超过1000m² 的商业楼、展览楼、综合楼、电信楼、财贸金融楼 4. 建筑高度超过50m或24m以上部分的任一楼层的建筑面积超过1500m² 的商住楼 5. 中央级和省级（含计划单列市）广播电视楼 6. 网局级和省级（含计划单列市）电力调试楼 7. 省级（含计划单列市）邮政楼、防灾指挥调试楼 8. 藏书超过100万册的图书馆、档案楼 9. 重要的办公楼、科研楼、档案楼 10. 建筑高度超过50m的教学楼和普通的旅馆、办公楼、科研楼、档案楼等	1. 除一类建筑以外的商业楼、展览楼、综合楼、电信楼、财贸金融楼、商住楼、图书馆、书库 2. 省级以下的邮政楼、防灾指挥调度楼、广播电视楼、电力调度楼 3. 建筑高度不超过50m的教学楼和普通的旅馆、办公楼、科研楼、档案楼等

（4）《汽车库、修车库、停车场设计防火规范》（GB 50067—1997）

3.0.1 车库的防火分类应分为四类，并应符合表3.0.1的规定。

车库的防火分类   表3.0.1

数量 名称 \ 类别	Ⅰ	Ⅱ	Ⅲ	Ⅳ
汽车库	>300 辆	151～300 辆	51～150 辆	≤50 辆
修车库	>15 车位	6～15 车位	3～5 车位	≤2 车位
停车场	>400 辆	251～400 辆	101～250 辆	≤100 辆

注：汽车库的屋面亦停放汽车时，其停车数量应计算在汽车库的总车辆数内。

（5）《民用建筑设计通则》（GB 50352—2005）

3.1.1　民用建筑按使用功能可分为居住建筑和公共建筑两大类。

3.2.1　民用建筑的设计使用年限应符合表3.2.1的规定。

设计使用年限分类　　　　　　表3.2.1

类别	设计使用年限（年）	示　　例	类别	设计使用年限（年）	示　　例
1	5	临时性建筑	3	50	普通建筑和构筑物
2	25	易于替换结构构件的建筑	4	100	纪念性建筑和特别重要的建筑

（6）《旅馆建筑设计规范》（JGJ 62—1990）

第4.0.2条　高层旅馆建筑防火设计的建筑物分类应符合表4.0.2的规定。

建筑物的分类　　　　　　表4.0.2

	一级	二级	三级	四级	五级	六级
≤50m	一类	一类	二类	二类	二类	二类
>50m	一类	一类	一类	一类	一类	一类

6.2　耐火等级

1. 审查主要内容

（1）民用建筑的耐火等级应分为一、二、三、四级。民用建筑的耐火等级应根据建筑的火灾危险性和重要性等确定。

（2）高层建筑的耐火等级应分为一、二两级。

（3）住宅建筑的耐火等级应划分为一、二、三、四级。

（4）不同建筑结构设计使用年限和耐火等级是否符合相关规定。

2. 设计中常见问题

（1）地下室、半地下室的耐火等级错误地划分为二级。

（2）住宅建筑构件的燃烧性能或耐火极限不符合相应规定。

（3）四级耐火等级的住宅建筑建造层数超过了3层；三级耐火等级的住宅建筑建造层数超过了9层；二级耐火等级的住宅建筑建造层数超过了18层。

（4）住宅建筑上下相邻套房开口部位间没有设置高度不低于0.8m的窗槛墙或没有设置耐火极限不低于1.00h的不燃性实体挑檐；其出挑宽度小于0.5m，长度小于开口宽度。

（5）当住宅建筑中的楼梯、电梯直通住宅楼层下部的汽车库时，楼梯、电梯在汽车库出入口部位没有采取防火分隔措施。

3. 审查要点汇总

（1）《建筑设计防火规范》（GB 50016—2012）

5.1.2　民用建筑的耐火等级应分为一、二、三、四级。除本规范另有规定者外，不同耐火等级建筑物相应构件的燃烧性能和耐火极限不应低于表5.1.2的规定。

不同耐火等级民用建筑相应构件的燃烧性能和耐火极限（h）　　　　表5.1.2

构件名称		耐火等级			
		一级	二级	三级	四级
墙	防火墙	不燃烧体 3.00	不燃烧体 3.00	不燃烧体 3.00	不燃烧体 3.00
	承重墙	不燃烧体 3.00	不燃烧体 2.50	不燃烧体 2.00	难燃烧体 0.50
	非承重外墙	不燃烧体 1.00	不燃烧体 1.00	不燃烧体 0.50	燃烧体
	楼梯间、前室的墙电梯井的墙　住宅建筑单元之间的墙和分户墙	不燃烧体 2.00	不燃烧体 2.00	不燃烧体 1.50	难燃烧体 0.50
	疏散走道两侧的隔墙	不燃烧体 1.00	不燃烧体 1.00	不燃烧体 0.50	难燃烧体 0.25
	房间隔墙	不燃烧体 0.75	不燃烧体 0.50	不燃烧体 0.50	难燃烧体 0.25
柱		不燃烧体 3.00	不燃烧体 2.50	不燃烧体 2.00	难燃烧体 0.50
梁		不燃烧体 2.00	不燃烧体 1.50	不燃烧体 1.00	难燃烧体 0.50
楼板		不燃烧体 1.50	不燃烧体 1.00	不燃烧体 0.50	燃烧体
屋顶承重构件		不燃烧体 1.50	不燃烧体 1.00	燃烧体 0.50	燃烧体
疏散楼梯		不燃烧体 1.50	不燃烧体 1.00	不燃烧体 0.50	燃烧体
吊顶（包括吊顶搁栅）		不燃烧体 0.25	难燃烧体 0.25	难燃烧体 0.15	燃烧体

注：1　耐火等级低于四级的原有建筑物，其耐火等级可按四级确定；除本规范另有规定者外，以木柱承重且以不燃烧材料作为墙体的建筑，其耐火等级应按四级确定。

　　2　各类建筑构件的耐火极限和燃烧性能可按本规范附录C确定。

　　3　住宅建筑构件的耐火极限和燃烧性能可按现行国家标准《住宅建筑规范》GB 50368的规定执行。

5.1.3　民用建筑的耐火等级应根据建筑的火灾危险性和重要性等确定，并应符合下列规定：

1　地下、半地下建筑（室），一类高层建筑的耐火等级不应低于一级；

2　单层、多层重要公共建筑，裙房和二类高层建筑的耐火等级不应低于二级。

5.1.4　建筑高度大于100m的民用建筑，其楼板的耐火极限不应低于2.00h。

一、二级耐火等级的建筑的上人平屋顶，其屋面板的耐火极限分别不应低于1.50h和1.00h。

5.1.5 一、二级耐火等级建筑的屋面板应采用不燃烧材料，当屋面板的耐火极限不低于1.00h时，屋面板上的屋面防水层的燃烧性能不应低于B2级，且应采取防止火灾蔓延的构造措施。

5.1.6 二级耐火等级的建筑，当房间隔墙采用难燃烧体时，其耐火极限不应低于0.75h；当房间的建筑面积不大于100m²时，其隔墙可采用耐火极限不低于0.50h的难燃烧体或耐火极限不低于0.30h的不燃烧体。

二级耐火等级多层住宅建筑的楼板采用预应力钢筋混凝土楼板时，该楼板的耐火极限不应低于0.75h。

5.1.7 二级耐火等级建筑的吊顶采用不燃烧体时，其耐火极限不限。

三级耐火等级的医疗建筑、中小学校建筑、老年人建筑及托儿所、幼儿园的儿童用房和儿童游乐厅等儿童活动场所的吊顶，应采用不燃烧体或耐火极限不低于0.25h的难燃烧体。

二、三级耐火等级建筑中的门厅、走道的吊顶应采用不燃烧体。

5.1.8 预制钢筋混凝土构件的节点缝隙或金属承重构件节点的外露部位，必须采取防火保护措施，且经防火保护后的构件整体的耐火极限不应低于相应构件的规定。

（2）《锅炉房设计规范》（GB 50041—2008）

15.1.1 锅炉房的火灾危险性分类和耐火等级应符合下列要求：

1 锅炉间应属于丁类生产厂房，单台蒸汽锅炉额定蒸发量大于4t/h或单台热水锅炉额定热功率大于2.8MW时，锅炉间建筑不应低于二级耐火等级；单台蒸汽锅炉额定蒸发量小于等于4t/h或单台热水锅炉额定热功率小于等于2.8MW时，锅炉间建筑不应低于三级耐火等级。

设在其他建筑物内的锅炉房，锅炉间的耐火等级，均不应低于二级耐火等级；

2 重油油箱间、油泵间和油加热器及轻柴油的油箱间和油泵间应属于丙类生产厂房，其建筑均不应低于二级耐火等级，上述房间布置在锅炉房辅助间内时，应设置防火墙与其他房间隔开；

3 燃气调压间应属于甲类生产厂房，其建筑不应低于二级耐火等级，与锅炉房贴邻的调压间应设置防火墙与锅炉房隔开，其门窗应向外开启并不应直接通向锅炉房，地面应采用不产生火花地坪。

（3）《高层民用建筑设计防火规范（2005年版）》（GB 50045—1995）

3.0.2 高层建筑的耐火等级应分为一、二两级，其建筑构件的燃烧性能和耐火极限不应低于表3.0.2的规定。各类建筑构件的燃烧性能和耐火极限可按附录A确定。

建筑物构件的燃烧性能和耐火极限　　　　　　　　　　表3.0.2

构件名称		燃烧性能和耐火极限/h	耐 火 等 级	
			一级	二级
墙	防火墙		不燃烧体3.00	不燃烧体3.00
	承重墙、楼梯间的墙、电梯井的墙、住宅单元之间的墙、住宅分户墙		不燃烧体2.00	不燃烧体2.00
	非承重外墙、疏散走道两侧的隔墙		不燃烧体1.00	不燃烧体1.00
	房间隔墙		不燃烧体0.75	不燃烧体0.50

燃烧性能和耐火极限/h	耐火等级	
构件名称	一级	二级
柱	不燃烧体 3.00	不燃烧体 2.50
梁	不燃烧体 2.00	不燃烧体 1.50
楼板、疏散楼梯、屋顶承重构件	不燃烧体 1.50	不燃烧体 1.00
吊顶	不燃烧体 0.25	难燃烧体 0.25

3.0.4 一类高层建筑的耐火等级应为一级，二类高层建筑的耐火等级不应低于二级。裙房的耐火等级不应低于二级。高层建筑地下室的耐火等级应为一级。

3.0.7 高层建筑内存放可燃物的平均重量超过 $200kg/m^2$ 的房间，当不设自动灭火系统时，其柱、梁、楼板和墙的耐火极限应按本规范第3.0.2条的规定提高0.50h。

3.0.8 建筑幕墙的设置应符合下列规定：

3.0.8.1 窗槛墙、窗间墙的填充材料应采用不燃烧材料。当外墙采用耐火极限不低于1.00h的不燃烧体时，其墙内填充材料可采用难燃烧材料。

3.0.8.2 无窗槛墙或窗槛墙高度小于0.80m的建筑幕墙，应在每层楼板外沿设置耐火极限不低于1.00h、高度不低于0.80m的不燃烧体裙墙或防火玻璃裙墙。

3.0.8.3 建筑幕墙与每层楼板、隔墙处的缝隙，应采用防火封堵材料封堵。

（4）《汽车库、修车库、停车场设计防火规范》（GB 50067—1997）

3.0.2 汽车库、修车库的耐火等级应分为三级。各级耐火等级建筑物构件的燃烧性能和耐火极限均不应低于表3.0.2的规定。

各级耐火等级建筑物构件的燃烧性能和耐火极限　　　　　表3.0.2

名称		耐火等级		
构件		一级	二级	三级
墙	防火墙	不燃烧体 3.00	不燃烧体 3.00	不燃烧体 3.00
	承重墙、楼梯间的墙、防火隔墙	不燃烧体 2.00	不燃烧体 2.00	不燃烧体 2.00
	隔墙、框架填充墙	不燃烧体 0.75	不燃烧体 0.50	不燃烧体 0.50
柱	支承多层的柱	不燃烧体 3.00	不燃烧体 2.50	不燃烧体 2.50
	支承单层的柱	不燃烧体 2.50	不燃烧体 2.00	不燃烧体 2.00
梁		不燃烧体 2.00	不燃烧体 1.50	不燃烧体 1.00
楼板		不燃烧体 1.50	不燃烧体 1.00	不燃烧体 0.50
疏散楼梯、坡道		不燃烧体 1.50	不燃烧体 1.00	不燃烧体 1.00
屋顶承重构件		不燃烧体 1.50	不燃烧体 0.50	燃烧体
吊顶（包括吊顶搁栅）		不燃烧体 0.25	难燃烧体 0.25	难燃烧体 0.15

3.0.3 地下汽车库的耐火等级应为一级。

甲、乙类物品运输车的汽车库、修车库和Ⅰ、Ⅱ、Ⅲ类的汽车库、修车库的耐火等级不应低于二级。

Ⅳ类汽车库、修车库的耐火等级不应低于三级。

注：甲、乙类物品的火灾危险性分类应按现行的国家标准《建筑设计防火规范》的规定执行。

（5）《人民防空工程设计防火规范》（GB 50098—2009）

4.2.3 电影院、礼堂的观众厅与舞台之间的墙，耐火极限不应低于2.5h，观众厅与舞台之间的舞台口应符合本规范第7.2.3条的规定；电影院放映室（卷片室）应采用耐火极限不低于1h的隔墙与其他部位隔开，观察窗和放映孔应设置阻火闸门。

4.2.4 下列场所应采用耐火极限不低于2h的隔墙和1.5h的楼板与其他场所隔开，并应符合下列规定：

1 消防控制室、消防水泵房、排烟机房、灭火剂储瓶室、变配电室、通信机房、通风和空调机房、可燃物存放量平均值超过30kg/m² 火灾荷载密度的房间等，墙上应设置常闭的甲级防火门；

2 柴油发电机房的储油间。墙上应设置常闭的甲级防火门，并应设置高150mm的不燃烧、不渗漏的门槛，地面不得设置地漏；

3 同一防火分区内厨房、食品加工等用火用电用气场所，墙上应设置不低于乙级的防火门，人员频繁出入的防火门应设置火灾时能自动关闭的常开式防火门；

4 歌舞娱乐放映游艺场所，且一个厅、室的建筑面积不应大于200m²，隔墙上应设置不低于乙级的防火门。

4.3.2 人防工程的耐火等级应为一级，其出入口地面建筑物的耐火等级不应低于二级。

（6）《铁路旅客车站建筑设计规范（2011年版）》（GB 50226—2007）

7.1.1 旅客车站的站房及地道、天桥的耐火等级均不应低于二级。站台雨篷的防火等级应符合现行国家标准《铁路工程设计防火规范》（TB 10063）的有关规定。

（7）《医院洁净手术部建筑技术规范》（GB 50333—2002）

9.0.1 洁净手术部应设在耐火等级不低于二级的建筑物内。

（8）《住宅建筑规范》（GB 50368—2005）

9.2.1 住宅建筑的耐火等级应划分为一、二、三、四级，其构件的燃烧性能和耐火极限不应低于表9.2.1的规定。

住宅建筑构件的燃烧性能和耐火极限   表9.2.1

名　称		耐　火　等　级/h			
构　件		一级	二级	三级	四级
墙	防火墙	不燃性 3.00	不燃性 3.00	不燃性 3.00	不燃性 3.00
	承重外墙	不燃性 3.00	不燃性 2.50	不燃性 2.00	难燃性 0.50
	非承重外墙	不燃性 1.00	不燃性 1.00	不燃性 0.50	难燃性 0.25
	楼梯间的墙、电梯井的墙、住宅单元之间的墙、住宅分户墙、住户内承重墙	不燃性 2.00	不燃性 2.00	不燃性 1.50	难燃性 0.50
	疏散走道两侧的隔墙	不燃性 1.00	不燃性 1.00	不燃性 0.50	难燃性 0.50

名 称	耐 火 等 级/h			
构 件	一级	二级	三级	四级
柱	不燃性 3.00	不燃性 2.50	不燃性 2.00	难燃性 0.50
梁	不燃性 2.00	不燃性 1.50	不燃性 1.00	难燃性 0.50
楼板	不燃性 1.50	不燃性 1.00	不燃性 0.50	难燃性 0.50
屋顶承重构件	不燃性 1.50	不燃性 1.00	难燃性 0.25	难燃性 0.25
疏散楼梯	不燃性 1.50	不燃性 1.00	不燃性 0.50	难燃性 0.25

注：表中的外墙指除外保温层外的主题结构。

9.2.2 四级耐火等级的住宅建筑最多允许建造层数为 3 层，三级耐火等级的住宅建筑最多允许建造层数为 9 层，二级耐火等级的住宅建筑最多允许建造层数为 18 层。

（9）《体育建筑设计规范》（JGJ 31—2003）

1.0.7 体育建筑等级应根据其使用要求分级，且应符合表 1.0.7 规定。

体育建筑等级 表 1.0.7

等级	主要使用要求	等级	主要使用要求
特级	举办亚运会、奥运会及世界级比赛主场	乙级	举办地区性和全国单项比赛
甲级	举办全国性和单项国际比赛	丙级	举办地方性、群众性运动会

1.0.8 不同等级体育建筑结构设计使用年限和耐火等级应符合表 1.0.8 的规定。

体育建筑的结构设计使用年限和耐火等级 表 1.0.8

建筑等级	主体结构设计使用年限	耐火等级
特级	>100 年	不低于一级
甲级、乙级	50~100 年	不低于二级
丙级	25~50 年	不低于二级

8.1.4 室内、外观众看台结构的耐火等级，应与本规范第 1.0.8 条规定的建筑等级和耐久年限相一致。室外观众看台上面的罩棚结构的金属构件可无防火保护，其屋面板可采用经阻燃处理的燃烧体材料。

8.1.5 用于比赛、训练部位的室内墙面装修和顶棚（包括吸声、隔热和保温处理），应采用不燃烧体材料。当此场所内设有火灾自动灭火系统和火灾自动报警系统时，室内墙面和顶棚装修可采用难燃烧体材料。

固定座位应采用烟密度指数 50 以下的难燃材料制作，地面可采用不低于难燃等级的材料制作。

8.1.6 比赛或训练部位的屋盖承重钢结构在下列情况中的一种时，承重钢结构可不做防火保护：

1　比赛或训练部位的墙面（含装修）用不燃烧体材料；

2　比赛或训练部位设有耐火极限不低于 0.5h 的不燃烧体材料的吊顶；

3　游泳馆的比赛或训练部位。

8.1.7　比赛训练大厅的顶棚内可根据顶棚结构、检修要求、顶棚高度等因素设置马道，其宽度不应小于 0.65m，马道应采用不燃烧体材料，其垂直交通可采用钢质梯。

8.1.8　比赛和训练建筑的灯控室、声控室、配电室、发电机房、空调机房、重要库房、消防控制室等部位，应采取下列措施中的一种作为防火保护：

1　采用耐火极限不低于 2.0h 的墙体和耐火极限不小于 1.5h 的楼板同其他部位分隔，门、窗的耐火极限不应低于 1.2h。

2　设自动水喷淋灭火系统。当不宜设水系统时，可设气体自动灭火系统，但不得采用卤代烷 1211 或 1301 灭火系统。

（10）《图书馆建筑设计规范》（JGJ 38—1999）

6.1.2　藏书量超过 100 万册的图书馆、书库，耐火等级应为一级。

6.1.3　图书馆特藏库、珍善本书库的耐火等级均应为一级。

6.1.4　建筑高度超过 24.00m，藏书量不超过 100 万册的图书馆、书库，耐火等级不应低于二级。

6.1.5　建筑高度不超过 24.00m，藏书量超过 10 万册但不超过 100 万册的图书馆、书库，耐火等级不应低于二级。

6.1.6　建筑高度不超过 24.00m，建筑层数不超过三层，藏书量不超过 10 万册的图书馆，耐火等级不应低于三级，但其书库和开架阅览室部分的耐火等级不得低于二级。

6.2.1　基本书库、非书资料库应用防火墙与其毗邻的建筑完全隔离，防火墙的耐火极限不应低于 3.00h。

6.2.7　书库楼板不得任意开洞，提升设备的井道井壁（不含电梯）应为耐火极限不低于 2.00h 的不燃烧体，井壁上的传递洞口应安装防火闸门。

（11）《疗养院建筑设计规范》（JGJ 40—1987）

第 3.6.2 条　疗养院建筑物耐火等级一般不应低于二级，若耐火等级为三级者，其层数不应超过三层。

（12）《综合医院建筑设计规范》（JGJ 49—1988）

第 4.0.2 条　一般不应低于二级，不超过 3 层时可为三级。

（13）《剧场建筑设计规范》（JGJ 57—2000）

1.0.5　剧场建筑的等级可分为特、甲、乙、丙四个等级。特等剧场的技术要求根据具体情况确定；甲、乙、丙等剧场应符合下列规定：

1　主体结构耐久年限：甲等 100 年以上，乙等 51～100 年，丙等 25～50 年；

2　耐火等级：甲、乙、丙等剧场均不应低于二级。

8.1.3　舞台与后台部分的隔墙及舞台下部台仓的周围墙体均应采用耐火极限不低于 2.5h 的不燃烧体。

8.1.4　舞台（包括主台、侧台、后舞台）内的天桥、渡桥码头、平台板、栅顶应采用不燃烧体，耐火极限不应小于 0.5h。

8.1.5　变电间之高、低压配电室与舞台、侧台、后台相连时，必须设置面积不小于

$6m^2$ 的前室，并应设甲级防火门。

8.1.6　甲等及乙等的大型、特大型剧场应设消防控制室，位置宜靠近舞台，并有对外的单独出入口，面积不应小于 $12m^2$。

8.1.7　观众厅吊顶内的吸声、隔热、保温材料应采用不燃材料。观众厅（包括乐池）的天棚、墙面、地面装修材料不应低于 A_1 级，当采用 B_1 级装修材料时应设置相应的消防设施，并应符合本规范第8.4.1条规定。

8.1.8　剧场检修马道应采用不燃材料。

8.1.9　观众厅及舞台内的灯光控制室、面光桥及耳光室各界面构造均采用不燃材料。

8.1.10　舞台上部屋顶或侧墙上应设置通风排烟设施。当舞台高度小于12m时，可采用自然排烟，排烟窗的净面积不应小于主台地面面积的5%。排烟窗应避免因锈蚀或冰冻而无法开启。在设置自动开启装置的同时，应设置手动开启装置。当舞台高度等于或大于12m时，应设机械排烟装置。

8.1.11　舞台内严禁设置燃气加热装置，后台使用上述装置时，应用耐火极限不低于2.5h的隔墙和甲级防火门分隔，并不应靠近服装室、道具间。

8.1.12　当剧场建筑与其他建筑合建或毗连时，应形成独立的防火分区，以防火墙隔开，并不得开门窗洞；当设门时，应设甲级防火门，上下楼板耐火极限不应低于1.5h。

8.1.13　机械舞台台板采用的材料不得低于 B_1 级。

8.1.14　舞台所有布幕均应为 B_1 级材料。

（14）《电影院建筑设计规范》（JGJ 58—2008）

4.1.2　电影院建筑的等级可分为特、甲、乙、丙四个等级，其中特级、甲级和乙级电影院建筑的设计使用年限不应小于50年，丙级电影院建筑的设计使用年限不应小于25年。各等级电影院建筑的耐火等级不宜低于二级。

6.1.3　观众厅内座席台阶结构应采用不燃材料。

6.1.4　观众厅、声闸和疏散通道内的顶棚材料应采用 A 级装修材料，墙面、地面材料不应低于 B1 级。各种材料均应符合现行国家标准《建筑内部装修设计防火规范》GB 50222 中的有关规定。

6.1.5　观众厅吊顶内吸声、隔热、保温材料与检修马道应采用 A 级材料。

6.1.6　银幕架、扬声器支架应采用不燃材料制作，银幕和所有幕帘材料不应低于 B_1 级。

6.1.8　电影院顶棚、墙面装饰采用的龙骨材料均为 A 级材料。

（15）《办公建筑设计规范》（JGJ 61—2006）

1.0.3　办公建筑设计应依据使用要求分类，并应符合表1.0.3的规定。

办公建筑分类　　　　　　　　　　　表1.0.3

类　别	示　例	设计使用年限	耐火等级
一类	特别重要的办公建筑	100 年或 50 年	一级
二类	重要办公建筑	50 年	不低于二级
三类	普通办公建筑	25 年或 50 年	不低于二级

6.3 建筑总平面布局和平面布局设计审查

1. 审查主要内容

（1）建筑间的防火间距是否符合规定。

（2）在进行总平面设计时，应合理确定建筑的位置、防火间距、消防车道和消防水源等。

（3）民用建筑的平面布置，应结合使用功能和安全疏散要求等因素合理布置。

2. 设计中常见问题

（1）10 层或 10 层以上的住宅建筑没有设置环形消防车道，也没有沿建筑的某一长边设置消防车道。

（2）供消防车取水的天然水源或消防水池没有设置消防车道。

（3）供消防车取水的天然水源或消防水池虽然设置了消防车道，但满足不了消防车的取水要求。

（4）12 层及 12 层以上的住宅没有设置消防电梯。

（5）住宅建筑的周围环境不能为灭火救援提供外部条件。

3. 审查要点汇总

（1）《建筑设计防火规范》（GB 50016—2012）

3.4.1 除本规范另有规定者外，厂房之间及其与乙、丙、丁、戊类仓库、民用建筑等之间的防火间距不应小于表 3.4.1 的规定。

厂房之间及其与乙、丙、丁、戊类仓库、民用建筑等之间的防火间距（m）表 3.4.1

名　称			甲类厂房	乙类厂房（仓库）		丙、丁、戊类厂房（仓库）			民用建筑				
			单层或多层	单层或多层	高层	单层或多层		高层	裙房，单层或多层			高层	
			一、二级	一、二级	三级	一、二级	三级	四级	一、二级	一、二级	三级	四级	一类	二类
甲类厂房	单层、多层	一、二级	12	12	14	13	12	14	16	13				
乙类厂房	单层、多层	一、二级	12	10	12	13	10	12	14	13	25		50	
		三级	14	12	14	15	12	14	16	15				
	高层	一、二级	13	13	15	13	13	15	17	13				
丙类厂房	单层或多层	一、二级	12	10	12	13	10	12	14	13	10	12	14	20	15
		三级	14	12	14	15	12	14	16	15	12	14	16	25	20
		四级	16	14	16	17	14	16	18	17	14	16	18		
	高层	一、二级	13	13	15	13	13	15	17	13	13	15	17	20	15

139

名称			甲类厂房	乙类厂房（仓库）		丙、丁、戊类厂房（仓库）				民用建筑				
			单层或多层	单层或多层	高层	单层或多层			高层	裙房，单层或多层			高层	
			一、二级	一、二级	三级	一、二级	三级	四级	一、二级	一、二级	三级	四级	一类	二类
丁、戊类厂房	单层或多层	一、二级	12	10	12	13	10	12	14	13	10	12	14	15	13
		三级	14	12	14	15	12	14	16	15	12	14	16	18	15
		四级	16	14	16	17	14	16	18	17	14	16	18	18	15
	高层	一、二级	13	13	15	13	13	15	17	13	13	15	17	15	13
室外变、配电站	变压器总油量（t）	≥5,≤10	25	25	25	25	12	15	20	12	15	20	25	20
		>10,≤50					15	20	25	15	20	25	30	25
		>50					20	25	30	20	25	30	35	30

注：1. 乙类厂房与重要公共建筑之间的防火间距不宜小于50m，与明火或散发火花地点不宜小于30m。单层或多层戊类厂房之间及其与戊类仓库之间的防火间距，可按本表的规定减少2m。单层多层戊类厂房与民用建筑之间的防火间距可按本规范第5.2.2条的规定执行。为丙、丁、戊类厂房服务而单独设立的生活用房应按民用建筑确定，与所属厂房之间的防火间距不应小于6m。必须相邻建造时，应符合本表注2、3的规定。

2. 两座厂房相邻较高一面的外墙为防火墙时，其防火间距不限，但甲类厂房之间不应小于4m。两座丙、丁、戊类厂房相邻两面的外墙均为不燃烧体，当无外露的燃烧体屋檐，每面外墙上的门窗洞口面积之和各不大于该外墙面积的5%，且门窗洞口不正对开设时，其防火间距可按本表的规定减少25%。甲、乙类厂房（仓库）不应与本规范第3.3.5条规定外的其他建筑贴邻建造。

3. 两座一、二级耐火等级的厂房，当相邻较低一面外墙为防火墙且较低一座厂房的屋顶耐火极限不低于1.00h，或相邻较高一面外墙的门窗等开口部位设置甲级防火门窗或防火分隔水幕或按本规范第6.5.2条的规定设置防火卷帘时，甲、乙类厂房之间的防火间距不应小于6m；丙、丁、戊类厂房之间的防火间距不应小于4m。

4. 发电厂内的主变压器，其油量可按单台确定。

5. 耐火等级低于四级的原有厂房，其耐火等级可按四级确定。

6. 当丙、丁、戊类厂房与丙、丁、戊类仓库相邻时，应符合本表注2、3的规定。

3.4.2 甲类厂房与重要公共建筑之间的防火间距不应小于50m，与明火或散发火花地点之间的防火间距不应小于30m，与架空电力线的最小水平距离应符合本规范第12.2.1条的规定，与甲、乙、丙类液体储罐，可燃、助燃气体储罐，液化石油气储罐，可燃材料堆场的防火间距，应符合本规范第4章的有关规定。

3.4.3 散发可燃气体、可燃蒸气的甲类厂房与铁路、道路等的防火间距不应小于表3.4.3的规定，但甲类厂房所属厂内铁路装卸线当有安全措施时，其间距可不受表3.4.3规定的限制。

3.4.4 高层厂房与甲、乙、丙类液体储罐，可燃、助燃气体储罐，液化石油气储罐，可燃材料堆场（煤和焦炭场除外）的防火间距，应符合本规范第4章的有关规定，且不应小于13m。

名称	厂外铁路线中心线	厂内铁路线中心线	厂外道路路边	厂内道路路边	
				主要	次要
甲类厂房	30	20	15	10	5

3.4.5　当丙、丁、戊类厂房与民用建筑的耐火等级均为一、二级时，其防火间距可按下列规定执行：

1　当较高一面外墙为不开设门窗洞口的防火墙，可比相邻较低一座建筑屋面高15m及以下范围内的外墙为不开设门窗洞口的防火墙时，其防火间距可不限。

2　相邻较低一面外墙为防火墙，且屋顶不设天窗，屋顶耐火极限不低于1.00h，或相邻较高一面外墙为防火墙，且墙上开口部位采取了防火保护措施，其防火间距可适当减小，但不应小于4m。

3.4.6　厂房外附设有化学易燃物品的设备时，其室外设备外壁与相邻厂房室外附设设备外壁或相邻厂房外墙之间的距离，不应小于本规范第3.4.1条的规定。用不燃烧材料制作的室外设备，可按一、二级耐火等级建筑确定。

总储量不大于15m³的丙类液体储罐，当直埋于厂房外墙外，且面向储罐一面4.0m范围内的外墙为防火墙时，其防火间距可不限。

3.4.7　同一座U形或山形厂房中相邻两翼之间的防火间距，不宜小于本规范第3.4.1条的规定，但当该厂房的占地面积小于本规范第3.3.1条规定的每个防火分区的最大允许建筑面积时，其防火间距可为6m。

3.4.8　除高层厂房和甲类厂房外，其他类别的数座厂房占地面积之和小于本规范第3.3.1条规定的防火分区最大允许建筑面积（按其中较小者确定，但防火分区的最大允许建筑面积不限者，不应超过10000m²）时，可成组布置。当厂房建筑高度不大于7m时，组内厂房之间的防火间距不应小于4m；当厂房建筑高度大于7m时，组内厂房之间的防火间距不应小于6m。

组与组或组与相邻建筑之间的防火间距，应根据相邻两座耐火等级较低的建筑，按本规范第3.4.1条的规定确定。

3.4.9　一级汽车加油站、一级汽车液化石油气加气站和一级汽车加油加气合建站不应建在城市建成区内。

3.4.10　汽车加油、加气站和加油加气合建站的分级，汽车加油、加气站和加油加气合建站及其加油（气）机、储油（气）罐等与站外明火或散发火花地点、建筑、铁路、道路之间的防火间距，以及站内各建筑或设施之间的防火间距，应符合现行国家标准《汽车加油加气站设计与施工规范》GB 50156的有关规定。

3.4.11　电力系统电压为35～500kV且每台变压器容量在10MV·A以上的室外变、配电站以及工业企业的变压器总油量大于5t的室外降压变电站，与建筑之间的防火间距不应小于本规范第3.4.1条和第3.5.1条的规定。

3.4.12　厂区围墙与厂内建筑之间的间距不宜小于5m，且围墙两侧的建筑之间还应满足相应的防火间距要求。

3.5.1　甲类仓库之间及其与其他建筑、明火或散发火花地点、铁路、道路等的防火间距不应小于表3.5.1的规定，与架空电力线的最小水平距离应符合本规范第12.2.1条的规定。厂内铁路装卸线与设置装卸站台的甲类仓库的防火间距，可不受表3.5.1规定的限制。

甲类仓库之间及其与其他建筑、明火或散发火花地点、铁路等的防火间距（m）

表3.5.1

名　　称		甲类仓库及其储量（t）			
		甲类储存物品第3、4项		甲类储存物品第1、2、5、6项	
		≤5	>5	≤10	>10
高层民用建筑、重要公共建筑		50			
裙房、其他民用建筑、明火或散发火花地点		30	40	25	30
甲类仓库		20			
厂房和乙、丙、丁、戊类仓库	一、二级耐火等级	15	20	12	15
	三级耐火等级	20	25	15	20
	四级耐火等级	25	30	20	25
电力系统电压为35~500kV且每台变压器容量在10MV·A以上的室外变、配电站　工业企业的变压器总油量大于5t的室外降压变电站		30	40	25	30
厂外铁路线中心线		40			
厂内铁路线中心线		30			
厂外道路路边		20			
厂内道路路边	主要	10			
	次要	5			

注：甲类仓库之间的防火间距，当第3、4项物品储量不大于2t，第1、2、5、6项物品储量不大于5t时，不应小于12m，甲类仓库与高层仓库之间的防火间距不应小于13m。

3.5.2　除本规范另有规定者外，乙、丙、丁、戊类仓库之间及其与民用建筑之间的防火间距，不应小于表3.5.2的规定。

3.5.3　当丁、戊类仓库与民用建筑的耐火等级均为一、二级时，其防火间距可按下列规定执行：

1　当较高一面外墙为不开设门窗洞口的防火墙，或比相邻较低一座建筑屋面高15m及以下范围内的外墙为不开设门窗洞口的防火墙时，其防火间距可不限。

2　相邻较低一面外墙为防火墙，且屋顶不设天窗，屋顶耐火极限不低于1.00h，或相邻较高一面外墙为防火墙，且墙上开口部位采取了防火保护措施，其防火间距可适当减小，但不应小于4m。

142

乙、丙、丁、戊类仓库之间及其与民用建筑之间的防火间距（m）　　表3.5.2

名称			乙类仓库			丙类仓库				丁、戊类仓库			
			单层或多层		高层	单层或多层			高层	单层或多层			高层
			一、二级	三级	一、二级	一、二级	三级	四级	一、二级	一、二级	三级	四级	一、二级
乙、丙、丁、戊类仓库	单层或多层	一、二级	10	12	13	10	12	14	13	10	12	14	13
		三级	12	14	15	12	14	16	15	12	14	16	15
		四级	14	16	17	14	16	18	17	14	16	18	17
	高层	一、二级	13	15	13	13	15	17	13	13	15	17	13
民用建筑	裙房，单层或多层	一、二级	25			10	12	14	13	10	12	14	13
		三级	25			12	14	16	15	12	14	16	15
		四级	25			14	16	18	17	14	16	18	17
	高层	一类	50			20	25	25	20	15	18	18	15
		二类	50			15	20	20	15	13	15	15	13

注：1. 单层或多层戊类仓库之间的防火间距，可按本表减少2m。

　　2. 两座仓库相邻较高一面外墙为防火墙，且总占地面积不大于本规范第3.3.2条一座仓库的最大允许占地面积规定时，其防火间距不限。

　　3. 除乙类第6项物品外的乙类仓库，与民用建筑之间的防火间距不宜小于25m，与重要公共建筑之间的防火间距不应小于50m，与铁路、道路等的防火间距不宜小于表3.5.1中甲类仓库与铁路、道路等的防火间距。

3.5.4　粮食筒仓与其他建筑之间及粮食筒仓组与组之间的防火间距，不应小于表3.5.4的规定。

粮食筒仓与其他建筑之间及粮食筒仓组与组之间的防火间距（m）　　表3.5.4

名称	粮食总储量 W/t	粮食立筒仓			粮食浅圆仓		建筑的耐火等级		
		W≤40000	40000<W≤50000	W>50000	W≤50000	W>50000	一、二级	三级	四级
粮食立筒仓	500<W≤10000	15	20	25	20	25	10	15	20
	10000<W≤40000						15	20	25
	40000<W≤50000	20					20	25	30
	W>50000	25					25	30	—
粮食浅圆仓	W≤50000	20	20	25	20	25	20	25	—
	W>50000	25					25	30	—

注：1. 当粮食立筒仓、粮食浅圆仓与工作塔、接收塔、发放站为一个完整工艺单元的组群时，组内各建筑之间的防火间距不受本表限制。

　　2. 粮食浅圆仓组内每个独立的储量不应大于10000t。

3.5.5 库区围墙与库区内建筑之间的间距不宜小于5m，且围墙两侧的建筑之间还应满足相应的防火间距要求。

5.2.1 在进行总平面设计时，应合理确定建筑的位置、防火间距、消防车道和消防水源等。

民用建筑不宜布置在甲、乙类厂（库）房，甲、乙、丙类液体和可燃气体储罐以及可燃材料堆场附近。

5.2.2 民用建筑之间的防火间距不应小于表5.2.2的规定，与其他建筑物之间的防火间距除本节的规定外，应符合本规范其他章的有关规定。

民用建筑之间的防火间距（m）　　　　　　　表5.2.2

建筑类别		高层民用建筑	裙房和其他民用建筑		
		一、二级	一、二级	三级	四级
高层民用建筑	一、二级	13	9	11	14
裙房和其他民用建筑	一、二级	9	6	7	9
	三级	11	7	8	10
	四级	14	9	10	12

注：1. 相邻两座建筑物，当相邻外墙为不燃烧体且无外露的燃烧体屋檐，每面外墙上未设置防火保护措施的门窗洞口不正对开设，且面积之和不大于该外墙面积的5%时，其防火间距可按本表规定减少25%。

2. 通过裙房、连廊或天桥等连接的建筑物，其相邻两座建筑物之间的防火间距应符合本表规定。

3. 同一座建筑中两个不同防火分区的相对外墙之间的间距，应符合不同建筑之间的防火间距要求。

5.2.3 相邻两座建筑符合下列条件时，其防火间距可不限：

1 两座建筑物相邻较高一面外墙为防火墙，或高出相邻较低一座一、二级耐火等级建筑物的屋面15m及以下范围内的外墙为不开设门窗洞口的防火墙；

2 相邻两座建筑的建筑高度相同，且相邻两面外墙均为不开设门窗洞口的防火墙。

5.2.4 相邻两座建筑符合下列条件时，其防火间距不应小于3.5m；对于高层建筑，不宜小于4m：

1 较低一座建筑的耐火等级不低于二级、屋顶不设置天窗、屋顶承重构件及屋面板的耐火极限不低于1.00h，且相邻较低一面外墙为防火墙。

2 较低一座建筑的耐火等级不低于二级且屋顶不设置天窗，较高一面外墙的开口部位设置甲级防火门窗，或设置符合现行国家标准《自动喷水灭火系统设计规范》GB 50084规定的防火分隔水幕或本规范第6.5.2条规定的防火卷帘。

5.2.5 民用建筑与单独建造的终端变电所、单台蒸汽锅炉的蒸发量不大于4t/h或单台热水锅炉的额定热功率不大于2.8MW的燃煤锅炉房，其防火间距可按本规范第5.2.2条的规定执行。

民用建筑与单独建造的其他变电所，其防火间距应符合本规范第3.4.1条有关室外变、配电站的规定。

民用建筑与燃油或燃气锅炉房及蒸发量或额定热功率大于本条规定的燃煤锅炉房，其防火间距应符合本规范第3.4.1条有关丁类厂房的规定。

10kV 及以下的预装式变电站与建筑物的防火间距不应小于 3m。

5.2.6　除高层民用建筑外，数座一、二级耐火等级的住宅建筑或办公建筑，当建筑物的占地面积总和不大于 2500m² 时，可成组布置，但组内建筑物之间的间距不宜小于 4m。组与组或组与相邻建筑物之间的防火间距不应小于本规范第 5.2.2 条的规定。

5.2.7　民用建筑与燃气调压站、液化石油气气化站、混气站和城市液化石油气供应站瓶库等之间的防火间距，应符合现行国家标准《城镇燃气设计规范》GB 50028 中的有关规定。

5.2.8　建筑高度大于 100m 的民用建筑与相邻建筑的防火间距，不应按照本规范第 3、4 章和 5.2 节的规定减小。

5.4.1　民用建筑的平面布置，应结合使用功能和安全疏散要求等因素合理布置。

厂房和仓库不应与民用建筑合建在同一座建筑内。

5.4.2　经营、存放和使用甲、乙类物品的商店、作坊和储藏间，严禁设置在民用建筑内。

5.4.3　剧场、电影院、老年人活动场所和托儿所、幼儿园的儿童用房宜设置在独立的建筑内。当必须设置在其他民用建筑内时，应设置独立的安全出口。

5.4.4　托儿所、幼儿园的儿童用房和儿童游乐厅等儿童活动场所设置在一、二级耐火等级的建筑内时，不应布置在四层及以上楼层；采用一、二级耐火等级的建筑单独建造时，不应超过 3 层。剧场、电影院设置在一、二级耐火等级的建筑内时，宜布置在首层、二层或三层；剧场的观众厅不应布置在四层及以上楼层。

商店、学校、电影院、剧场、礼堂、食堂、菜市场，托儿所、幼儿园的儿童用房和儿童游乐厅等儿童活动场所，老年人建筑和医院、疗养院的住院部分设置在三级耐火等级的建筑内时，不应布置在三层及以上楼层；采用三级耐火等级的建筑单独建造时，不应超过 2 层。

学校、食堂、菜市场、托儿所、幼儿园、老年人建筑、医疗建筑设置在四级耐火等级建筑内时，应布置在首层；采用四级耐火等级的建筑单独建造时，应为单层建筑。

托儿所、幼儿园的儿童用房和儿童游乐厅等儿童活动场所，老年人建筑和医院、疗养院的住院部分不应设置在地下、半地下。

5.4.5　歌舞厅、录像厅、夜总会、卡拉 OK 厅（含具有卡拉 OK 功能的餐厅）、游艺厅（含电子游艺厅）、桑拿浴室（不包括洗浴部分）、网吧等歌舞娱乐放映游艺场所（不含电影院、剧场）的布置应符合下列规定：

1　宜布置在一、二级耐火等级建筑物内的首层、二层或三层的靠外墙部位，不应布置在地下二层及二层以下；

2　不宜布置在袋形走道的两侧或尽端。受条件限制必须布置在袋形走道的两侧或尽端时，最远房间的疏散门至最近安全出口的距离不应大于 9m；

3　受条件限制必须布置在地下一层或时，地下一层地面与室外出入口地坪的高差不应大于 10m；

4　受条件限制必须布置在首层、二层或三层以外的其他楼层时，一个厅、室的建筑面积不应大于 200m²；

5　厅、室之间及建筑的其他部分之间，应采用耐火极限不低于 2.00h 的不燃烧体隔墙和不低于 1.00h 的不燃烧体楼板与其他部位隔开；

6　厅、室的墙上设置的门及该场所其他部位设置的疏散门应采用乙级防火门。

5.4.6　医院和疗养院病房楼，当同一防火分区内相邻房间的总建筑面积大于 1000m² 时，每隔 1000m² 应采用耐火极限不低于 2.00h 的不燃烧体隔墙进行分隔，隔墙上的门应采用乙级防火门。

5.4.7　高层建筑内的观众厅、会议厅、多功能厅等人员密集的场所，应设在首层或二、三层。当必须设置在其他楼层时，除本规范另有规定外，尚应符合下列规定：

1　一个厅、室的疏散门不应少于 2 个，且建筑面积不宜大于 400m²；

2　必须设置火灾自动报警系统和自动喷水灭火系统；

3　幕布和窗帘应采用经阻燃处理的材料；采用织物时，其燃烧性能不应低于 B1 级。

5.4.8　住宅建筑与其他使用功能的建筑合建时，应符合下列规定：

1　居住部分与非居住部分之间应采用不开设门窗洞口且耐火极限不低于 1.50h 的不燃烧体楼板和不低于 2.00h 且无门窗洞口的不燃烧实体隔墙完全分隔，居住部分与非居住部分的安全出口和疏散楼梯应分别独立设置；每间商业服务网点的建筑面积不应大于 300m²；

2　为居住部分服务的地上车库应设置独立的疏散楼梯或安全出口，地下车库的疏散楼梯应按本规范第 6.4.4 条的规定进行分隔；

3　居住部分和非居住部分的其他防火设计，除本规范另有规定外，应分别按照本规范有关住宅建筑和公共建筑的规定执行。当非居住部分为商业服务网点时，该建筑的室外消防给水、防火间距等防火设计可按住宅建筑的有关规定执行。

5.4.9　燃油或燃气锅炉、油浸变压器、充有可燃油的高压电容器和多油开关等，宜设置在建筑外的专用房间内。

当上述设备受条件限制必须贴邻民用建筑布置时，应设置在耐火等级不低于二级的建筑内，并应采用防火墙与所贴邻的建筑隔开，且不应贴邻人员密集的场所；必须布置在民用建筑内时，不应布置在人员密集的场所的上一层、下一层或贴邻，并应符合下列规定：

1　燃油和燃气锅炉房、变压器室应设置在首层或地下一层靠外墙部位，但常（负）压燃油、燃气锅炉可设置在地下二层，当常（负）压燃气锅炉距安全出口的距离大于 6m 时，可设置在屋顶上。采用相对密度（与空气密度的比值）不小于 0.75 的可燃气体为燃料的锅炉，不得设置在地下或半地下建筑（室）内；

2　锅炉房、变压器室的疏散门均应直通室外或直通安全出口；外墙开口部位的上方应设置宽度不小于 1.0m 的不燃烧体防火挑檐或高度不小于 1.2m 的窗槛墙；

3　锅炉房、变压器室等与其他部位之间应采用耐火极限不低于 2.00h 的不燃烧体隔墙和不低于 1.50h 的不燃烧体楼板隔开。在隔墙和楼板上不应开设洞口，当必须在隔墙上开设门窗时，应设置甲级防火门窗；

4　当锅炉房内设置储油间时，其总储存量不应大于 1m³，且储油间应采用防火墙与锅炉间隔开；当必须在防火墙上开门时，应设置甲级防火门；

5　变压器室之间、变压器室与配电室之间，应采用耐火极限不低于 2.00h 的不燃烧体墙隔开；

6　油浸变压器、多油开关室、高压电容器室，应设置防止油品流散的设施。油浸变压器下面应设置储存变压器全部油量的事故储油设施；

7 锅炉的容量应符合现行国家标准《锅炉房设计规范》GB 50041 的有关规定。油浸变压器的总容量不应大于 1260kV·A，单台容量不应大于 630kV·A；

8 应设置火灾报警装置；

9 应设置与锅炉、油浸变压器容量和建筑规模相适应的灭火设施；

10 燃气锅炉房应设置防爆泄压设施，燃油、燃气锅炉房应设置独立的通风系统，并应符合本规范第 11 章的有关规定。

5.4.10 柴油发电机房布置在民用建筑内时，应符合下列规定：

1 宜布置在首层及地下一、二层，不应布置在人员密集的场所的上一层、下一层或贴邻；

2 应采用耐火极限不低于 2.00h 的不燃烧体隔墙和不低于 1.50h 的不燃烧体楼板与其他部位隔开，门应采用甲级防火门；

3 机房内应设置储油间，其总储存量不应大于 8h 的需要量，且储油间应采用防火墙与发电机间隔开；当必须在防火墙上开门时，应设置甲级防火门；

4 应设置火灾报警装置；

5 应设置与柴油发电机容量和建筑规模相适应的灭火设施。

5.4.11 供建筑内使用的丙类液体燃料，其储罐布置应符合下列规定：

1 液体储罐总储量不应大于 15m³，当直埋于建筑附近，且面向油罐一面 4.0m 范围内的建筑物外墙为防火墙时，其防火间距可不限；

2 中间罐的储量不应大于 1m³，并应设在耐火等级不低于二级的单独房间内，该房间的门应采用甲级防火门；

3 当液体储罐总储量大于 15m³ 时，其布置应符合本规范第 4.2 节的有关规定。

5.4.12 为建筑内燃油设备服务的储油间的油箱应密闭，且应设置通向室外的通气管，通气管应设置带阻火器的呼吸阀，油箱的下部应设置防止油品流散的设施。

5.4.13 建筑采用集中瓶装液化石油气储瓶间供气时，应符合下列规定：

1 液化石油气总储量不大于 1m³ 的瓶装液化石油气间采用自然气化方式供气时，除人员密集的场所外，可与所服务的建筑贴邻建造；

2 总储量大于 1m³、而不大于 3m³ 的瓶装液化石油气间与所服务的高层民用建筑的防火间距不应小于 10m；与其他建筑的防火间距，应符合本规范第 4.4.6 条的有关规定；

3 在总进气管道、总出气管道上应设置紧急事故自动切断阀；

4 应设置可燃气体浓度报警装置；

5 电气设计应符合现行国家标准《爆炸和火灾危险环境电力装置设计规范》GB 50058 的有关规定。

5.4.14 高层民用建筑内使用可燃气体燃料时，应采用管道供气。使用可燃气体的房间或部位宜靠外墙设置，并应符合现行国家标准《城镇燃气设计规范》GB 50028 的有关规定。

5.4.15 建筑物内的燃料供给管道应在进入建筑物前和在设备间内设置自动和手动切断阀，燃气供给管道的敷设应符合现行国家标准《城镇燃气设计规范》GB 50028 的有关规定。

7.1.1 街区内的道路应考虑消防车的通行，其道路中心线间的距离不宜大于160m。

当建筑物沿街道部分的长度大于150m或总长度大于220m时，应设置穿过建筑物的消防车道。当确有困难时，应设置环形消防车道。

7.1.3 工厂、仓库区内应设置消防车道。

占地面积大于3000m²的甲、乙、丙类厂房或占地面积大于1500m²的乙、丙类仓库，应设置环形消防车道，确有困难时，应沿建筑物的两个长边设置消防车道。

7.1.4 有封闭内院或天井的建筑物，当其短边长度大于24m时，宜设置进入内院或天井的消防车道。

有封闭内院或天井的建筑物沿街时，应设置连通街道和内院的人行通道（可利用楼梯间），其间距不宜大于80m。

7.1.6 可燃材料露天堆场区，液化石油气储罐区，甲、乙、丙类液体储罐区和可燃气体储罐区，应设置消防车道。消防车道的设置应符合下列规定：

1 储量大于表7.1.6规定的堆场、储罐区，宜设置环形消防车道；

堆场、储罐区的储量　　　　　　　表7.1.6

名称	棉、麻、毛、化纤（t）	稻草、麦秸、芦苇（t）	木材（m³）	甲、乙、丙类液体储罐（m³）	液化石油气储罐（m³）	可燃气体储罐（m³）
储量	1000	5000	5000	1500	500	30000

2 占地面积大于30000m²的可燃材料堆场，应设置与环形消防车道相连的中间消防车道，消防车道的间距不宜大于150m。液化石油气储罐区，甲、乙、丙类液体储罐区，可燃气体储罐区，区内的环形消防车道之间宜设置连通的消防车道；

3 消防车道与材料堆场堆垛的最小距离不应小于5m；

4 中间消防车道与环形消防车道交接处应满足消防车转弯半径的要求。

7.1.7 供消防车取水的天然水源和消防水池应设置消防车道。消防车道边缘距离取水点不宜大于2m。

7.1.8 消防车道的净宽度和净空高度均不应小于4.0m，消防车道的坡度不宜大于8%，其转弯处应满足消防车转弯半径的要求。消防车道距高层建筑或大型公共建筑的外墙宜大于5m且不宜大于15m。供消防车停留的操作场地，其坡度不宜大于3%。

消防车道与厂（库）房、民用建筑之间不应设置妨碍消防车操作的架空高压电线、树木、车库出入口等障碍。

7.1.10 消防车道不宜与铁路正线平交。如必须平交，应设置备用车道，且两车道之间的间距不应小于一列火车的长度。

（2）《人民防空地下室设计规范》（GB 50038—2005）

3.1.3 防空地下室距生产、储存易燃易爆物品厂房、库房的距离不应小于50m；距有害液体、重毒气体的贮罐不应小于100m。

（3）《高层民用建筑设计防火规范（2005年版）》（GB 50045—1995）

4.1.1 在进行总平面设计时，应根据城市规划，合理确定高层建筑的位置、防火间距、消防车道和消防水源等。

148

高层建筑不宜布置在火灾危险性为甲、乙类厂（库）房，甲、乙、丙类液体和可燃气体储罐以及可燃材料堆场附近。

注：厂房、库房的火灾危险性分类和甲、乙、丙类液体的划分，应按现行的国家标准《建筑设计防火规范》的有关规定执行。

4.1.2 燃油或燃气锅炉、油浸电力变压器、充有可燃油的高压电容器和多油开关等宜设置在高层建筑外的专用房间内。

当上述设备受条件限制需与高层建筑贴邻布置时，应设置在耐火等级不低于二级的建筑内，并应采用防火墙与高层建筑隔开，且不应贴邻人员密集场所。

当上述设备受条件限制需布置在高层建筑中时，不应布置在人员密集场所的上一层、下一层或贴邻，并应符合下列规定：

4.1.2.1 燃油和燃气锅炉房、变压器室应布置在建筑物的首层或地下一层靠外墙部位，但常（负）压燃油、燃气锅炉可设置在地下二层；当常（负）压燃气锅炉房距安全出口的距离大于 6.00m 时，可设置在屋顶上。

采用相对密度（与空气密度比值）大于或等于 0.75 的可燃气体作燃料的锅炉，不得设置在建筑物的地下室或半地下室。

4.1.2.2 锅炉房、变压器室的门均应直通室外或直通安全出口；外墙上的门、窗等开口部位的上方应设置宽度不小于 1.0m 的不燃烧体防火挑檐或高度不小于 1.20m 的窗槛墙。

4.1.2.3 锅炉房、变压器室与其他部位之间应采用耐火极限不低于 2.00h 的不燃烧体隔墙和 1.50h 的楼板隔开。在隔墙和楼板上不应开设洞口；当必须在隔墙上开门窗时，应设置耐火极限不低于 1.20h 的防火门窗。

4.1.2.4 当锅炉房内设置储油间时，其总储存量不应大于 1.00m³，且储油间应采用防火墙与锅炉间隔开；当必须在防火墙上开门时，应设置甲级防火门。

4.1.2.5 变压器室之间、变压器室与配电室之间，应采用耐火极限不低于 2.00h 的不燃烧体墙隔开。

4.1.2.6 油浸电力变压器、多油开关室、高压电容器室，应设置防止油品流散的设施。油浸电力变压器下面应设置储存变压器全部油量的事故储油设施。

4.1.2.7 锅炉的容量应符合现行国家标准《锅炉房设计规范》GB 50041 的规定。油浸电力变压器的总容量不应大于 1260kVA，单台容量不应大于 630kVA。

4.1.2.8 应设置火灾报警装置和除卤代烷以外的自动灭火系统。

4.1.2.9 燃气、燃油锅炉房应设置防爆泄压设施和独立的通风系统。采用燃气作燃料时，通风换气能力不小于 6 次/h，事故通风换气次数不小于 12 次/h；采用燃油作燃料时，通风换气能力不小于 3 次/h，事故通风换气能力不小于 6 次/h。

4.1.3 柴油发电机房布置在高层建筑和裙房内时，应符合下列规定：

4.1.3.1 可布置在建筑物的首层或地下一、二层，不应布置在地下三层及以下。柴油的闪点不应小于 55℃；

4.1.3.2 应采用耐火极限不低于 2.00h 的隔墙和 1.50h 的楼板与其他部位隔开，门应采用甲级防火门；

4.1.3.3 机房内应设置储油间，其总储存量不应超过 8.00h 的需要量，且储油间应采用防火墙与发电机间隔开；当必须在防火墙上开门时，应设置能自动关闭的甲级防火门；

4.1.3.4 应设置火灾自动报警系统和除卤代烷1211、1301以外的自动灭火系统。

4.1.4 消防控制室宜设在高层建筑的首层或地下一层，且应采用耐火极限不低于2.00h的隔墙和1.50h的楼板与其他部位隔开，并应设直通室外的安全出口。

4.1.5 高层建筑内的观众厅、会议厅、多功能厅等人员密集场所，应设在首层或二、三层；当必须设在其他楼层时，除本规范另有规定外，尚应符合下列规定：

4.1.5.2 一个厅、室的安全出口不应少于两个。

4.1.5.3 必须设置火灾自动报警系统和自动喷水灭火系统。

4.1.5.4 幕布和窗帘应采用经阻燃处理的织物。

4.1.5A 高层建筑内的歌舞厅、卡拉OK厅（含具有卡拉OK功能的餐厅）、夜总会、录像厅、放映厅、桑拿浴室（除洗浴部分外）、游艺厅（含电子游艺厅）、网吧等歌舞娱乐放映游艺场所（以下简称歌舞娱乐放映游艺场所），应设在首层或二、三层；宜靠外墙设置，不应布置在袋形走道的两侧和尽端，其最大容纳人数按录像厅、放映厅为1.0人/m²，其他场所为0.5人/m²计算，面积按室内建筑面积计算；并应采用耐火极限不低于2.0h的隔墙和1.00h的楼板与其他场所隔开，当墙上必须开门时应设置不低于乙级的防火门。

当必须设置在其他楼层时，尚应符合下列规定：

4.1.5A.1 不应设置在地下二层及二层以下，设置在地下一层时，地下一层地面与室外出入口地坪的高差不应大于10m；

4.1.5A.2 一个厅、室的建筑面积不应超过200m²；

4.1.5A.3 一个厅、室的出口不应少于两个，当一个厅、室的建筑面积小于50m²，可设置一个出口；

4.1.5A.4 应设置火灾自动报警系统和自动喷水灭火系统；

4.1.5A.5 应设置防烟、排烟设施。并应符合本规范有关规定；

4.1.5A.6 疏散走道和其他主要疏散路线的地面或靠近地面的墙上，应设置发光疏散指示标志。

4.1.5B 地下商店应符合下列规定：

4.1.5B.1 营业厅不宜设在地下三层及三层以下；

4.1.5B.2 不应经营和储存火灾危险性为甲、乙类储存物品属性的商品；

4.1.5B.3 应设火灾自动报警系统和自动喷水灭火系统；

4.1.5B.4 当商店总建筑面积大于20000m²，应采用防火墙进行分隔，且防火墙上不得开设门窗洞口；

4.1.5B.5 应设防烟、排烟设施，并应符合本规范有关规定；

4.1.5B.6 疏散走道和其他主要疏散路线的地面或靠近地面的墙面上，应设置发光疏散指示标志。

4.1.6 托儿所、幼儿园、游乐厅等儿童活动场所不应设置在高层建筑内，当必须设置在高层建筑内时，应设置在建筑物的首层或二、三层，并应设置单独出入口。

4.1.7 高层建筑的底边至少有一个长边或周边长度的1/4且不小于一个长边长度，不应布置高度大于5.0m、进深大于4.0m的裙房，且在此范围内必须设有直通室外的楼梯或直通楼梯间的出口。

4.1.8　设在高层建筑内的汽车停车库，其设计应符合现行国家标准《汽车库、修车库、停车场设计防火规范》GB 50067 的规定。

4.1.9　高层建筑内使用可燃气体作燃料时，应采用管道供气。使用可燃气体的房间或部位宜靠外墙设置。

4.1.10　高层建筑使用丙类液体作燃料时，应符合下列规定：

4.1.10.1　液体储罐总储量不应超过15m³，当直埋于高层建筑或裙房附近，面向油罐一面4.00m范围内的建筑物外墙为防火墙时，其防火间距可不限。

4.1.10.2　中间罐的容积不应大于1.00m³，并应设在耐火等级不低于二级的单独房间内，该房间的门应采用甲级防火门。

4.1.11　当高层建筑采用瓶装液化石油气作燃料时，应设集中瓶装液化石油气间，并应符合下列规定：

4.1.11.1　液化石油气总储量不超过1.00m³ 的瓶装液化石油气间，可与裙房贴邻建造。

4.1.11.2　总储量超过1.0m³、而不超过3.0m³ 的瓶装液化石油气间，应独立建造，且与高层建筑和裙房的防火间距不应小于10m。

4.1.11.3　在总进气管道、总出气管道上应设有紧急事故自动切断阀。

4.1.11.4　应设有可燃气体浓度报警装置。

4.1.11.5　电气设计应按现行的国家标准《爆炸和火灾危险环境电力装置设计规范》的有关规定执行。

4.1.11.6　其他要求应按现行的国家标准《建筑设计防火规范》的有关规定执行。

4.1.12　设置在建筑物内的锅炉、柴油发电机，其燃料供给管道应符合下列规定：

4.1.12.1　应在进入建筑物前和设备间内设置自动和手动切断阀；

4.1.12.2　储油间的油箱应密闭，且应设置通向室外的通气管，通气管应设置带阻火器的呼吸阀。油箱的下部应设置防止油品流散的设施；

4.1.12.3　燃料供给管道的敷设应符合现行国家标准《城镇燃气设计规范》GB 50028 的规定。

4.2.1　高层建筑之间及高层建筑与其他民用建筑之间的防火间距，不应小于表4.2.1 的规定。

高层建筑之间及高层建筑与其他民用建筑之间的防火间距（m）　　表4.2.1

建筑类别	高层建筑	裙房	其他民用建筑		
			耐火等级		
			一、二级	三级	四级
高层建筑	13	9	9	11	14
裙房	9	6	6	7	9

注：防火间距应按相邻建筑外墙的最近距离计算；当外墙有突出可燃构件时，应从其突出的部分外缘算起。

4.2.2　两座高层建筑或高层建筑与不低于二级耐火等级的单层、多层民用建筑相邻，当较高一面外墙为防火墙或比相邻较低一座建筑屋面高15.00m及以下范围内的墙为不开设门、窗洞口的防火墙时，其防火间距可不限。

4.2.3　两座高层建筑或高层建筑与不低于二级耐火等级的单层、多层民用建筑相邻，当较低一座的屋顶不设天窗、屋顶承重构件的耐火极限不低于1.00h，且相邻较低一面外墙为防火墙时，其防火间距可适当减小，但不宜小于4.00m。

4.2.4　两座高层建筑或高层建筑与不低于二级耐火等级的单层、多层民用建筑相邻，当相邻较高一面外墙耐火极限不低于2.00h，墙上开口部位设有甲级防火门、窗或防火卷帘时，其防火间距可适当减小，但不宜小于4.00m。

4.2.5　高层建筑与小型甲、乙、丙类液体储罐、可燃气体储罐和化学易燃物品库房的防火间距，不应小于表4.2.5的规定。

高层建筑与小型甲、乙、丙类液体储罐、可燃气体储罐和化学易燃物品库房的防火间距

表4.2.5

名称和储量		防火间距（m）	
		高层建筑	裙房
小型甲、乙类液体储罐	＜30m³	35	30
	30～60m³	40	35
小型丙类液体储罐	＜150m³	35	30
	150～200m³	40	35
可燃气体储罐	＜100m³	30	25
	100～500m³	35	30
化学易燃物品库房	＜1t	30	25
	1～5t	35	30

注：1. 储罐的防火间距应从距建筑物最近的储罐外壁算起。

　　2. 当甲、乙、丙类液体储罐直埋时，本表的防火间距可减少50%。

4.2.6　高层医院等的液氧储罐总容量不超过3.00m³时，储罐间可一面贴邻所属高层建筑外墙建造，但应采用防火墙隔开，并应设直通室外的出口。

4.2.7　高层建筑与厂（库）房的防火间距，不应小于表4.2.7的规定。

高层建筑与厂（库）房的防火间距（m）　　　　表4.2.7

厂（库）房			一类		二类	
			高层建筑	裙房	高层建筑	裙房
丙类	耐火等级	一、二级	20	15	15	13
		三、四级	25	20	20	15
丁类、戊类	耐火等级	一、二级	15	10	13	10
		三、四级	18	12	15	10

152

4.2.8 高层民用建筑与燃气调压站、液化石油气气化站、混气站和城市液化石油气供应站瓶库之间的防火间距应按《城镇燃气设计规范》GB 50028 中的有关规定执行。

4.3.1 高层建筑的周围，应设环形消防车道。当设环形车道有困难时，可沿高层建筑的两个长边设置消防车道，当建筑的沿街长度超过 150m 或总长度超过 220m 时，应在适中位置设置穿过建筑的消防车道。

有封闭内院或天井的高层建筑沿街时，应设置连通街道和内院的人行通道（可利用楼梯间），其距离不宜超过 80m。

4.3.2 高层建筑的内院或天井，当其短边长度超过 24m 时，宜设有进入内院或天井的消防车道。

4.3.3 供消防车取水的天然水源和消防水池，应设消防车道。

4.3.4 消防车道的宽度不应小于 4.00m。消防车道距高层建筑外墙宜大于 5.00m，消防车道上空 4.00m 以下范围内不应有障碍物。

4.3.6 穿过高层建筑的消防车道，其净宽和净空高度均不应小于 4.00m。

4.3.7 消防车道与高层建筑之间，不应设置妨碍登高消防车操作的树木、架空管线等。

（4）《汽车库、修车库、停车场设计防火规范》（GB 50067—1997）

4.1.1 车库不应布置在易燃、可燃液体或可燃气体的生产装置区和贮存区内。

4.1.2 汽车库不应与甲、乙类生产厂房、库房以及托儿所、幼儿园、养老院组合建造；当病房楼与汽车库有完全的防火分隔时，病房楼的地下可设置汽车库。

4.1.3 甲、乙类物品运输车的汽车库、修车库应为单层、独立建造。当停车数量不超过 3 辆时，可与一、二级耐火等级的Ⅳ类汽车库贴邻建造，但应采用防火墙隔开。

4.1.4 Ⅰ类修车库应单独建造：Ⅱ、Ⅲ、Ⅳ类修车库可设置在一、二级耐火等级的建筑物的首层或与其贴邻建造，但不得与甲、乙类生产厂房、库房、明火作业的车间或托儿所、幼儿园、养老院、病房楼及人员密集的公共活动场所组合或贴邻建造。

4.1.6 地下汽车库内不应设置修理车位、喷漆间、充电间、乙炔间和甲、乙类物品贮存室。

4.1.7 汽车库和修车库内不应设置汽油罐、加油机。

4.1.8 停放易燃液体、液化石油气罐车的汽车库内，严禁设置地下室和地沟。

4.1.10 车库区内的加油站、甲类危险物品仓库、乙炔发生器间不应布置在架空电力线的下面。

4.2.1 车库之间以及车库与除甲类物品库房外的其他建筑物之间的防火间距不应小于表 4.2.1 的规定。

4.2.2 两座建筑物相邻较高一面外墙为不开设门、窗、洞口的防火墙或当较高一面外墙比较低建筑高 15m 及以下范围内的墙为不开门、窗、洞口的防火墙时，其防火间距可不限。

当较高一面外墙上，同较低建筑等高的以下范围内的墙为不开设门、窗、洞口的防火墙时，其防火间距可按本规范表 4.2.1 的规定值减小 50%。

4.2.3 相邻的两座一、二级耐火等级建筑，当较高一面外墙耐火极限不低于 2.00h，墙上开口部位设有甲级防火门、窗或防火卷帘、水幕等防火设施时，其防火间距可减小，但不宜小于4m。

车库之间以及车库与除甲类物品库房外的其他建筑物之间的防火间距　　表4.2.1

车库名称和耐火等级	防火间距（m）	汽车库、修车库、厂房、库房、民用建筑耐火等级		
		一、二级	三级	四级
汽车库、修车库	一、二级	10	12	14
	三级	12	14	16
停车场		6	8	10

注：1. 防火间距应按相邻建筑物外墙的最近距离算起，如外墙有凸出的可燃物构件时，则应从其凸出部分外缘算起，停车场从靠近建筑物的最近停车位置边缘算起。

　　2. 高层汽车库与其他建筑物之间，汽车库、修车库与高层民用建筑之间的防火间距应按本表规定值增加3m。

　　3. 汽车库、修车库与甲类厂房之间的防火间距应按本表规定值增加2m。

　　4.2.4　相邻的两座一、二级耐火等级建筑，当较低一座的屋顶不设天窗，屋顶承重构件的耐火极限不低于1.00h，且较低一面外墙为防火墙时，其防火间距可减小，但不宜小于4m。

　　4.2.5　甲、乙类物品运输车的车库与民用建筑之间的防火间距不应小于25m，与重要公共建筑的防火间距不应小于50m。甲类物品运输车的车库与明火或散发火花地点的防火间距不应小于30m，与厂房、库房的防火间距应按本规范表4.2.1的规定值增加2m。

　　4.2.6　车库与易燃、可燃液体储罐，可燃气体储罐，液化石油气储罐的防火间距，不应小于表4.2.6的规定。

车库与易燃、可燃液体储罐，可燃气体储罐，液化石油气储罐的防火间距　表4.2.6

名称	总贮量（m³） 防火间距（m）	汽车库、修车库		停车场
		一、二级	三级	
易燃液体储罐	1～50	12	15	12
	51～200	15	20	15
	201～1000	20	25	20
	1001～5000	25	30	25
可燃液体储罐	5～250	12	15	12
	251～1000	15	20	15
	1001～5000	20	25	20
	5001～25000	25	30	25
水槽式可燃气体储罐	≤1000	12	15	12
	1001～10000	15	20	15
	＞10000	20	25	20

名称＼总贮量（m³）＼防火间距（m）		汽车库、修车库		停车场
		一、二级	三级	
液化石油气储罐	1～30	18	20	18
	31～200	20	25	20
	201～500	25	30	25
	>500	30	40	30

注：1. 防火间距应从距车库最近的储罐外壁算起，但设有防火堤的储罐，其防火堤外侧基脚线距车库的距离不应小于10m。

2. 计算易燃、可燃液体储罐区总贮量时，1m³ 的易燃液体按5m³ 的可燃液体计算。

3. 干式可燃气体储罐与车库的防火间距按本表规定值增加25%。

4.2.8 车库与甲类物品库房的防火间距不应小于表4.2.8的规定。

车库与甲类物品库房的防火间距　　　　　表4.2.8

名称＼总贮量（t）＼防火间距（m）			汽车库、修车库		停车场
			一、二级	三级	
甲类物品库房	3、4项	≤5	15	20	15
		>5	20	25	20
	1、2、5、6项	≤10	12	15	12
		>10	15	20	15

4.2.9 车库与可燃材料露天、半露天堆场的防火间距不应小于表4.2.9的规定。

汽车库与可燃材料露天、半露天堆场的防火间距　　　　　表4.2.9

名称＼总贮量（t）＼防火间距（m）		汽车库、修车库		停车场
		一、二级	三级	
稻草、麦秸、芦苇等	10～500	15	20	15
	501～10000	20	25	20
	10001～20000	25	30	25
棉麻、毛、化纤、百货	10～500	10	15	10
	501～1000	15	20	15
	1001～5000	20	25	20
煤和焦炭	1000～5000	6	8	6
	>5000	8	10	8

名称	总贮量（t）	防火间距（m）	汽车库、修车库		停车场
			一、二级	三级	
粮食	筒仓	10～5000	10	15	10
		5001～20000	15	20	15
	席穴囤	10～5000	15	20	15
		5001～20000	20	25	20
木材等可燃材料		50～1000m³	10	15	10
		1001～10000m³	15	20	15

4.2.10 车库与煤气调压站之间，车库与液化石油气的瓶装供应站之间的防火间距，应按现行的国家标准《城镇燃气设计规范》的规定执行。

4.2.11 车库与石油库、小型石油库、汽车加油站的防火间距应按现行国家标准《石油库设计规范》、《小型石油库及汽车加油站设计规范》的规定执行。

4.2.12 停车场的汽车宜分组停放，每组停车的数量不宜超过50辆，组与组之间的防火间距不应小于6m。

4.3.1 汽车库、修车库周围应设环形车道，当设环形车道有困难时，可沿建筑物的一个长边和另一边设置消防车道，消防车道宜利用交通道路。

4.3.2 消防车道的宽度不应小于4m，尽头式消防车道应设回车道或回车场，回车场不宜小于12m×12m。

4.3.3 穿过车库的消防车道，其净空高度和净宽均不应小于4m；当消防车道上空遇有障碍物时，路面与障碍物之间的净空不应小于4m。

（5）《人民防空工程设计防火规范》（GB 50098—2009）

3.1.2 人防工程内不得使用和储存液化石油气、相对密度（与空气密度比值）大于或等于0.75的可燃气体和闪点小于60℃的液体燃料。

3.1.6 地下商店应符合下列规定：

1 不应经营和储存火灾危险性为甲、乙类储存物品属性的商品；

2 营业厅不应设置在地下三层及三层以下。

3.1.10 柴油发电机房和燃油或燃气锅炉房的设置除应符合现行国家标准《建筑设计防火规范》GB 50016的有关规定外，尚应符合下列规定：

1 防火分区的划分应符合本规范第4.1.1条第3款的规定；

2 柴油发电机房与电站控制室之间的密闭观察窗除应符合密闭要求外，还应达到甲级防火窗的性能；

3 柴油发电机房与电站控制室之间的连接通道处，应设置一道具有甲级防火门耐火性能的门，并应常闭；

4 储油间的设置应符合本规范第4.2.4条的规定。

3.2.2 人防工程的采光窗井与相邻地面建筑的最小防火间距，应符合表3.2.2的规定。

采光窗井与相邻地面建筑的最小防火间距 (m)

表3.2.2

人防工程类别	民用建筑 一、二级	三级	四级	丙、丁、戊类厂房、库房 一、二级	三级	四级	高层民用建筑 主体	附属	甲、乙类厂房、库房
丙、丁、戊类生产车间、物品库房	10	12	14	10	12	14	13	6	25
其他人防工程	6	7	9	10	12	14	13	6	25

注：1. 防火间距按人防工程外墙与相邻地面建筑外墙的最近距离计算。
2. 当相邻的地面建筑物外墙为防火墙时，其防火间距不限。

(6)《汽车加油加气站设计与施工规范》(GB 50156—2012)

5.0.13 加油加气站内设施之间的防火距离，不应小于表5.0.13-1和表5.0.13-2的规定。

站内设施之间的防火间距 (m)

表5.0.13-1

设施名称	汽油罐	柴油罐	汽油通气管管口	柴油通气管管口	LPG储罐 地上罐 一级站	地上罐 二级站	地上罐 三级站	埋地罐 一级站	埋地罐 二级站	埋地罐 三级站	CNG储气设施	CNG集中放散管管口	油品卸车点	LPG卸车点	LPG泵(房)、压缩机(间)	天然气压缩机(间)	天然气调压器(间)	天然气脱硫脱水设备	加油机	LPG加气机	CNG加气机、加气柱和卸气柱	消防泵房和消防水泵接合器站房	自用燃煤锅炉房和燃煤厨房	自用有燃气(油)设备的房间	站区围墙
汽油罐	0.5	0.5	—	—	×	×	×	6	4	3	6	6	—	5	5	6	6	5	—	4	4	10	18.5	8	3
柴油罐	0.5	0.5	—	—	×	×	×	4	3	3	4	4	—	3.5	3.5	4	4	3.5	—	3	3	7	13	6	3
汽油通气管管口	—	—	—	—	×	×	×	8	6	6	8	6	3	8	6	6	6	5	—	8	8	10	18.5	8	2
柴油通气管管口	—	—	—	—	×	×	×	6	4	4	6	4	2	6	4	4	4	3.5	—	6	6	7	13	6	3

设施名称	汽油罐	柴油罐	汽油通气管口	柴油通气管口	LPG储罐 地上罐 一级站	LPG储罐 地上罐 二级站	LPG储罐 地上罐 三级站	LPG储罐 埋地罐 一级站	LPG储罐 埋地罐 二级站	LPG储罐 埋地罐 三级站	CNG储气设施	CNG集中放散管口	油品卸车点	LPG卸车点	LPG泵（房）、压缩机（间）	天然气压缩机（间）	天然气调压器（间）	天然气脱硫和脱水设备	加油机	LPG加气机	CNG加气机、加气柱和卸气柱	站房	消防泵房和消防水池取水口	自用燃煤锅炉房和燃煤厨房	自用有燃气（油）设备的房间	站区围墙
LPG储罐 地上罐 一级站	×	×	×	×	D						×	×	12	12/10	12/10	×	×	×	12/10	12/10	×	12/10	40/30	45	18/14	2
LPG储罐 地上罐 二级站	×	×	×	×		D					×	×	10	10/8	10/8	×	×	×	10/8	10/8	×	10/8	30/20	38	16/12	6
LPG储罐 地上罐 三级站	×	×	×	×			D				×	×	8	8/6	8/6	×	×	×	8/6	8/6	×	8	30/20	33	16/12	5
LPG储罐 埋地罐 一级站	6	4	8	6				2			×	×	5	5	6	×	×	×	8	8	×	8	20	30	10	4
LPG储罐 埋地罐 二级站	4	3	6	4					2		×	×	3	3	5	×	×	×	6	6	×	6	15	25	8	3
LPG储罐 埋地罐 三级站	3	3	6	4						2	×	×	3	3	4	×	×	×	4	4	×	6	12	18	8	3
CNG储气设施	6	4	8	6	×	×	×	×	×	×	1.5 (1)	—	6	×	×	—	—	—	6	×	—	5		25	14	3
CNG集中放散管口	6	4	6	4	×	×	×	×	×	×	—	—	6	×	×	—	—	—	8	×	—	5		15	14	3
油品卸车点	—	—	3	2	12	10	8	5	3	3	6	6	—	4	4	6	6	5	—	4	4	5	10	15	8	—
LPG卸车点	5	3.5	8	6	12/10	10/8	8/6	5	3	3	×	×	4	—	5	×	×	×	6	5	×	6	8	25	12	3
LPG泵（房）、压缩机（间）	5	3.5	6	4	12/10	10/8	8/6	6	5	4	×	×	4	5	—	×	×	×	4	4	×	6	8	25	12	2
天然气压缩机（间）	6	4	6	4	×	×	×	×	×	×	—	—	6	×	×	—	—	—	4	4	—	5	8	25	12	2
天然气调压器（间）	6	4	6	4	×	×	×	×	×	×	—	—	6	×	×	—	—	—	6	6	—	5	8	25	12	2
天然气脱硫和脱水设备	5	3.5	5	3.5	×	×	×	×	×	×	—	—	5	×	×	—	—	—	5	5	—	5	15	25	12	—
加油机	—	—	—	—	12/10	10/8	8/6	8	6	4	6	6	—	6	4	4	6	5	—	4	4	5	6	15 (10)	8 (6)	—

续表

设施名称	汽油罐	柴油罐	汽油通气管管口	柴油通气管管口	LPG储罐 地上罐 一级站	地上罐 二级站	地上罐 三级站	埋地罐 一级站	埋地罐 二级站	埋地罐 三级站	CNG储气设施	CNG集中放散管管口	油品卸车点	LPG卸车点	LPG泵(房)、压缩机(间)	天然气压缩机(间)	天然气调压器(间)	天然气脱硫和脱水设备	加油机	LPG加气机	CNG加气机、加气柱和卸气柱	站房	消防泵房和消防水池取水口	自用燃煤锅炉房和燃煤厨房	自用有燃气(油)设备的房间	站区围墙
LPG 加气机	4	3	8	6	12/10	10/8	8/6	8	8	6	×	×	4	5	4	4	6	5	4	×	×	5.5	6	18	12	—
CNG 加气机,加气柱和卸气柱	4	3	8	6	×	×	×	×	×	×	—	—	4	×	×	—	—	—	4	×	×	5	6	18	12	—
站房	4	3	4	3.5	12/10	8	8	8	8	6	5	5	5	6	6	5	5	5	5	5.5	5	—	—	—	—	—
消防泵和消防水池取水口	10	7	10	7	40/30	30/20	30/20	25	15	12	15	15	10	8	8	8	8	15	10	6	6	—	12	12	—	—
自用燃煤锅炉房和燃煤厨房	18.5	13	18.5	13	45	38	33	30	25	18	25	25	15	25	25	25	25	25	15(10)	18	18	—	12	—	12	—
自用燃气(油)设备的房间	8	6	8	6	18/14	16/12	16/12	10	8	8	14	14	8	12	12	12	12	12	8(6)	12	12	—	—	12	—	—
站区围墙	3	2	3	2	6	5	5	5	4	4	3	3	—	3	2	2	2	—	—	—	—	—	—	—	—	—

注：
1. 表中数据分子为LPG储罐无固定喷淋装置的距离，分母为LPG储罐设有固定喷淋装置(油)设备的距离。D为LPG地上罐相邻较大罐的直径。
2. 括号内数值为撬装式加气站的储气井与储气井的距离。
3. 撬装式加气装置与站内设施之间的防火间距按本表汽油加油机增加30%。
4. 当卸油用油气回收系统时，汽油通气管管口、汽油通气管管口与站区围墙防火间距可不小于2m。
5. LPG储罐放散管管口与LPG储罐的防火间距不限。
6. LPG泵和压缩机、天然气压缩机、天然气调压器和天然气脱硫和脱水设备，与站内其他设施的防火间距应按相应级别的LPG地上储罐确定。起算点应为设备外缘；LPG泵和压缩机、天然气压缩机、天然气调压器设置在非开敞的建筑物内时，起算点应为建筑物的门窗等洞口。
7. LPG储罐、调压器和天然气脱硫和脱水设备天棚或设备露天布置时，与站内其他设施的防火间距，不应低于本表三级站的地上储罐防火间距。
8. CNG加气机、起算点应为该设备所在建筑物的门窗等洞口。
9. 站房、有燃气或燃气(油)设备的房间与LPG储罐的防火间距，应按本表相应设施的防火间距确定。站房内设置有变配电间时，变配电间应符合本规范第5.0.8条的规定。
10. 表中"—"表示无防火间距要求，"×"表示该设施不应合建。

表 5.0.13-2

站内设施的防火间距（m）

设施名称	汽油罐、柴油罐	油罐通气管管口	LPG储罐一级站	LPG储罐二级站	LPG储罐三级站	CNG储气设施	天然气放散管管口CNG系统	天然气放散管管口LNG系统	油品卸车点	LNG卸车点	天然气压缩机（间）	天然气调压器（间）	天然气脱硫、脱水装置	加油机	CNG加气机	LNG加气机	LNG潜液泵池	LNG柱塞泵	LNG高压气化器	站房	消防泵房和消防水池取水口	有燃气（油）设备的房间	站区围墙
汽油罐、柴油罐	*	*	15	12	10	*	*	6	*	6	*	*	*	*	*	4	6	6	5	*	*	*	*
油罐通气管管口	*	*	12	10	8	8	*	6	*	8	*	*	*	*	*	8	8	8	5	*	*	*	*
LPG储罐 一级站	15	12	2			6	5	—	12	5	6	6	6	8	8	8	—	2	6	10	20	15	6
LPG储罐 二级站	12	10		2		4	4	—	10	3	4	4	4	8	6	4	—	2	4	8	15	12	5
LPG储罐 三级站	10	8			2	4	4	—	8	2	4	4	4	6	4	2	—	2	3	6	15	12	4
CNG储气设施	*	8	6	4	4	*	*	3	*	6	*	*	*	*	*	6	6	6	3	*	*	*	*
天然气放散管管口 CNG系统	*	*	5	4	4	*	—	—	*	4	*	*	*	*	*	6	4	4	—	*	*	*	*
天然气放散管管口 LNG系统	6	6	—	—	—	3	—	—	6	3	—	3	4	6	8	—	—	—	—	8	12	12	3
油品卸车点	6	*	12	10	8	*	*	6	6	6	3	3	*	6	6	6	6	6	5	*	*	*	*
LNG卸车点	*	8	5	3	2	6	4	3	*	3	*	*	6	*	*	—	—	2	4	6	15	12	2
天然气压缩机（间）	*	*	6	4	4	*	*	—	*	3	*	*	*	*	*	6	6	6	6	*	*	*	*
天然气调压器（间）	*	*	6	4	4	*	*	3	*	6	*	*	*	*	*	6	6	6	6	*	*	*	*
天然气脱硫、脱水装置	*	*	6	4	4	*	*	4	*	6	*	*	*	*	*	6	6	6	6	*	*	12	*
加油机	*	*	8	8	6	*	*	6	*	6	*	*	*	*	*	2	6	6	6	*	*	*	*
CNG加气机	*	*	8	6	4	*	*	8	*	6	*	*	*	*	*	2	6	6	5	*	*	*	*

160

设施名称	汽油罐、柴油罐	油罐通气管管口	LPG储罐			CNG储气设施	天然气放散管管口		油品卸车点	LNG卸车点	天然气压缩机间（间）	天然气调压器（间）	天然气脱硫、脱水装置	加油机	CNG加气机	LNG加气机	LNG潜液泵池	LNG柱塞泵	LNG高压气化器	站房	消防泵房和消防水池取水口	有燃气（油）设备的房间	站区围墙
			一级站	二级站	三级站		CNG系统	LNG系统															
LNG加气机	4	8	8	4	2	6	6	—	6	—	6	6	6	2	2	—	4	6	5	6	15	8	—
LNG潜液泵池	6	8	—	—	—	6	4	—	6	—	6	6	6	6	6	4	—	2	5	6	15	8	2
LNG柱塞泵	6	8	2	2	2	6	4	—	6	2	6	6	6	6	6	6	2	—	2	6	15	8	2
LNG高压气化器	5	5	6	4	3	3	—	—	5	4	6	6	6	6	5	5	5	2	—	8	15	8	2
站房	*	*	10	8	6	*	*	8	*	6	*	*	*	*	*	6	6	6	8	*	*	*	*
消防泵房和消防水池取水口	*	*	20	15	15	*	*	12	*	15	*	*	*	*	*	15	15	15	15	*	*	*	*
有燃气（油）设备的房间	*	*	15	12	12	*	*	12	*	12	*	*	*	*	*	8	8	8	8	*	*	*	*
站区围墙	*	*	6	5	4	*	*	3	*	2	*	*	*	*	*	—	2	2	2	*	*	*	*

注：1. 站房、有燃气（油）等明火设备的房间的起算点应为门窗等洞口。

2. 表中"—"表示无防火间距要求，"*"表示应符合表 5.0.13-1 的规定。

161

（7）《城市居住区规划设计规范（2002年版）》（GB 50180—1993）

8.0.2 居住区内道路可分为：居住区道路、小区路、组团路和宅间小路四级。其道路宽度，应符合下列规定：

8.0.2.1 居住区道路：红线宽度不宜小于20m；

8.0.2.2 小区路：路面宽6~9m，建筑控制线之间的宽度，需敷设供热管线的不宜小于14m；无供热管线的不宜小于10m；

8.0.2.3 组团路：路面宽3~5m；建筑控制线之间的宽度，需敷设供热管线的不宜小于10m；无供热管线的不宜小于8m；

8.0.2.4 宅间小路：路面宽不宜小于2.5m；

8.0.2.5 在多雪地区，应考虑堆积清扫道路积雪的面积，道路宽度可酌情放宽，但应符合当地城市规划行政主管部门的有关规定。

8.0.3 居住区内道路纵坡规定，应符合下列规定：

8.0.3.1 居住区内道路纵坡控制指标应符合表8.0.3的规定：

居住区内道路纵坡控制指标（%）　　　　　　　　　　　表8.0.3

道路类别	最小纵坡	最大纵坡	多雪严寒地区最大纵坡
机动车道	≥0.2	≤8.0 $L≤200m$	≤5.0 $L≤600m$
非机动车道	≥0.2	≤3.0 $L≤50m$	≤2.0 $L≤100m$
步行道	≥0.2	≤8.0	≤4.0

注：L为坡长（m）。

8.0.3.2 机动车与非机动车混行的道路，其纵坡宜按非机动车道要求，或分段按非机动车道要求控制。

8.0.5 居住区道路设置，应符合下列规定：

8.0.5.1 小区内主要道路至少应有两个出入口；居住区内主要道路至少应有两个方向与外围道路相连；机动车道对外出入口间距不应小于150m。沿街建筑物长度超过150m时，应设不小于4m×4m的消防车通道。人行出口间距不宜超过80m，当建筑物长度超过80m时，应在底层加设人行通道；

8.0.5.2 居住区内道路与城市道路相接时，其交角不宜小于75°；当居住区内道路坡度较大时，应设缓冲段与城市道路相接；

8.0.5.3 进入组团的道路，既应方便居民出行和利于消防车、救护车的通行，又应维护院落的完整性和利于治安保卫；

8.0.5.4 在居住区内公共活动中心，应设置为残疾人通行的无障碍通道。通行轮椅车的坡道宽度不应小于2.5m，纵坡不应大于2.5%；

8.0.5.5 居住区内尽端式道路的长度不宜大于120m，并应在尽端设不小于12m×12m的回车场地；

8.0.5.6 当居住区内用地坡度大于8%时，应辅以梯步解决竖向交通，并宜在梯步旁附设推行自行车的坡道；

8.0.5.7 在多雪严寒的山坡地区，居住区内道路路面应考虑防滑措施；在地震设防地区，居住区内的主要道路，宜采用柔性路面；

8.0.5.8 居住区内道路边缘至建筑物、构筑物的最小距离，应符合表8.0.5规定。

道路边缘至建、构筑物最小距离（m） 表8.0.5

与建、构筑物关系		道路级别	居住区道路	小区路	组团路及宅间小路
建筑物面向道路	无出入口	高层	5.0	3.0	2.0
		多层	3.0	3.0	2.0
	有出入口		—	5.0	2.5
建筑物山墙面向道路		高层	4.0	2.0	1.5
		多层	2.0	2.0	1.5
围墙面向道路			1.5	1.5	1.5

注：居住区道路的边缘指红线；小区路、组团路及宅间小路的边缘指路面边线。当小区路设有人行便道时，其道路边缘指便道边线。

9.0.2 居住区竖向规划设计，应遵循下列原则：

9.0.2.1 合理利用地形地貌，减少土方工程量；

9.0.2.2 各种场地的适用坡度，应符合表9.0.1规定；

9.0.2.3 满足排水管线的埋设要求；

9.0.2.4 避免土壤受冲刷；

9.0.2.5 有利于建筑布置与空间环境的设计；

9.0.2.6 对外联系道路的高程应与城市道路标高相衔接。

9.0.3 当自然地形坡度大于8%，居住区地面连接形式宜选用台地式，台式之间应用挡土墙或护坡连接。

9.0.4 居住区内地面水的排水系统，应根据地形特点设计。在山区和丘陵地区还必须考虑排洪要求。地面水排水方式的选择，应符合以下规定：

9.0.4.1 居住区内应采用暗沟（管）排除地面水；

9.0.4.2 在埋设地下暗沟（管）极不经济的陡坎、岩石地段，或在山坡冲刷严重，管沟易堵塞的地段，可采用明沟排水。

各种场地的适用坡度（%） 表9.0.1

场地名称	适用坡度
密实性地面和广场	0.3~3.0
广场兼停车场	0.2~0.5
室外场地 1. 儿童游戏场 2. 运动场 3. 杂用场地	0.3~2.5 0.2~0.5 0.3~2.9
绿地	0.5~1.0
湿陷性黄土地面	0.5~7.0

（8）《民用建筑设计通则》（GB 50352—2005）

4.1.5 基地机动车出入口位置应符合下列规定：

1 与大中城市主干道交叉口的距离，自道路红线交叉点量起不应小于70m；

2 与人行横道线、人行过街天桥、人行地道（包括引道、引桥）的最边缘线不应小于5m；

3 距地铁出入口、公共交通站台边缘不应小于15m；

4　距公园、学校、儿童及残疾人使用建筑的出入口不应小于20m；

5　当地基道路坡度大于8%时，应设缓冲段与城市道路连接；

6　与立体交叉口的距离或其他特殊情况，应符合当地城市规划行政主管部门的规定。

5.2.2　建筑基地道路宽度应符合下列：

1　单车道路宽度不应小于4m，双车道路不应小于7m；

2　人行道路宽度不应小于1.50m；

3　利用道路边设停车位时，不应影响有效通行宽度；

4　车行道路改变方向时，应满足车辆最小转弯半径要求；消防车道路应按消防车最小转弯半径要求设置。

（9）《住宅建筑规范》（GB 50368—2005）

4.1.2　住宅至道路边缘的最小距离，应符合表4.1.2的规定。

住宅至道路边缘最小距离（m）　　　　　　表4.1.2

与住宅距离		路面宽度	<6m	6~9m	>9m
住宅面向道路	无出入口	高层	2	3	5
		多层	2	3	3
	有出入口		2.5	5	—
住宅山墙面向道路		高层	1.5	2	4
		多层	1.5	2	2

注：1　当道路设有人行便道时，其道路边缘指便道边线。

　　2　其中"—"表示住宅不应向路面宽度大于9m的道路开设出入口。

4.3.1　每个住宅单元至少应有一个出入口可以通达机动车。

4.3.2　道路设置应符合下列规定：

1　双车道道路的路面宽度不应小于6m；宅前路的路面宽度不应小于2.5m；

2　当尽端式道路的长度大于120m时，应在尽端设置不小于12m×12m的回车场地；

3　当主要道路坡度较大时，应设缓冲段与城市道路相接；

4　在抗震设防地区，道路交通应考虑减灾、救灾的要求。

4.5.2　住宅用地的防护工程设置应符合下列规定：

1　台阶式用地的台阶之间应用护坡或挡土墙连接，相邻台地间高差大于1.5m时，应在挡土墙或坡比值大于0.5的护坡顶面加设安全防护设施；

2　土质护坡的坡比值不应大于0.5；

3　高度大于2m的挡土墙和护坡的上缘与住宅间水平距离不应小于3m，其下缘与住宅间的水平距离不应小于2m。

9.3.1　住宅建筑与相邻建筑、设施之间的防火间距应根据建筑的耐火等级、外墙的防火构造、灭火救援条件及设施的性质等因素确定。

9.3.2　住宅建筑与相邻民用建筑之间的防火间距应符合表9.3.2的要求。当建筑相邻外墙采取必要的防火措施后，其防火间距可适当减少或贴邻。

住宅建筑与住宅及其他民用建筑之间的防火间距（m）　　　　　表 9.3.2

建筑类别			10 层及 10 层以上住宅、高层民用建筑		9 层及 9 层以下住宅、非高层民用建筑		
			高层建筑	裙房	耐火等级		
					一、二级	三级	四级
9 层及 9 层以下住宅	耐火等级	一、二级	9	6	6	7	9
		三级	11	7	7	8	10
		四级	14	9	9	10	12
10 层及 10 层以上住宅			13	9	9	11	14

9.8.1　10 层及 10 层以上的住宅建筑应设置环形消防车道，或至少沿建筑的一个长边设置消防车道。

9.8.2　供消防车取水的天然水源和消防水池应设置消防车道，并满足消防车的取水要求。

6.4　防火分区设计审查

1. 审查主要内容

（1）建筑的防火分区允许面积和建筑最大允许层数是否符合相关规定。

（2）防火分区之间应采用防火墙分隔。当采用防火墙确有困难时，可采用防火卷帘等防火分隔设施分隔。

（3）高层建筑内应采用防火墙等划分防火分区。

（4）汽车库应设防火墙划分防火分区。

（5）工程内设置有旅店、病房、员工宿舍时，不得设置在地下二层及以下层，并应划分为独立的防火分区，且疏散楼梯不得与其他防火分区的疏散楼梯共用。

（6）当人防工程地面建有建筑物，且与地下一、二层有中庭相通或地下一、二层有中庭相通时，防火分区面积应按上下多层相连通的面积叠加计算。

（7）当剧场建筑与其他建筑合建或毗连时，应形成独立的防火分区。

2. 设计中常见问题

（1）汽车库与其他功能的房间划分为一个防火分区。

（2）地下复式汽车库防火分区面积未按规范要求折减。

（3）设有中庭的建筑，其防火分区面积未按上下层相连通的面积叠加计算。

（4）住宅建筑中相邻套房之间没有采取防火分隔措施。

（5）当住宅与其他功能空间处于同一建筑内时，住宅部分与非住宅部分之间没有采取防火分隔措施。

3. 审查要点汇总

（1）《建筑设计防火规范》（GB 50016—2012）

5.3.1　除本规范另有规定者外，建筑的防火分区允许面积和建筑最大允许层数应符合表 5.3.1 的规定。

建筑的耐火等级、允许层数和防火分区最大允许建筑面积　　　　表 5.3.1

名称	耐火等级	建筑高度或允许层数	防火分区的最大允许建筑面积（m²）	备　　注
高层民用建筑	一、二级	符合表 5.1.1 的规定	1500	1. 当高层建筑主体与其裙房之间设置防火墙等防火分隔设施时，裙房的防火分区最大允许建筑面积不应大于2500m²。 2. 体育馆、剧场的观众厅，其防火分区最大允许建筑面积可适当放宽
单层或多层民用建筑	一、二级		2500	
	三级	5 层	1200	—
	四级	2 层	600	—
地下、半地下建筑（室）	一级	不宜超过 3 层	500	设备用房的防火分区最大允许建筑面积不应大于1000m²

注：表中规定的防火分区的最大允许建筑面积，当建筑内设置自动灭火系统时，可按本表的规定增加 1.0 倍。局部设置时，增加面积可按该局部面积的 1.0 倍计算。

5.3.2　当建筑物内设置自动扶梯、中庭、敞开楼梯等上下层相连通的开口时，其防火分区的建筑面积应按上下层相连通的建筑面积叠加计算，且不应大于本规范第5.3.1条的规定。

对于中庭，当相连通楼层的建筑面积之和大于一个防火分区的建筑面积时，应符合下列规定：

1　除首层外，建筑功能空间与中庭间应进行防火分隔，与中庭相通的门或窗，应采用火灾时可自行关闭的甲级防火门或甲级防火窗；

2　与中庭相通的过厅、通道等处，应设置甲级防火门或耐火极限不小于 3.00h 的防火分隔物；

3　高层建筑中的中庭回廊应设置自动喷水灭火系统和火灾自动报警系统；

4　中庭应按本规范第 8 章的规定设置排烟设施。

5.3.3　防火分区之间应采用防火墙分隔。当采用防火墙确有困难时，可采用防火卷帘等防火分隔设施分隔。采用防火卷帘进行分隔时，应符合本规范第6.5.2条的规定。

5.3.4　营业厅、展览厅设置在一、二级耐火等级的单层建筑或仅设置在一、二级耐火等级多层建筑的首层，并设置火灾自动报警系统和自动灭火系统时，其每个防火分区的最大允许建筑面积不应大于 10000m²；营业厅、展览厅设置在高层建筑内时，并设置火灾自动报警系统和自动灭火系统，且采用不燃烧或难燃烧材料装修时，其防火分区的最大允许建筑面积不应大于 4000m²。

营业厅、展览厅设置在地下或半地下时，应符合下列规定：

1　不应设置在地下三层及三层以下；

2　不应经营和储存火灾危险性为甲、乙类储存物品属性的商品；

3　当设置火灾自动报警系统和自动灭火系统时，营业厅每个防火分区的最大允许建筑面积不应大于 2000m²。

5.3.5　设置在地下、半地下的商店，当其总建筑面积大于 20000m² 时，应采用不开设门窗洞口的防火墙分隔。相邻区域确需局部连通时，应选择下列措施进行防火分隔：

1 下沉式广场等室外开敞空间。该室外开敞空间的设置应能防止相邻区域的火灾蔓延和便于安全疏散，并应符合本规范第6.4.12条的规定；

2 防火隔间。该防火隔间的墙应为实体防火墙，并应符合本规范第6.4.13条的规定；

3 避难走道。该避难走道应符合本规范第6.4.14条的规定；

4 防烟楼梯间。该防烟楼梯间及前室的门应采用甲级防火门。

5.3.6 当餐饮、商店等商业设施通过有顶棚的步行街连接时，步行街及其两侧建筑的有关防火设计应符合下列规定：

1 步行街两侧建筑的耐火等级不应低于二级；

2 步行街的宽度不应小于两侧建筑相应的防火间距要求，长度不宜大于300m；

3 步行街的顶棚材料应采用不燃或难燃材料，其承重结构的耐火极限不应低于0.50h。步行街内不应布置可燃物；

4 面向步行街一侧的建筑围护构件的耐火极限不应低于1.00h；当步行街的宽度不小于12m时，耐火极限可不限，但应采用不燃材料。相邻商铺之间均应采用耐火极限不低于2.00h的墙体分隔，隔墙两侧应分别设置宽度不小于1.0m且耐火极限不低于1.00h的不燃烧体实墙；

5 步行街首层两侧商铺的疏散门可直接通至步行街，但通过步行街到达最近室外安全地点的步行距离不应大于60m；

6 步行街顶棚高度不应小于6.0m，顶棚应设置排烟设施；

步行街内每隔50m应设置消火栓和消防软管卷盘。长度大于150m的步行街内应设置消防应急照明、疏散指示标志和消防应急广播系统；

步行街两侧的商铺内和中庭回廊应设置自动喷水灭火系统和火灾自动报警系统，商铺外的走廊应设置自动喷水灭火系统；建筑面积大于300m² 的中庭，应设置消防炮灭火系统；

7 当步行街的长度大于150m时，宜在中间部位设置进入步行街的消防车道；

8 当步行街为全封闭内街时，应符合本规范有关中庭的规定。

(2)《高层民用建筑设计防火规范（2005年版）》（GB 50045—1995）

5.1.1 高层建筑内应采用防火墙等划分防火分区，每个防火分区允许最大建筑面积，不应超过表5.1.1的规定。

每个防火分区的允许最大建筑面积　　　　　　　　　　表5.1.1

建筑类别	每个防火分区建筑面积（m²）	建筑类别	每个防火分区建筑面积（m²）
一类建筑	1000	地下室	500
二类建筑	1500		

注：1 设有自动灭火系统的防火分区，其允许最大建筑面积可按本表增加1.00倍；当局部设置自动灭火系统时，增加面积可按该局部面积的1.00倍计算。

2 一类建筑的电信楼，其防火分区允许最大建筑面积可按本表增加50%。

5.1.2　高层建筑内的商业营业厅、展览厅等，当设有火灾自动报警系统和自动灭火系统，且采用不燃烧或难燃烧材料装修时，地上部分防火分区的允许最大建筑面积为4000m²；地下部分防火分区的允许最大建筑面积为2000m²。

5.1.3　当高层建筑与其裙房之间设有防火墙等防火分隔设施时，其裙房的防火分区允许最大建筑面积不应大于2500m²，当设有自动喷水灭火系统时，防火分区允许最大建筑面积可增加1.00倍。

5.1.4　高层建筑内设有上下层相连通的走廊、敞开楼梯、自动扶梯、传送带等开口部位时，应按上下连通层作为一个防火分区，其允许最大建筑面积之和不应超过本规范第5.1.1条的规定。当上下开口部位设有耐火极限大于3.00h的防火卷帘或水幕等分隔设施时，其面积可不叠加计算。

5.1.5　高层建筑中庭防火分区面积应按上、下层连通的面积叠加计算，当超过一个防火分区面积时，应符合下列规定：

5.1.5.1　房间与中庭回廊相通的门、窗，应设自行关闭的乙级防火门、窗。

5.1.5.2　与中庭相通的过厅、通道等，应设乙级防火门或耐火极限大于3.00h的防火卷帘分隔。

5.1.5.3　中庭每层回廊应设有自动喷水灭火系统。

5.1.5.4　中庭每层回廊应设火灾自动报警系统。

（3）《汽车库、修车库、停车场设计防火规范》（GB 50067—1997）

5.1.1　汽车库应设防火墙划分防火分区。每个防火分区的最大允许建筑面积应符合表5.1.1的规定。

汽车库防火分区最大允许建筑面积（m²）　表5.1.1

耐火等级	单层汽车库	多层汽车库	地下汽车库或高层汽车库
一、二级	3000	2500	2000
三级	1000		

注：1　敞开式、错层式、斜楼板式的汽车库的上下连通层面积应叠加计算，其防火分区最大允许建筑面积可按本表规定值增加一倍。

　　2　室内地坪低于室外地坪面高度超过该层汽车库净高1/3且不超过净高1/2的汽车库，或设在建筑物首层的汽车库的防火分区最大允许建筑面积不应超过2500m²。

　　3　复式汽车库的防火分区最大允许建筑面积应按本表规定值减少35%。

5.1.4　甲、乙类物品运输车的汽车库、修车库，其防火分区最大允许建筑面积不应超过500m²。

5.1.5　修车库防火分区最大允许建筑面积不应超过2000m²，当修车部位与相邻的使用有机溶剂的清洗和喷漆工段采用防火墙分隔时，其防火分区最大允许建筑面积不应超过4000m²。

设有自动灭火系统的修车库，其防火分区最大允许建筑面积可增加1倍。

（4）《人民防空工程设计防火规范》（GB 50098—2009）

4.1.1　人防工程内应采用防火墙划分防火分区，当采用防火墙确有困难时，可采用防火卷帘等防火分隔设施分隔，防火分区划分应符合下列要求：

1　防火分区应在各安全出口处的防火门范围内划分；

2　水泵房、污水泵房、水池、厕所、盥洗间等无可燃物的房间，其面积可不计入防火分区的面积之内；

3　与柴油发电机房或锅炉房配套的水泵间、风机房、储油间等，应与柴油发电机房或锅炉房一起划分为一个防火分区；

4　防火分区的划分宜与防护单元相结合；

5　工程内设置有旅店、病房、员工宿舍时，不得设置在地下二层及以下层，并应划分为独立的防火分区，且疏散楼梯不得与其他防火分区的疏散楼梯共用。

4.1.2　每个防火分区的允许最大建筑面积，除本规定另有规定者外，不应大于500m²。当设置有自动灭火系统时，允许最大建筑面积可增加1倍；局部设置时，增加的面积可按该局部面积的1倍计算。

4.1.3　商业营业厅、展览厅、电影院和礼堂的观众厅、溜冰馆、游泳馆、射击馆、保龄球馆等防火分区划分应符合下列规定：

1　商业营业厅、展览厅等，当设置有火灾自动报警系统和自动灭火系统，且采用A级装修材料装修时，防火分区允许最大建筑面积不应大于2000m²；

2　电影院、礼堂的观众厅，防火分区允许最大建筑面积不应大于2000m²。当设置有火灾自动报警系统和自动灭火系统时，其允许最大建筑面积也不得增加；

3　溜冰馆的冰场、游泳馆的游泳池、射击馆的靶道区、保龄球馆的球道区等，其面积可不计入溜冰馆、游泳馆、射击馆、保龄球馆的防火分区面积内。溜冰馆的冰场、游泳馆的游泳池、射击馆的靶道区等，其装修材料应采用A级。

4.1.4　丙、丁、戊类物品库房的防火分区允许最大建筑面积应符合表4.1.4的规定。当设置有火灾自动报警系统和自动灭火系统时，允许最大建筑面积可增加1倍；局部设置时，增加的面积可按该局部面积的1倍计算。

丙、丁、戊类物品库房防火分区允许最大建筑面积（m²）　　　　表4.1.4

储存物品类别		防火分区最大允许建筑面积
丙	闪点≥60℃的可燃液体	150
	可燃固体	300
丁		500
戊		1000

4.1.5　人防工程内设置有内挑台、走马廊、开敞楼梯和自动扶梯等上下连通层时，其防火分区面积应按上下层相连通的面积计算，其建筑面积之和应符合本规范的有关规定，且连通的层数不宜大于2层。

4.1.6　当人防工程地面建有建筑物，且与地下一、二层有中庭相通或地下一、二层有中庭相通时，防火分区面积应按上下多层相连通的面积叠加计算；当超过本规范规定的防火分区最大允许建筑面积时，应符合下列规定：

1 房间与中庭相通的开口部位应设置火灾时能自行关闭的甲级防火门窗；

2 与中庭相通的过厅、通道等处，应设置甲级防火门或耐火极限不低于 3h 的防火卷帘；防火门或防火卷帘应能在火灾时自动关闭或降落；

3 中庭应按本规范第 6.3.1 条的规定设置排烟设施。

（5）《铁路旅客车站建筑设计规范（2011 年版）》（GB 50226—2007）

7.1.2 其他建筑与旅客车站合建时必须划分防火分区。

7.1.3 旅客车站集散厅、候车室防火分区的划分应符合现行国家标准《铁路工程设计防火规范》（TB 10063）的有关规定。

7.1.4 特大型、大型和中型站内的集散厅、候车区（室）、售票厅和办公区、设备区、行李与包裹库，应分别设置防火分区。集散厅、候车区（室）、售票厅不应与行李及包裹库上下组合布置。

（6）《住宅建筑规范》（GB 50368—2005）

9.1.1 住宅建筑的周围环境应为灭火救援提供外部条件。

9.1.2 住宅建筑中相邻套房之间应采取防火分隔措施。

9.1.3 当住宅与其他功能空间处于同一建筑内时，住宅部分与非住宅部分之间应采取防火分隔措施，且住宅部分的安全出口和疏散楼梯应独立设置。

经营、存放和使用火灾危险性为甲、乙类物品的商店、作坊和储藏间，严禁附设在住宅建筑中。

9.1.4 住宅建筑的耐火性能、疏散条件和消防设施的设置应满足防火安全要求。

9.1.5 住宅建筑设备的设置和管线敷设应满足防火安全要求。

9.1.6 住宅建筑的防火与疏散要求应根据建筑层数、建筑面积等因素确定。

注：1 当住宅和其他功能空间处于同一建筑内时，应将住宅部分的层数与其他功能空间的层数叠加计算建筑层数。

2 当建筑中有一层或若干层的层高超过 3m 时，应对这些层按其高度总和除以 3m 进行层数折算，余数不足 1.5m 时，多出部分不计入建筑层数；余数大于或等于 1.5m 时，多出部分按 1 层计算。

（7）《体育建筑设计规范》（JGJ 31—2003）

8.1.3 防火分区应符合下列要求：

1 体育建筑的防火分区尤其是比赛大厅，训练厅和观众休息厅等大空间处应结合建筑布局、功能分区和使用要求加以划分，并应报当地公安消防部门认定；

2 观众厅、比赛厅或训练厅的安全出口应设置乙级防火门；

3 位于地下室的训练用房应按规定设置足够的安全出口。

（8）《图书馆建筑设计规范》（JGJ 38—1999）

6.2.2 基本书库、非书库资料库、藏阅合一的阅览空间防火分区最大允许建筑面积：当为单层时，不应大于 $1500m^2$；当为多层，建筑高度不超过 24.00m 时，不应大于 $1000m^2$；当高度超过 24.00m 时，不应大于 $700m^2$；地下室或半地下室的书库，不应大于 $300m^2$。

当防火分区设有自动灭火系统时，其允许最大建筑面积可按上述规定增加 1.00 倍，当局部设置自动灭火系统时，增加面积可按该局部面积的 1.00 倍计算。

6.2.3　珍善本书库、特藏库，应单独设置防火分区。

6.2.4　采用积层书架的书库，划分防火分区时，应将书架层的面积合并计算。

（9）《商店建筑设计规范》（JGJ 48—201×）

5.1.1　商店建筑防火设计应符合国家现行标准《建筑设计防火规范》GB 50016 及《高层民用建筑设计防火规范》GB 50045 的规定。

5.1.2　商店的易燃、易爆商品库房宜独立设置；存放少量易燃、易爆商品库房如与其他库房合建时，应靠外墙布置，并应采用防火墙和 1.5h 的不燃烧体楼板隔断。

5.1.3　专业商店内附设的作坊、工场应限为丁、戊类生产，其建筑物的耐火等级、层数和面积应符合防火规范的规定。

注：居住建筑内不应附设丁类生产作坊、工场。

5.1.4　综合性建筑的商店部分应采用耐火极限不低于 2h 的隔墙和耐火极限不低于 1.50h 的不燃烧体楼板与其他建筑部分隔开；商店部分的安全出口必须与其他建筑部分隔开。

5.1.5　商店营业厅的吊顶和一切饰面装修，应符合该建筑物耐火等级规定，并采用非燃烧材料或难燃烧材料。同时应符合《建筑内部装修设计防火规范》GB 50222 的规定。

（10）《综合医院建筑设计规范》（JGJ 49—1988）

第4.0.3条　防火分区

一、医院建筑的防火分区应结合建筑布局和功能分区划分。

二、防火分区的面积除按建筑耐火等级和建筑物高度确定外；病房部分每层防火分区内，尚应根据面积大小和疏散路线进行防火在分区；同层有二个及二个以上护理单元时，通向公共走道的单元入口处，应设乙级防火门。

三、防火分区内的病房、产房、手术部、精密贵重医疗装备用房等，均应采用耐火极限不低于 1 小时的非燃烧体与其他部分隔开。

（11）《剧场建筑设计规范》（JGJ 57—2000）

8.1.12　当剧场建筑与其他建筑合建或毗连时，应形成独立的防火分区，以防火墙隔开，并不得开门窗洞；当设门时，应设甲级防火门，上下楼板耐火极限不应低于 1.5h。

（12）《电影院建筑设计规范》（JGJ 58—2008）

6.1.2　当电影院建在综合建筑内时，应形成独立的防火分区。

（13）《旅馆建筑设计规范》（JGJ 62—1990）

4.0.4　集中式旅馆的每一防火分区应设有独立的、通向地面或避难层的安全出口，并不得少于 2 个。

4.0.5　旅馆建筑内的商店、商品展销厅、餐厅、宴会厅等火灾危险性大、安全性要求高的功能区及用房，应独立划分防火分区或设置相应耐火极限的防火分隔，并设置必要的排烟设施。

6.5　安全疏散设计审查

1. 审查主要内容

（1）当建筑设置多个安全出口时，安全出口应分散布置，并应符合双向疏散的要求。

（2）仓库的安全出口应分散布置。每个防火分区、一个防火分区的每个楼层，其相邻2个安全出口最近边缘之间的水平距离不应小于5m。

（3）地下、半地下仓库或仓库的地下室、半地下室的安全出口不应少于2个；当建筑面积不大于100m² 时，可设置1个安全出口。

（4）公共建筑每个防火分区或一个防火分区的每个楼层，其安全出口的数量应经过计算确定。

（5）商住楼中住宅的疏散楼梯应独立设置。

（6）疏散安全出口、走道和楼梯的净宽度应符合相关规定。

（7）办公建筑的开放式、半开放式办公室，其室内任何一点至最近的安全出口的直线距离不应超过30m。

2. 设计中常见问题

（1）地下室安全出口不满足规范要求。

（2）防火分区无独立的出入口，均借用其他防火分区。

（3）安全疏散距离不满足规范要求。

（4）疏散楼梯宽度不满足要求。

（5）住宅建筑设置的安全出口不符合要求。

（6）安全出口没有分散布置，两个安全出口之间的距离小于5m。

（7）楼梯间或前室的门没有向疏散方向开启，安装有门禁系统的住宅，住宅直通室外的门有时不能从内部徒手开启。

（8）每层有2个或2个以上安全出口的住宅单元，套房户门至最近安全出口的距离没有根据建筑的耐火等级、楼梯间的形式或疏散方式确定。

（9）住宅建筑的楼梯间形式没有根据建筑形式、建筑层数、建筑面积或套房户门的耐火等级等因素确定。

（10）在楼梯间的首层没有设置直接对外的出口，或将对外出口设置在了距楼梯间不足15m处。

（11）住宅建筑楼梯间顶棚、墙面或地面没有采用不燃性材料。

（12）当住宅与其他功能空间处于同一建筑内时，住宅部分的安全出口和疏散楼梯没有独立设置。

（13）住宅建筑的防火与疏散要求没有根据建筑层数、建筑面积等因素确定。

（14）楼梯间窗口与套房窗口最近边缘之间的水平间距小于1.0m。

3. 审查要点汇总

（1）《建筑设计防火规范》（GB 50016—2012）

3.8.1　仓库的安全出口应分散布置。每个防火分区、一个防火分区的每个楼层，其相邻2个安全出口最近边缘之间的水平距离不应小于5m。

3.8.2　每座仓库的安全出口不应少于2个，当一座仓库的占地面积不大于300m²时，可设置1个安全出口。仓库内每个防火分区通向疏散走道、楼梯或室外的出口不宜少于2个，当防火分区的建筑面积不大于100m² 时，可设置1个出口。通向疏散走道或楼梯的门应为乙级防火门。

3.8.3　地下、半地下仓库或仓库的地下室、半地下室的安全出口不应少于2个；当建筑面积不大于 100m² 时，可设置 1 个安全出口。

地下、半地下仓库或仓库的地下室、半地下室当有多个防火分区相邻布置，并采用防火墙分隔时，每个防火分区可利用防火墙上通向相邻防火分区的甲级防火门作为第二安全出口，但每个防火分区必须至少有 1 个直通室外的安全出口。

3.8.4　粮食筒仓、冷库、金库的安全疏散设计应分别符合现行国家标准《冷库设计规范》GB 50072 和《粮食钢板筒仓设计规范》GB 50322 等的有关规定。

3.8.5　粮食筒仓上层面积小于 1000m²，且该层作业人数不超过 2 人时，可设置 1 个安全出口。

3.8.6　仓库、筒仓的室外金属梯，当符合本规范第 6.4.5 条的规定时可作为疏散楼梯，但筒仓室外楼梯平台的耐火极限不应低于 0.25h。

3.8.7　高层仓库的疏散楼梯应采用封闭楼梯间。

3.8.8　除一、二级耐火等级的多层戊类仓库外，其他仓库中供垂直运输物品的提升设施宜设置在仓库外，当必须设置在仓库内时，应设置在井壁的耐火极限不低于 2.00h 的井筒内。室内外提升设施通向仓库入口上的门应采用乙级防火门或防火卷帘。

5.5.1　公共建筑应根据建筑的高度、规模、使用功能和耐火等级等因素合理设置安全疏散和避难设施。安全出口、疏散门的位置、数量、宽度及疏散楼梯的形式应满足人员安全疏散的要求。

5.5.2　当建筑设置多个安全出口时，安全出口应分散布置，并应符合双向疏散的要求。建筑内每个防火分区或一个防火分区的每个楼层，其相邻 2 个安全出口最近边缘之间的水平距离不应小于 5m。

5.5.3　公共建筑每个防火分区或一个防火分区的每个楼层，其安全出口的数量应经计算确定，且不应少于 2 个。公共建筑符合下列条件之一时，可设一个安全出口或一部疏散楼梯：

1　除托儿所、幼儿园外，建筑面积不大于 200m² 且人数不超过 50 人的单层建筑（或多层建筑的首层）；

2　除医疗建筑、老年人建筑及托儿所、幼儿园的儿童用房和儿童游乐厅等儿童活动场所等外，符合表 5.5.3 规定的 2、3 层建筑。

公共建筑可设置一部疏散楼梯的条件　　　　　　　　　　　　　　表 5.5.3

耐火等级	最多层数	每层最大建筑面积（m²）	人　数
一、二级	3 层	500	第二层和第三层的人数之和不超过 100 人
三级	3 层	200	第二层和第三层的人数之和不超过 50 人
四级	2 层	200	第二层人数不超过 30 人

3　防火分区的建筑面积不大于 50m² 且经常停留人数不超过 15 人的地下、半地下建筑（室）。

注：1　建筑面积不大于 500m² 且使用人数不超过 30 人的地下、半地下建筑（室），其直通室外的金属竖向梯可作为第二安全出口。

　　2　地下、半地下歌舞娱乐放映游艺场所的安全出口不应少于 2 个。

5.5.4 一、二级耐火等级的建筑，当一个防火分区的安全出口全部直通室外或避难走道确有困难时，符合下列规定的防火分区可利用设置在相邻防火分区之间防火墙上向疏散方向开启的甲级防火门作为安全出口：

1 该防火分区的建筑面积大于 1000m² 时，直通室外或避难走道的安全出口数量不应少于 2 个。

2 该防火分区直通室外或避难走道的安全出口总净宽度，不应小于该防火分区按本规范第 5.5.19 条规定计算所需总净宽度的 70%。

3 与相邻防火分区之间应采用防火墙分隔。

4 开向相邻防火分区的门应在该防火分区一侧设置明显的安全出口指示标志。

5.5.5 从任一疏散门至最近疏散楼梯间的最近距离小于 10m 的高层公共建筑，当疏散楼梯间分散设置有困难时，可采用剪刀楼梯，但应符合下列规定：

1 楼梯间应为防烟楼梯间；

2 梯段之间应采用耐火极限不低于 1.00h 的实体墙分隔；

3 楼梯间应分别设置前室；

4 楼梯间内的正压送风系统不应合用。

5.5.6 设置不少于 2 部疏散楼梯的一、二级耐火等级多层公共建筑，如顶层局部升高，当高出部分的层数不超过 2 层、人数之和不超过 50 人且每层建筑面积不大于 200m² 时，该高出部分可设置 1 部疏散楼梯，但至少应另外设置 1 个直通建筑主体上人平屋面的安全出口，且该上人屋面应符合人员安全疏散要求。

5.5.7 一类高层建筑和建筑高度大于 32m 的二类高层建筑的疏散楼梯应采用防烟楼梯间。

裙房及建筑高度不大于 32m 的二类高层建筑的疏散楼梯应采用封闭楼梯间。

5.5.8 下列多层公共建筑的疏散楼梯，除设置敞开式外廊的建筑中与该外廊直接相连的楼梯间外，均应采用封闭楼梯间：

1 医疗建筑，旅馆，老年人建筑；

2 设置歌舞娱乐放映游艺场所的建筑；

3 商店、图书馆、展览建筑、会议中心及设置类似使用功能空间的建筑；

4 6 层及以上的其他建筑。

5.5.9 3 层及以上或室内地面与室外出入口地坪高差大于 10m 的地下、半地下建筑（室）的疏散楼梯应采用防烟楼梯间。其他地下、半地下建筑（室）的疏散楼梯应采用封闭楼梯间。

5.5.10 自动扶梯和电梯不应计作安全疏散设施。

5.5.11 公共建筑中的客、货电梯宜设置独立的电梯间，不宜直接设置在营业厅、展览厅、多功能厅等场所内。当电梯直通建筑下部的汽车库时，应设置电梯候梯厅并应采用耐火极限不低于 2.00h 的隔墙和乙级防火门进行分隔。

5.5.12 公共建筑中各房间疏散门的数量应经计算确定，且不应少于 2 个，该房间相邻 2 个疏散门最近边缘之间的水平距离不应小于 5m。当符合下列条件之一时，可设置 1 个：

1 房间位于 2 个安全出口之间或袋形走道两侧，托儿所、幼儿园、老年人建筑、医

174

疗建筑、教学建筑内房间建筑面积不大于60m²，其他建筑内房间建筑面积不大于120m²；

　　2　除托儿所、幼儿园、老年人建筑、医疗建筑外，房间位于走道尽端，且由房间内任一点到疏散门的直线距离不大于15m、房间建筑面积不大于200m²，其疏散门的净宽度不小于1.4m；当建筑面积小于50m²时，疏散门的净宽度不小于0.90m；

　　3　歌舞娱乐放映游艺场所内建筑面积不大于50m²且经常停留人数不超过15人的厅室或房间；

　　4　建筑面积不大于50m²且经常停留人数不超过15人的地下、半地下房间，建筑面积不大于100m²的地下、半地下设备用房。

　　5.5.13　剧场、电影院和礼堂的观众厅，其疏散门的数量应经计算确定，且不应少于2个。每个疏散门的平均疏散人数不应超过250人；当容纳人数超过2000人时，其超过2000人的部分，每个疏散门的平均疏散人数不应超过400人。

　　5.5.14　体育馆的观众厅，其疏散门的数量应经计算确定，且不应少于2个，每个疏散门的平均疏散人数不宜超过400人~700人。

　　5.5.15　公共建筑的安全疏散距离应符合下列规定：

　　1　直通疏散走道的房间疏散门至最近安全出口的距离应符合表5.5.15的规定；

直通疏散走道的房间疏散门至最近安全出口的最大距离（m）　　表5.5.15

名　称		位于两个安全出口之间的疏散门			位于袋形走道两侧或尽端的疏散门		
		耐火等级			耐火等级		
		一、二级	三级	四级	一、二级	三级	四级
托儿所、幼儿园		25	20	15	20	15	12
歌舞娱乐游艺场所		25	20	15	20	15	12
单层或多层医疗建筑		35	30	25	20	15	12
高层医疗建筑	病房部分	24	—	—	12	—	—
	其他部分	30	—	—	15	—	—
单层或多层教学建筑		35	30	—	22	20	—
高层旅馆、展览建筑、教学建筑		30			15		
其他建筑	单层或多层	40	35	25	22	20	15
	高　层	40	—	—	20	—	—

　　注：1　设置敞开式外廊的建筑，开向该外廊的房间疏散门至安全出口的最大距离可按本表增加5m。

　　　　2　建筑物内全部设置自动喷水灭火系统时，其安全疏散距离可按本表及表注1的规定增加25%。

　　5.5.16　除本规范另有规定者外，建筑中安全出口和房间疏散门的净宽度不应小于0.90m，疏散走道和疏散楼梯的净宽度不应小于1.10m。

　　高层建筑的疏散楼梯、首层疏散外门和疏散走道的最小净宽度应符合表5.5.16的规定。

高层建筑的疏散楼梯、首层疏散外门和疏散走道的最小净宽度（m）　表5.5.16

高层建筑	疏散楼梯	首层疏散外门	走　道	
			单面布房	双面布房
医疗建筑	1.30	1.30	1.40	1.50
其他建筑	1.20	1.20	1.30	1.40

5.5.17　观众厅及其他人员密集的公共场所的疏散门，其净宽度不应小于1.40m，且不应设置门槛，紧靠门口内外各1.40m范围内不应设置踏步。

人员密集的公共场所的室外疏散小巷的净宽度不应小于3.00m，并应直通宽敞地带。

5.5.18　剧院、电影院、礼堂、体育馆等人员密集场所的疏散走道、疏散楼梯、疏散门、安全出口的各自总宽度，应根据其通过人数和疏散净宽度指标计算确定，并应符合下列规定：

1　观众厅内疏散走道的净宽度应按每100人不小于0.60m的净宽度计算，且不应小于1.00m；边走道的净宽度不宜小于0.80m。

在布置疏散走道时，横走道之间的座位排数不宜超过20排；纵走道之间的座位数：剧院、电影院、礼堂等，每排不宜超过22个；体育馆，每排不宜超过26个；前后排座椅的排距不小于0.90m时，可增加1.0倍，但不得超过50个；仅一侧有纵走道时，座位数应减少一半；

2　剧院、电影院、礼堂等场所供观众疏散的所有内门、外门、楼梯和走道的各自总宽度，应按表5.5.18-1的规定计算确定；

剧场、电影院、礼堂等场所每100人所需最小疏散净宽度（m）　表5.5.18-1

观众厅座位数（座）			≤2500	≤1200
耐火等级			一、二级	三级
疏散部位	门和走道	平坡地面	0.65	0.85
		阶梯地面	0.75	1.00
	楼梯		0.75	1.00

3　体育馆供观众疏散的所有内门、外门、楼梯和走道的各自总宽度，应按表5.5.18-2的规定计算确定；

体育馆每100人所需最小疏散净宽度（m）　表5.5.18-2

观众厅座位数范围（座）			3000～5000	5001～10000	10001～20000
疏散部位	门和走道	平坡地面	0.43	0.37	0.32
		阶梯地面	0.50	0.43	0.37
	楼梯		0.50	0.43	0.37

注：表5.5.18-2中较大座位数范围按规定计算的疏散总宽度，不应小于相邻较小座位数范围按其最多座位数计算的疏散总宽度。

176

4 有等场需要的入场门不应作为观众厅的疏散门。

5.5.19 除剧场、电影院、礼堂、体育馆外，公共建筑中的疏散走道、安全出口、疏散楼梯和房间疏散门的各自总宽度，应按下列规定经计算确定：

1 每层疏散走道、安全出口、疏散楼梯和房间疏散门的每100人净宽度不应小于表5.5.19-1的规定；当每层人数不等时，疏散楼梯的总宽度可分层计算，地上建筑中下层楼梯的总宽度应按其上层人数最多一层的人数计算；地下建筑中上层楼梯的总宽度应按其下层人数最多一层的人数计算；

疏散走道、安全出口、疏散楼梯和房间疏散门每100人的净宽度（m）

表5.5.19-1

建 筑 层 数	耐 火 等 级		
	一、二级	三级	四级
地上一、二层	0.65	0.75	1.00
地上三层	0.75	1.00	—
地上四层及以上	1.00	1.25	—
与地面出入口地面的高差不大于10m的地下层	0.75	—	—
与地面出入口地面的高差大于10m的地下层	1.00	—	—

2 地下或半地下人员密集的厅、室和歌舞娱乐放映游艺场所，其疏散走道、安全出口、疏散楼梯和房间疏散门的各自总宽度，应按其通过人数每100人不小于1.00m计算确定；

3 首层外门的总宽度应按该层及以上人数最多的一层人数计算确定，不供楼上人员疏散的外门，可按本层人数计算确定；

4 录像厅、放映厅的疏散人数，应根据该厅的建筑面积按1.0人/m²计算确定；其他歌舞娱乐放映游艺场所的疏散人数，应根据该场所内厅、室的建筑面积按0.5人/m²计算确定；

5 有固定座位的场所，其疏散人数可按实际座位数的1.1倍确定；

6 商店的疏散人数应按每层营业厅的建筑面积乘以表5.5.19-2规定的人员密度计算。对于建材商店、家具和灯饰展示建筑，其人员密度可按表5.5.19-2规定值的30%～40%确定。

商店营业厅内的人员密度（人/m²）　　　　表5.5.19-2

楼层位置	地下二层	地下一层	地上第一、二层	地上第三层	地上第四层及以上各层
人员密度	0.56	0.60	0.43～0.60	0.39～0.54	0.30～0.42

5.5.25 住宅建筑应根据建筑的高度、规模和耐火等级等因素合理设置安全疏散和避难设施。安全出口、疏散门的位置、数量、宽度及疏散楼梯的形式，应满足人员安全疏散

的要求。

5.5.26 当建筑设置多个安全出口时，安全出口应分散布置，并应符合双向疏散的要求。住宅建筑每个单元每层的安全出口不应少于2个，且两个安全出口之间的距离不应小于5m。当符合下列条件时，每个单元每层可设置1个安全出口：

1 建筑高度不大于27m，每个单元任一层的建筑面积小于650m²且任一套房的户门至安全出口的距离小于15m；

2 建筑高度大于27m、不大于54m，每个单元任一层的建筑面积小于650m²且任一套房的户门至安全出口的距离不大于10m，每个单元设置一座通向屋顶的疏散楼梯，单元之间的楼梯通过屋顶连通，户门采用乙级防火门；

3 建筑高度大于54m的多单元建筑，每个单元任一层的建筑面积小于650m²且任一套房的户门至安全出口的距离不大于10m，每个单元设置一座通向屋顶的疏散楼梯，54m以上部分每层相邻单元的疏散楼梯通过阳台或凹廊连通，54m及其以下部分的户门采用乙级防火门。

5.5.27 住宅建筑的安全疏散距离应符合下列规定：

1 直通疏散走道的户门至最近安全出口的距离不应大于符合表5.5.27的规定。

住宅建筑直通疏散走道的户门至最近安全出口的距离（m）　　表5.5.27

名称	位于两个安全出口之间的户门			位于袋形走道两侧或尽端的户门		
	耐火等级			耐火等级		
	一、二级	三级	四级	一、二级	三级	四级
单层或多层	40	35	25	22	20	15
高层	40	—	—	20	—	—

注：1 设置敞开式外廊的建筑，开向该外廊的房间疏散门至安全出口的最大距离可按本表增加5m。
　　2 建筑物内全部设置自动喷水灭火系统时，其安全疏散距离可按本表及表注1的规定增加25%。
　　3 直通疏散走道的户门至最近非封闭楼梯间的距离，当房间位于两个楼梯间之间时，应按本表的规定减少5m；当房间位于袋形走道两侧或尽端时，应按本表的规定减少2m。
　　4 跃廊式住宅户门至最近安全出口的距离，应从户门算起，小楼梯的一段距离可按其1.50倍水平投影计算。

2 楼梯间的首层应设置直通室外的安全出口或在首层采用扩大封闭楼梯间。当层数不超过4层时，可将直通室外的安全出口设置在离楼梯间不大于15m处；

3 户内任一点到其直通疏散走道的户门的距离，应为最远房间内任一点到户门的距离，且不应大于表5.5.26中规定的袋形走道两侧或尽端的疏散门至安全出口的最大距离；

注：跃层式住宅，户内楼梯的距离可按其梯段总长度的水平投影尺寸计算。

5.5.28 住宅建筑的疏散走道、安全出口、疏散楼梯和户门的各自总宽度应经计算确定，且首层疏散外门、疏散走道和疏散楼梯的净宽度不应小于1.10m，安全出口和户门的净宽度不应小于0.90m。高层住宅建筑疏散走道的净宽度不应小于1.20m。

5.5.29 建筑高度大于33m的住宅建筑，其疏散楼梯间应采用防烟楼梯间。同一楼层或单元的户门不宜直接开向前室，且不应全部开向前室。直接开向前室的户门，应采用乙级防火门。

建筑高度大于 21m、不大于 33m 的住宅建筑，其疏散楼梯间应采用封闭楼梯间，当户门为乙级防火门时，可不设置封闭楼梯间。

5.5.30　当住宅建筑中的疏散楼梯与电梯井相邻布置时，疏散楼梯应采用封闭楼梯间；当户门采用甲级或乙级防火门时，可不设置封闭楼梯间。

直通住宅楼层下部汽车库的电梯，应设置电梯候梯厅并应采用耐火极限不低于 2.00h 的隔墙和乙级防火门与汽车库分隔。

5.5.31　住宅单元的疏散楼梯分散设置有困难时，可采用剪刀楼梯，但应符合下列规定：

1　楼梯间应采用防烟楼梯间；

2　梯段之间应采用耐火极限不低于 1.00h 的不燃烧体实体墙分隔；

3　剪刀楼梯的前室不宜合用，也不宜与消防电梯的前室合用；

4　剪刀楼梯的前室合用时，合用前室的建筑面积不应小于 6.0m²。与消防电梯的前室合用时，合用前室的建筑面积不应小于 12.0m²，且短边不应小于 2.4m；

5　两座剪刀楼梯的加压送风系统不应合用。

（2）《高层民用建筑设计防火规范（2005 年版）》（GB 50045—95）

6.1.1　高层建筑每个防火分区的安全出口不应少于两个。但符合下列条件之一的，可设一个安全出口：

6.1.1.1　十八层及十八层以下，每层不超过 8 户、建筑面积不超过 650m²，且设有一座防烟楼梯间和消防电梯的塔式住宅。

6.1.1.2　每个单元设有一座通向屋顶的疏散楼梯，单元与单元之间设有防火墙，单元之间的楼梯能通过屋顶连通且户门为甲级防火门，窗间墙宽度、窗槛墙高度为大于 1.2m 的实体墙的单元式住宅。

6.1.1.3　除地下室外，相邻两个防火分区之间的防火墙上有防火门连通时，且相邻两个防火分区的建筑面积之和不超过表 6.1.1 规定的公共建筑。

6.1.2　塔式高层建筑，两座疏散楼梯宜独立设置，当确有困难时，可设置剪刀楼梯，并应符合下列规定：

6.1.2.1　剪刀楼梯间应为防烟楼梯间。

6.1.2.2　剪刀楼梯的梯段之间，应设置耐火极限不低于 1.00h 的不燃烧体墙分隔。

6.1.2.3　剪刀楼梯应分别设置前室。塔式住宅确有困难时可设置一个前室，但两座楼梯应分别设加压送风系统。

6.1.3A　商住楼中住宅的疏散楼梯应独立设置。

6.1.4　高层公共建筑的大空间设计，必须符合双向疏散或袋形走道的规定。

6.1.5　高层建筑的安全出口应分散布置，两个安全出口之间的距离不应小于 5.00m。安全疏散距离应符合表 6.1.5 的规定。

6.1.6　跃廊式住宅的安全疏散距离，应从户门算起，小楼梯的一段距离按其 1.50 倍水平投影计算。

6.1.7　高层建筑内的观众厅、展览厅、多功能厅、餐厅、营业厅和阅览室等，其室内任何一点至最近的疏散出口的直线距离，不宜超过 30m；其他房间内最远一点至房门的直线距离不宜超过 15m。

高层建筑		房间门或住宅户门至最近的外部出口或楼梯间的最大距离（m）	
		位于两个安全出口之间的房间	位于袋形走道两侧或尽端的房间
医院	病房部分	24	12
	其他部分	30	15
旅馆、展览楼、教学楼		30	15
其他		40	20

6.1.8　公共建筑中位于两个安全出口之间的房间，当其建筑面积不超过 60m² 时，可设置一个门，门的净宽不应小于 0.90m；公共建筑中位于走道尽端的房间，当其建筑面积不超过 75m² 时，可设置一个门，门的净宽不应小于 1.40m。

6.1.9　高层建筑内走道的净宽，应按通过人数每 100 人不小于 1.00m 计算；高层建筑首层疏散外门的总宽度，应按人数最多的一层每 100 个不小于 1.00m 计算。首层疏散外门和走道的净宽不应小于表 6.1.9 的规定。

首层疏散外门和走道的净宽（m）　　　　　　　　　　　表 6.1.9

高层建筑	每个外门的净宽	走道净宽	
		单面布房	双面布房
医院	1.30	1.40	1.50
居住建筑	1.10	1.20	1.30
其他	1.20	1.30	1.40

6.1.10　疏散楼梯间及其前室的门的净宽应按通过人数每 100 人不小于 1.00m 计算，但最小净宽不应小于 0.90m。单面布置房间的住宅。其走道出垛处的最小净宽不应小于 0.90m。

6.1.11　高层建筑内设有固定座位的观众厅、会议厅等人员密集场所，其疏散走道、出口等应符合下列规定：

6.1.11.1　厅内的疏散走道的净宽应按通过人数每 100 人不小于 0.80m 计算，且不宜小于 1.00m；边走道的最小净宽不宜小于 0.80m。

6.1.11.2　厅的疏散出口和厅外疏散走道的总宽度，平坡地面应分别按通过人数每 100 人不小于 0.65m 计算，阶梯地面应分别按通过人数每 100 人不小于 0.80m 计算。疏散出口和疏散走道的最小净宽均不应小于 1.40m。

6.1.11.3　疏散出口的门内、门外 1.40m 范围内不应设踏步，且门必须向外开，并不应设置门槛。

6.1.11.4　厅内座位的布置，横走道之间的排数不宜超过 20 排，纵走道之间每排座位不宜超过 22 个；当前后排座位的排距不小于 0.90m 时，每排座位可为 44 个；只一侧有纵走道时，其座位数应减半。

6.1.11.5　厅内每个疏散出口的平均疏散人数不应超过250人。

6.1.11.6　厅的疏散门，应采用推闩式外开门。

6.1.12　高层建筑地下室、半地下室的安全疏散应符合下列规定：

6.1.12.1　每个防火分区的安全出口不应少于两个。当有两个或两个以上防火分区，且相邻防火分区之间的防火墙上设有防火门时，每个防火分区可分别设一个直通室外的安全出口。

6.1.12.2　房间面积不超过50m²，且经常停留人数不超过15人的房间，可设一个门。

6.1.12.3　人员密集的厅、室疏散出口总宽度，应按其通过人数每100人不小于1.00m计算。

（3）《汽车库、修车库、停车场设计防火规范》（GB 50067—1997）

6.0.1　汽车库、修车库的人员安全出口和汽车疏散出口应分开设置。设在工业与民用建筑内的汽车库，其车辆疏散出口应与其他部分的人员安全出口分开设置。

6.0.2　汽车库、修车库的每个防火分区内，其人员安全出口不应少于两个，但符合下列条件之一的可设一个：

6.0.2.1　同一时间的人数不超过25人；

6.0.2.2　Ⅳ类汽车库。

6.0.3　汽车库、修车库的室内疏散楼梯应设置封闭楼梯间。建筑高度超过32m的高层汽车库的室内疏散楼梯应设置防烟楼梯间，楼梯间和前室的门应向疏散方向开启。地下汽车库和高层汽车库以及设在高层建筑裙房内的汽车库。其楼梯间、前室的门应采用乙级防火门。

疏散楼梯的宽度不应小于1.1m。

6.0.5　汽车库室内最远工作地点至楼梯间的距离不应超过45m，当设有自动灭火系统时，其距离不应超过60m。单层或设在建筑物首层的汽车库，室内最远工作地点至室外出口的距离不应超过60m。

6.0.6　汽车库、修车库的汽车疏散出口不应少于两个，但符合下列条件之一的可设一个：

6.0.6.1　Ⅳ类汽车库；

6.0.6.2　汽车疏散坡道为双车道的Ⅲ类地上汽车库和停车数少于100辆的地下汽车库；

6.0.6.3　Ⅱ、Ⅲ、Ⅳ类修车库。

6.0.7　Ⅰ、Ⅱ类地上汽车库和停车数大于100辆的地下汽车库，当采用错层或斜楼板式且车道、坡道为双车道时，其首层或地下一层至室外的汽车疏散出口不应少于两个，汽车库内的其他楼层汽车疏散坡道可设一个。

6.0.8　除机械式立体汽车库外，Ⅳ类的汽车库在设置汽车坡道有困难时，可采用垂直升降梯作汽车疏散出口，其升降梯的数量不应少于两台，停车数少于10辆的可设一台。

6.0.9　汽车疏散坡道的宽度不应小于4m，双车道不宜小于7m。

6.0.10　两个汽车疏散出口之间的间距不应小于10m；两个汽车坡道毗邻设置时应采用防火隔墙隔开。

6.0.11 停车场的汽车疏散出口不应少于两个。停车数量不超过50辆的停车场可设一个疏散出口。

(4)《人民防空工程设计防火规范》(GB 50098—2009)

5.1.1 每个防火分区安全出口设置的数量,应符合下列规定之一:

1 每个防火分区的安全出口数量不应少于2个;

2 当有2个或2个以上防火分区相邻,且将相邻防火分区之间防火墙上设置的防火门作为安全出口时,防火分区安全出口应符合下列规定:

1) 防火分区建筑面积大于1000m²的商业营业厅、展览厅等场所,设置通向室外、直通室外的疏散楼梯间或避难走道的安全出口个数不得少于2个;

2) 防火分区建筑面积不大于1000m²的商业营业厅、展览厅等场所,设置通向室外、直通室外的疏散楼梯间或避难走道的安全出口个数不得少于1个;

3) 在一个防火分区内,设置通向室外、直通室外的疏散楼梯间或避难走道的安全出口宽度之和,不宜小于本规范第5.1.6条规定的安全出口总宽度的70%;

3 建筑面积不大于500m²,且室内地面与室外出入口地坪高差不大于10m,容纳人数不大于30人的防火分区。当设置有仅用于采光或进风用的竖井,且竖井内有金属梯直通地面、防火分区通向竖井处设置有不低于乙级的常闭防火门时,可只设置一个通向室外、直通室外的疏散楼梯间或避难走道的安全出口;也可设置一个与相邻防火分区相通的防火门;

4 建筑面积不大于200m²,且经常停留人数不超过3人的防火分区,可只设置一个通向相邻防火分区的防火门。

5.1.2 房间建筑面积不大于50m²,且经常停留人数不超过15人时,可设置一个疏散出口。

5.1.3 歌舞娱乐放映游艺场所的疏散应符合下列规定:

1 不宜布置在袋形走道的两侧或尽端,当必须布置在袋形走道的两侧或尽端时,最远房间的疏散门到最近安全出口的距离不应大于9m;一个厅、室的建筑面积不应大于200m²;

2 建筑面积大于50m²的厅、室,疏散出口不应少于2个。

5.1.4 每个防火分区的安全出口,宜按不同方向分散设置;当受条件限制需要同方向设置时,两个安全出口最近边缘之间的水平距离不应小于5m。

5.1.5 安全疏散距离应满足下列规定:

1 房间内最远点至该房间门的距离不应大于15m;

2 房间门至最近安全出口的最大距离:医院应为24m;旅馆应为30m;其他工程应为40m。位于袋形走道两侧或尽端的房间,其最大距离应为上述相应距离的一半;

3 观众厅、展览厅、多功能厅、餐厅、营业厅和阅览室等。其室内任意一点到最近安全出口的直线距离不宜大于30m;当该防火分区设置有自动喷水灭火系统时,疏散距离可增加25%。

5.1.6 疏散宽度的计算和最小净宽应符合下列规定:

1 每个防火分区安全出口的总宽度,应按该防火分区设计容纳总人数乘以疏散宽度指标计算确定,疏散宽度指标应按下列规定确定:

1）室内地面与室外出入口地坪高差不大于 10m 的防火分区，疏散宽度指标应为每100 人不小于 0.75m；

2）室内地面与室外出入口地坪高差大于 10m 的防火分区，疏散宽度指标应为每100人不小于 1.00m；

3）人员密集的厅、室以及歌舞娱乐放映游艺场所，疏散宽度指标应为每100人不小于 1.00m；

2 安全出口、疏散楼梯和疏散走道的最小净宽应符合表5.1.6的规定。

安全出口、疏散楼梯和疏散走道的最小净宽（m）　　表5.1.6

工程名称	安全出口和疏散楼梯净宽	疏散走道净宽	
		单面布置房间	双面布置房间
商场、公共娱乐场所、健身体育场所	1.40	1.50	1.60
医院	1.30	1.40	1.50
旅馆、餐厅	1.10	1.20	1.30
车间	1.10	1.20	1.50
其他民用建筑	1.10	1.20	—

5.1.7 设置有固定座位的电影院、礼堂等的观众厅，其疏散走道、疏散出口等应符合下列规定：

1 厅内的疏散走道净宽应按通过人数每100人不小于 0.80m 计算，且不宜小于 1.00m；边走道的净宽不应小于 0.80m；

2 厅的疏散出口和厅外疏散走道的总宽度，平坡地面应分别按通过人数每100人不小于 0.65m 计算，阶梯地面应分别按通过人数每100人不小于 0.80m 计算；疏散出口和疏散走道的净宽均不应小于 1.40m；

3 观众厅座位的布置，横走道之间的排数不宜大于 20 排，纵走道之间每排座位不宜大于 22 个；当前后排座位的排距不小于 0.90m 时，每排座位可为 44 个；只一侧有纵走道时，其座位数应减半；

4 观众厅每个疏散出口的疏散人数平均不应大于 250 人；

5 观众厅的疏散门，宜采用推闩式外开门。

5.1.8 公共疏散出口处内、外 1.40m 范围内不应设置踏步，门必须向疏散方向开启，且不应设置门槛。

5.2.5 避难走道的设置应符合下列规定：

1 避难走道直通地面的出口不应少于 2 个，并应设置在不同方向；当避难走道只与一个防火分区相通时，避难走道直通地面的出口可设置一个，但该防火分区至少应有一个不通向该避难走道的安全出口；

2 通向避难走道的各防火分区人数不等时，避难走道的净宽不应小于设计容纳人数最多一个防火分区通向避难走道各安全出口最小净宽之和；

3 避难走道的装修材料燃烧性能等级应为 A 级；

4 防火分区至避难走道入口处应设置前室，前室面积不应小于$6m^2$，前室的门应为甲级防火门；其防烟应符合本规范第6.2节的规定；

5 避难走道的消火栓设置应符合本规范第7章的规定；

6 避难走道的火灾应急照明应符合本规范第8.2节的规定；

7 避难走道应设置应急广播和消防专线电话。

（5）《中小学校设计规范》（GB 50099—2011）

8.2.1 中小学校内，每股人流的宽度应按0.60m计算。

8.2.2 中小学校建筑的疏散通道宽度最少应为2股人流，并应按0.60m的整数倍增加疏散通道宽度。

8.2.4 房间疏散门开启后，每幢门净通行宽度不应小于0.90m。

8.3.1 中小学校的校园应设置2个出入口。出入口的位置应符合教学、安全、管理的需要，出入口的布置应避免人流、车流交叉。有条件的学校宜设置机动车专用出入口。

8.3.2 中小学校校园出入口应与市政交通衔接，但不应直接与城市主干道连接。校园主要出入口应设置缓冲场地。

8.5.1 校园内除建筑面积不大于$200m^2$，人数不超过50人的单层建筑外，每栋建筑应设置2个出入口。非完全小学内，单栋建筑面积不超过$500m^2$，且耐火等级为一、二级的低层建筑可只设1个出入口。

8.5.2 教学用房在建筑的主要出入口处宜设门厅。

8.5.3 教学用建筑物出入口净通行宽度不得小于1.40m，门内与门外各1.50m范围内不宜设置台阶。

8.5.4 在寒冷或风沙大的地区，教学用建筑物出入口应设挡风间或双道门。

8.5.5 教学用建筑物的出入口应设置无障碍设施，并应采取防止上部物体坠落和地面防滑的措施。

8.5.6 停车场地及地下车库的出入口不应直接通向师生人流集中的道路。

8.7.2 中小学校教学用房的楼梯梯段宽度应为人流股数的整数倍。梯段宽度不应小于1.20m，并应按0.60m的整数倍增加梯段宽度。每个梯段可增加不超过0.15m的摆幅宽度。

（6）《铁路旅客车站建筑设计规范（2011年版）》（GB 50226—2007）

7.1.5 疏散安全出口、走道和楼梯的净宽度除应符合现行国家标准《建筑设计防火规范》GB 50016的有关规定外，尚应符合下列要求：

1 站房楼梯净宽度不得小于1.6m；

2 安全出口和走道净宽度不得小于3m。

（7）《民用建筑设计通则》（GB 50352—2005）

5.2.4 建筑基地内地下车库的出入口设置应符合下列要求：

1 地下车库出入口距基地道路的交叉路口或高架路的起坡点不应小于7.50m；

2 地下车库出入口与道路垂直时，出入口与道路红线应保持不小于7.50m安全距离；

3 地下车库出入口与道路平行时，应经不小于7.50m长的缓冲车道汇入基地道路。

（8）《住宅建筑规范》（GB 50368—2005）

9.5.1 住宅建筑应根据建筑的耐火等级、建筑层数、建筑面积、疏散距离等因素设置安全出口，并应符合下列要求：

1 10 层以下的住宅建筑，当住宅单元任一层的建筑面积大于 650m²，或任一套房的户门至安全出口的距离大于 15m 时，该住宅单元每层的安全出口不应少于 2 个。

2 10 层及 10 层以上但不超过 18 层的住宅建筑，当住宅单元任一层的建筑面积大于 650m²，或任一套房的户门至安全出口的距离大于 10m 时，该住宅单元每层的安全出口不应少于 2 个。

3 19 层及 19 层以上的住宅建筑，每个住宅单元每层的安全出口不应少于 2 个。

4 安全出口应分散布置，两个安全出口之间的距离不应小于 5m。

5 楼梯间及前室的门应向疏散方向开启；安装有门禁系统的住宅，应保证住宅直通室外的门在任何时候能从内部徒手开启。

9.5.2 每层有 2 个及 2 个以上安全出口的住宅单元，套房户门至最近安全出口的距离应根据建筑的耐火等级、楼梯间的形式和疏散方式确定。

9.5.3 住宅建筑的楼梯间形式应根据建筑形式、建筑层数、建筑面积以及套房户门的耐火等级等因素确定。在楼梯间的首层应设置直接时外的出口，或将对外出口设置在距离楼梯间不超过 15m 处。

9.5.4 住宅建筑楼梯间顶棚、墙面和地面均应采用不燃性材料。

（9）《体育建筑设计规范》（JGJ 31—2003）

4.3.8 看台安全出口和走道应符合下列要求：

1 安全出口应均匀布置，独立的看台至少应有二个安全出口，且体育馆每个安全出口的平均疏散人数不宜超过 400～700 人，体育场每个安全出口的平均疏散人数不宜超过 1000～2000 人。

注：设计时，规模较小的设施宜采用接近下限值；规模较大的设施宜采用接近上限值。

2 观众席走道的布局应与观众席各分区容量相适应，与安全出口联系顺畅。通向安全出口的纵走道设计总宽度应与安全出口的设计总宽度相等。经过纵横走道通向安全出口的设计人流股数应与安全出口的设计通行人流股数相等。

8.2.1 体育建筑应合理组织交通路线，并应均匀布置安全出口，内部和外部的通道，使分区明确。路线短捷合理。

（10）《宿舍建筑设计规范》（JGJ 36—2005）

4.1.4 宿舍内应设置消防安全疏散指示图以及明显的安全疏散标志。

（11）《图书馆建筑设计规范》（JGJ 38—1999）

6.4.1 图书馆的安全出口不应少于两个，并应分散设置。

6.4.2 书库、非书资料库、藏阅合一的藏书空间，每个防火分区的安全出口不应少于两个。但符合下列条件之一的，可设一个安全出口：

1 建筑面积不超过 100.00m² 的特藏库、胶片库和珍善本书库；

2 建筑面积不超过 100.00m² 的地下室或半地下室书库；

3 除建筑面积超过 100.00m² 的地下室外的相邻两个防火分区，当防火墙上有防火门连通，且两个防火分区的建筑面积之和不超过本规范第 6.2.2 条规定的一个防火分区面积的 1.40 倍时；

4 占地面积不超过 300.00m² 的多层书库。

6.4.3 书库、非书资料库的疏散楼梯，应设计为封闭楼梯间或防烟楼梯间，宜在库门外邻近设置。

6.4.4 超过300座位的报告厅，应独立设置安全出口，并不得少于两个。

（12）《疗养院建筑设计规范》（JGJ 40—1987）

第3.6.3条 疗养院主要建筑物安全出口或疏散楼梯不应少于两个，并应分散布置，室内疏散楼梯应设置楼梯间。

第3.6.4条 建筑物内人流使用集中的楼梯，其净宽不应小于1.65m。

（13）《商店建筑设计规范》（JGJ 48—201×）

5.2.1 商店营业厅的每一防火分区安全出口数目不应少于两个；营业厅内任何一点至最近安全出口直线距离不宜超过30m。

  注：①建筑面积小于300m² 小型临街一、二层商业用房（商业服务网点）可设一个外门，二层营业厅最不利点到一层外门的水平疏散距离不宜超过30m。

  ②营业厅内附设的小面积厅室可设一个门的条件应符合防火规范的规定。

5.2.2 商店营业厅的出入门、安全门净宽度不应小于1.40m，并不应设置门槛。

  注：建筑面积小于300m² 小型临街二层商业用房（商业服务网点）室内楼梯的每梯段宽度不应小于1.20m，且不应小于按疏散人数计算的宽度。

5.2.3 商店营业部分的疏散通道和楼梯间内的装修、橱窗和广告牌等均不得影响设计要求的疏散宽度。

5.2.4 大型百货商店、商场建筑物的营业层在五层以上时，宜设置直通屋顶平台的疏散楼梯间不少于2座，屋顶平台上无障碍物的避难面积不宜小于最大营业层建筑面积的50%。

5.2.5 商店营业厅疏散人数的计算应符合防火规范的有关规定。

5.2.6 商店营业部分的底层外门、楼梯、走道的各自总宽度计算和商店营业部分疏散人数的计算应符合防火规范的有关规定。

（14）《综合医院建筑设计规范》（JGJ 49—1988）

第4.0.5条 安全出口

一、在一般情况下，每个护理单元应有二个不同方向的安全出口。

二、尽端式护理单元，或"自成一区"的治疗用房，其最远一个房间门至外部安全出口的距离和房间内最远一点到房门的距离，如均未超过建筑设计防火规范规定时，可设一个安全出口。

（15）《剧场建筑设计规范》（JGJ 57—2000）

8.2.1 观众厅出口应符合下列规定；

1 出口均匀布置，主要出口不宜靠近舞台；

2 楼座与池座应分别布置出口。楼座至少有两个独立的出口，不足50座时可设一个出口。楼座不应穿越池座疏散。当楼座与池座疏散无交叉并不影响池座安全疏散时，楼座可经池座疏散。

8.2.2 观众厅出口门、疏散外门及后台疏散门应符合下列规定：

1 应设双扇门，净宽不小于1.40m，向疏散方向开启；

2 紧靠门不应设门槛，设置踏步应在1.40m以外；

3 严禁用推拉门、卷帘门、转门、折叠门、铁栅门；

4 宜采用自动门闩，门洞上方应设疏散指示标志。

8.2.3 观众厅外疏散通道应符合下列规定：

1 坡度：室内部分不应大于1:8，室外部分不应大于1:10，并应加防滑措施，室内坡道采用地毯等不应低于B1级材料。为残疾人设置的通道坡度不应大于1:12；

2 地面以上2m内不得有任何突出物。不得设置落地镜子及装饰性假门；

3 疏散通道穿行前厅及休息厅时，设置在前厅、休息厅的小卖部及存衣处不得影响疏散的畅通；

4 疏散通道的隔墙耐火极限不应小于1.00h；

5 疏散通道内装修材料：天棚不低于A级，墙面和地面不低于B1级，不得采用在燃烧时产生有毒气体的材料；

6 疏散通道宜有自然通风及采光；当没有自然通风及采光时应设人工照明，超过20m长时应采用机械通风排烟。

8.2.4 主要疏散楼梯应符合下列规定：

1 踏步宽度不应小于0.28m，踏步高度不应大于0.16m，连续踏步不超过18级，超过18级时，应加设中间休息平台，楼梯平台宽度不应小于梯段宽度，并不得小于1.10m；

2 不得采用螺旋楼梯，采用扇形梯段时，离踏步窄端扶手水平距离0.25m处踏步宽度不应小于0.22m，宽端扶手处不应大于0.50m，休息平台窄端不小于1.20m；

3 楼梯应设置坚固、连续的扶手，高度不应低于0.85m。

8.2.5 后台应有不少于两个直接通向室外的出口。

8.2.6 乐池和台仓出口不应少于两个。

8.2.7 舞台天桥、栅顶的垂直交通，舞台至面光桥、耳光室的垂直交通应采用金属梯或钢筋混凝土梯，坡度不应大于60°，宽度不应小于0.60m，并有坚固、连续的扶手。

（16）《电影院建筑设计规范》（JGJ 58—2008）

6.2.2 观众厅疏散门不应设置门槛，在紧靠门口1.40m范围内不应设置踏步。疏散门应为自动推闩式外开门，严禁采用推拉门、卷帘门、折叠门、转门等。

6.2.3 观众厅疏散门的数量应经计算确定，且不应少于2个，门的净宽度应符合现行国家标准《建筑设计防火规范》GB 50016及《高层民用建筑设计防火规范》GB 50045的规定，且不应小于0.90m。应采用甲级防火门，并应向疏散方向开启。

6.2.4 观众厅外的疏散走道、出口等应符合下列规定：

1 电影院供观众疏散的所有内门、外门、楼梯和走道的各自总宽度均应符合现行国家标准《建筑设计防火规范》GB 50016及《高层民用建筑设计防火规范》GB 50045的规定；

2 穿越休息厅或门厅时，厅内存衣、小卖部等活动陈设物的布置不应影响疏散的通畅；2m高度内应无突出物、悬挂物；

3 当疏散走道有高差变化时宜做成坡道；当设置台阶时应有明显标志、采光或照明；

4 疏散走道室内坡道不应大于1:8，并应有防滑措施；为残疾人设计的坡道坡度不应大于1:12；

6.2.5 疏散楼梯应符合下列规定：

1 疏散楼梯踏步宽度不应小于0.28m，踏步高度不应大于0.16m，楼梯最小宽度不得小于1.20m，转折楼梯平台深度不应小于楼梯宽度；直跑楼梯的中间平台深度不应小于1.20m；

2 疏散楼梯不得采用螺旋楼梯和扇形踏步；当踏步上下两级形成的平面角度不超过10°，且每级离扶手0.25m处踏步宽度超过0.22m时，可不受此限；

3 室外疏散梯净宽不应小于1.10m；下行人流不应妨碍地面人流。

6.2.7 观众厅内疏散走道宽度除应符合计算外，还应符合下列规定：

1 中间纵向走道净宽不应小于1.0m；

2 边走道净宽不应小于0.8m；

3 横向走道除排距尺寸以外的通行净宽不应小于1.0m。

（17）《办公建筑设计规范》（JGJ 67—2006）

5.0.2 办公建筑的开放式、半开放式办公室，其室内任何一点至最近的安全出口的直线距离不应超过30m。

5.0.3 综合楼内的办公部分的疏散出入口不应与同一楼内对外的商场、营业厅、娱乐、餐饮等人员密集场所的疏散出入口共用。

（18）《汽车库建筑设计规范》（JGJ 100—1998）

3.2.4 大中型汽车库的库址，车辆出入口不应少于2个；特大型汽车库库址，车辆出入口不应少于3个，并应设置人流专用出入口。各汽车出入口之间的净距应大于15m。出入口的宽度，双向行驶时不应小于7m，单向行驶时不应小于5m。

3.2.8 汽车库库址的车辆出入口，距离城市道路的规划红线不应小于7.5m，并在距出入口边线内2m处作视点的120°范围内至边线外7.5m以上不应有遮挡视线障碍物（图3.2.8）。

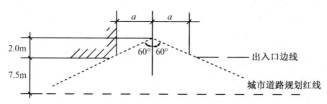

图3.2.8 汽车库库址车辆出入口通视要求

a—为视点至出口两侧的距离

3.2.9 库址车辆出入口与城市人行过街天桥、地道、桥梁或隧道等引道口的距离应大于50m；距离道路交叉口应大于80m。

7 工业厂房

7.1 生产的火灾危险性设计审查

1. 审查主要内容

（1）生产的火灾危险性应根据生产中使用或产生的物质性质及其数量等因素，分为甲、乙、丙、丁、戊类。

（2）储存物品的火灾危险性应根据储存物品的性质和储存物品中的可燃物数量等因素，分为甲、乙、丙、丁、戊类。

（3）同一座厂房或厂房的任一防火分区内有不同火灾危险性生产时，该厂房或防火分区内的生产火灾危险性分类应按火灾危险性较大的部分确定。

2. 设计中常见问题

（1）未按要求划分火灾危险性分类。

（2）同一座仓库或仓库的任一防火分区内储存不同火灾危险性物品时，未按其中火灾危险性最大的类别确定。

3. 审查要点汇总

《建筑设计防火规范》（GB 50016—2012）

3.1.1 生产的火灾危险性应根据生产中使用或产生的物质性质及其数量等因素，分为甲、乙、丙、丁、戊类，并应符合表 3.1.1 的规定。

生产的火灾危险性分类　　　　　　　　　　　　　　　　表 3.1.1

生产类别	使用或产生下列物质生产的火灾危险性特征
甲	1. 闪点小于28℃的液体 2. 爆炸下限小于10%的气体 3. 常温下能自行分解或在空气中氧化能导致迅速自燃或爆炸的物质 4. 常温下受到水或空气中水蒸气的作用，能产生可燃气体并引起燃烧或爆炸的物质 5. 遇酸、受热、撞击、摩擦、催化以及遇有机物或硫黄等易燃的无机物，极易引起燃烧或爆炸的强氧化剂 6. 受撞击、摩擦或与氧化剂、有机物接触时能引起燃烧或爆炸的物质 7. 在密闭设备内操作温度大于等于物质本身自燃点的生产
乙	1. 闪点大于等于28℃，但小于60℃的液体 2. 爆炸下限大于等于10%的气体 3. 不属于甲类的氧化剂 4. 不属于甲类的化学易燃危险固体 5. 助燃气体 6. 能与空气形成爆炸性混合物的浮游状态的粉尘、纤维、闪点大于等于60℃的液体雾滴

生产类别	使用或产生下列物质生产的火灾危险性特征
丙	1. 闪点大于等于60℃的液体 2. 可燃固体
丁	1. 对不燃烧物质进行加工，并在高温或熔化状态下经常产生强辐射热、火花或火焰的生产 2. 利用气体、液体、固体作为燃料或将气体、液体进行燃烧作其他用的各种生产 3. 常温下使用或加工难燃烧物质的生产
戊	常温下使用或加工不燃烧物质的生产

3.1.2 同一座厂房或厂房的任一防火分区内有不同火灾危险性生产时，该厂房或防火分区内的生产火灾危险性分类应按火灾危险性较大的部分确定。当生产过程中使用或产生易燃、可燃物的量较少，不足以构成爆炸或火灾危险时，可按实际情况确定其生产的火灾危险性类别。当符合下述条件之一时，可按火灾危险性较小的部分确定：

1 火灾危险性较大的生产部分占本层或本防火分区面积的比例小于5%或丁、戊类厂房内的油漆工段小于10%，且发生火灾事故时不足以蔓延到其他部位或火灾危险性较大的生产部分采取了有效的防火措施。

2 丁、戊类厂房内的油漆工段，当采用封闭喷漆工艺，封闭喷漆空间内保持负压、油漆工段设置可燃气体自动报警系统或自动抑爆系统，且油漆工段占其所在防火分区面积的比例小于等于20%。

3.1.3 储存物品的火灾危险性应根据储存物品的性质和储存物品中的可燃物数量等因素，分为甲、乙、丙、丁、戊类，并应符合表3.1.3的规定。

储存物品的火灾危险性分类　　　　　　　　　　　表3.1.3

生产类别	储存物品的火灾危险性特征
甲	1. 闪点小于28℃的液体 2. 爆炸下限小于10%的气体，以及受到水或空气中水蒸气的作用，能产生爆炸下限小于10%气体的固体物质 3. 常温下能自行分解或在空气中氧化能导致迅速自燃或爆炸的物质 4. 常温下受到水或空气中水蒸气的作用，能产生可燃气体并引起燃烧或爆炸的物质 5. 遇酸、受热、撞击、摩擦以及遇有机物或硫黄等易燃的无机物，极易引起燃烧或爆炸的强氧化剂 6. 受撞击、摩擦或与氧化剂、有机物接触时能引起燃烧或爆炸的物质
乙	1. 闪点大于等于28℃，但小于60℃的液体 2. 爆炸下限大于等于10%的气体 3. 不属于甲类的氧化剂 4. 不属于甲类的化学易燃危险固体 5. 助燃气体 6. 常温下与空气接触能缓慢氧化，积热不散引起自燃的物品
丙	1. 闪点大于等于60℃的液体 2. 可燃固体

生产类别	储存物品的火灾危险性特征
丁	难燃烧物品
戊	不燃烧物品

3.1.4 同一座仓库或仓库的任一防火分区内储存不同火灾危险性物品时，该仓库或防火分区的火灾危险性应按其中火灾危险性最大的类别确定。

3.1.5 丁、戊类储存物品的可燃包装重量大于物品本身重量1/4或可燃包装体积大于物品本身体积的1/2的仓库，其火灾危险性应按丙类确定。

7.2 厂房的耐火等级设计审查

1. 审查主要内容

(1) 厂房和仓库的耐火等级可分为一、二、三、四级。

(2) 高层厂房和甲、乙类厂房的耐火等级不应低于二级，建筑面积不大于300m² 的独立甲、乙类单层厂房可采用三级耐火等级的建筑。

(3) 单、多层丙类厂房和多层丁、戊类厂房的耐火等级不应低于三级。

2. 设计中常见问题

(1) 储存特殊贵重的机器、仪表、仪器等设备或物品的建筑，其耐火等级应未设为一级。

(2) 油浸变压器室、高压配电装置室的耐火等级低于二级。

3. 审查要点汇总

《建筑设计防火规范》（GB 50016—2012）

3.2.1 厂房和仓库的耐火等级可分为一、二、三、四级。其构件的燃烧性能和耐火极限除本规范另有规定外，不应低于表3.2.1的规定。

不同耐火等级厂房和仓库建筑构件的燃烧性能和耐火极限（h）　　　表3.2.1

构件名称		耐火等级			
		一级	二级	三级	四级
墙	防火墙	不燃烧体 3.00	不燃烧体 3.00	不燃烧体 3.00	不燃烧体 3.00
	承重墙	不燃烧体 3.00	不燃烧体 2.50	不燃烧体 2.00	难燃烧体 0.50
	楼梯间和电梯井的墙	不燃烧体 2.00	不燃烧体 2.00	不燃烧体 1.50	难燃烧体 0.50
	疏散走道两侧的隔墙	不燃烧体 1.00	不燃烧体 1.00	不燃烧体 0.50	难燃烧体 0.25
	非承重外墙	不燃烧体 0.75	不燃烧体 0.50	难燃烧体 0.50	难燃烧体 0.25
	房间隔墙	不燃烧体 0.75	不燃烧体 0.50	难燃烧体 0.50	难燃烧体 0.25

构件名称	耐火等级			
	一级	二级	三级	四级
柱	不燃烧体 3.00	不燃烧体 2.50	不燃烧体 2.00	难燃烧体 0.50
梁	不燃烧体 2.00	不燃烧体 1.50	不燃烧体 1.00	难燃烧体 0.50
楼板	不燃烧体 1.50	不燃烧体 1.00	不燃烧体 0.75	难燃烧体 0.50
屋顶承重构件	不燃烧体 1.50	不燃烧体 1.00	难燃烧体 0.50	燃烧体
疏散楼梯	不燃烧体 1.50	不燃烧体 1.00	不燃烧体 0.75	燃烧体
吊顶（包括吊顶搁栅）	不燃烧体 0.25	难燃烧体 0.25	难燃烧体 0.15	燃烧体

注：1 二级耐火等级建筑的吊顶采用不燃烧体时，其耐火极限不限。

2 各类建筑构件的耐火极限和燃烧性能可按本规范附录 C 确定。

3.2.2 使用或储存特殊贵重的机器、仪表、仪器等设备或物品的建筑，其耐火等级应为一级。

3.2.3 高层厂房和甲、乙类厂房的耐火等级不应低于二级，建筑面积不大于 $300m^2$ 的独立甲、乙类单层厂房可采用三级耐火等级的建筑。

单、多层丙类厂房和多层丁、戊类厂房的耐火等级不应低于三级。

3.2.4 使用或产生丙类液体的厂房和有火花、赤热表面、明火的丁类厂房，其耐火等级均不应低于二级，当为建筑面积不大于 $500m^2$ 的单层丙类厂房或建筑面积不大于 $1000m^2$ 的单层丁类厂房时，可采用三级耐火等级的建筑。

3.2.5 锅炉房的耐火等级不应低于二级，当为燃煤锅炉房且锅炉的总蒸发量不大于 4t/h 时，可采用三级耐火等级的建筑。

3.2.6 油浸变压器室、高压配电装置室的耐火等级不应低于二级，其他防火设计应符合现行国家标准《火力发电厂和变电站设计防火规范》GB 50229 等标准的有关规定。

3.2.9 下列建筑中的防火墙，其耐火极限应按表 3.2.1 的规定提高 1.00h。

1 甲、乙类厂房。

2 甲、乙、丙类仓库。

3.2.10 一、二级耐火等级的单层厂房（仓库）的柱，其耐火极限可按本规范表 3.2.1 的规定降低 0.50h。

3.2.11 除一级耐火等级的建筑外，下列建筑的梁、柱、屋顶承重构件可采用无防火保护的金属结构，其中能受到甲、乙、丙类液体或可燃气体火焰影响的部位应采取外包覆不燃材料或其他防火隔热保护措施：

1 设置自动灭火系统的单层丙类厂房的梁、柱、屋顶承重构件；

2 设置自动灭火系统的二级耐火等级多层丙类厂房的屋顶承重构件；

3 单层、多层丁、戊类厂房（仓库）的梁、柱和屋顶承重构件。

3.2.12 一、二级耐火等级建筑的非承重外墙应符合下列规定：

1 除甲、乙类仓库和高层仓库外，当非承重外墙采用不燃烧体时，其耐火极限不应低于0.25h；当采用难燃烧体时，不应低于0.50h；

2 4层及4层以下的丁、戊类地上厂房（仓库），当非承重外墙采用不燃烧体时，其耐火极限不限；当非承重外墙采用难燃烧体的轻质复合墙体时，其表面材料应为不燃材料、内填充材料的燃烧性能不应低于B2级。材料的燃烧性能分级应符合国家标准《建筑材料燃烧性能分级方法》GB 8624的有关要求。

3.2.13 二级耐火等级厂房（仓库）中的房间隔墙，当采用难燃烧体时，其耐火极限应提高0.25h。

3.2.14 二级耐火等级的多层厂房或多层仓库中的楼板，当采用预应力和预制钢筋混凝土楼板时，其耐火极限不应低于0.75h。

3.2.15 一、二级耐火等级厂房（仓库）的上人平屋顶，其屋面板的耐火极限分别不应低于1.50h和1.00h。

一级耐火等级的单层或多层厂房（仓库）中采用自动喷水灭火系统进行全保护时，其屋顶承重构件的耐火极限不应低于1.00h。

3.2.16 一、二级耐火等级厂房（仓库）的屋面板应采用不燃烧材料，但其屋面防水层和绝热层可采用可燃材料；当丁、戊类厂房（仓库）不超过4层时，其屋面可采用难燃烧体的轻质复合屋面板，但该板材的表面材料应为不燃烧材料，内填充材料的燃烧性能不应低于B2级。

3.2.17 除本规范另有规定者外，以木柱承重且以不燃烧材料作为墙体的厂房（仓库），其耐火等级应按四级确定。

3.2.18 预制钢筋混凝土构件的节点外露部位，应采取防火保护措施，且经防火保护后构件整体的耐火极限不应低于相应构件的规定。

7.3 分区安全出口及疏散距离设计审查

1. 审查主要内容

（1）厂房的安全出口应分散布置。

（2）厂房的每个防火分区、一个防火分区内的每个楼层，其安全出口的数量应经计算确定。

2. 设计中常见问题

（1）厂房内任一点到最近安全出口的距离不符合要求。

（2）设计地下、半地下厂房或厂房的地下室、半地下室时，忽略经常停留人数的数量。

3. 审查要点汇总

《建筑设计防火规范》（GB 50016—2012）

3.7.1 厂房的安全出口应分散布置。每个防火分区、一个防火分区的每个楼层，其相邻2个安全出口最近边缘之间的水平距离不应小于5m。

3.7.2 厂房的每个防火分区、一个防火分区内的每个楼层，其安全出口的数量应经计算确定，且不应少于2个；当符合下列条件时，可设置1个安全出口：

1　甲类厂房，每层建筑面积不大于100m²，且同一时间的生产人数不超过5人；

2　乙类厂房，每层建筑面积不大于150m²，且同一时间的生产人数不超过10人；

3　丙类厂房，每层建筑面积不大于250m²，且同一时间的生产人数不超过20人；

4　丁、戊类厂房，每层建筑面积不大于400m²，且同一时间的生产人数不超过30人；

5　地下、半地下厂房或厂房的地下室、半地下室，其建筑面积不大于50m²，经常停留人数不超过15人。

3.7.3　地下、半地下厂房或厂房的地下室、半地下室，当有多个防火分区相邻布置，并采用防火墙分隔时，每个防火分区可利用防火墙上通向相邻防火分区的甲级防火门作为第二安全出口，但每个防火分区必须至少有1个独立直通室外的安全出口。

3.7.4　厂房内任一点到最近安全出口的距离不应大于表3.7.4的规定。

厂房内任一点到最近安全出口的距离（m）　　　　　　　　　表3.7.4

生产类别	耐火等级	单层厂房	多层厂房	高层厂房	地下、半地下厂房或厂房的地下室、半地下室
甲	一、二级	30.0	25.0	—	—
乙	一、二级	75.0	50.0	30.0	—
丙	一、二级	80.0	60.0	40.0	30.0
	三级	60.0	40.0	—	—
丁	一、二级	不限	不限	50.0	45.0
	三级	60.0	50.0	—	—
	四级	50.0	—	—	—
戊	一、二级	不限	不限	75.0	60.0
	三级	100.0	75.0	—	—
	四级	60.0	—	—	—

3.7.5　厂房内的疏散楼梯、走道、门的各自总净宽度应根据疏散人数，按表3.7.5的规定经计算确定。但疏散楼梯的最小净宽度不宜小于1.10m，疏散走道的最小净宽度不宜小于1.40m，门的最小净宽度不宜小于0.90m。当每层人数不相等时，疏散楼梯的总净宽度应分层计算，下层楼梯总净宽度应按该层或该层以上人数最多的一层计算。

厂房疏散楼梯、走道和门的净宽度指标（m/百人）　　　　　　表3.7.5

厂房层数	一、二层	三层	≥四层
宽度指标	0.60	0.80	1.00

首层外门的总净宽度应按该层或该层以上人数最多的一层计算，且该门的最小净宽度不应小于1.20m。

3.7.6　高层厂房和甲、乙、丙类多层厂房的疏散楼梯应采用封闭楼梯间或室外楼梯；对于建筑高度大于32m且任一层人数超过10人的高层厂房，应采用防烟楼梯间或室外楼梯。

参 考 文 献

［1］国家标准．高层民用建筑设计防火规范（2005年版）（GB 50045—1995）［S］．北京：中国计划出版社，2005．

［2］国家标准．住宅设计规范（GB 50096—2011）［S］．北京：中国计划出版社，2012．

［3］国家标准．中小学校设计规范（GB 50099—2011）［S］．北京：中国建筑工业出版社，2012．

［4］国家标准．地下工程防水技术规范（GB 50108—2008）［S］．北京：中国计划出版社，2009．

［5］国家标准．公共建筑节能设计标准（GB 50189-2005）［S］．北京：中国建筑工业出版社，2005．

［6］国家标准．民用建筑设计通则（GB 50352—2005）［S］．北京：中国建筑工业出版社，2005．

［7］国家标准．住宅建筑规范（GB 50368—2005）［S］．北京：中国建筑工业出版社，2006．

［8］国家标准．屋面工程技术规范（GB 50345—2012）［S］．北京：中国建筑工业出版社，2012．

［9］国家标准．无障碍设计规范（GB 50763—2012）［S］．北京：中国建筑工业出版社，2012．

［10］行业标准．严寒和寒冷地区居住建筑节能设计标准（JGJ 26-2010）［S］．北京：中国建筑工业出版社，2010．

［11］行业标准．宿舍建筑设计规范（JGJ 36—2005）［S］．北京：中国建筑工业出版社，2006．

［12］行业标准．电影院建筑设计规范（JGJ 58—2008）［S］．北京：中国建筑工业出版社，2008．

［13］行业标准．办公建筑设计规范（JGJ 67—2006）［S］．北京：中国建筑工业出版社，2007．

［14］行业标准．夏热冬暖地区居住建筑节能设计标准（JGJ 75-2012）［S］．北京：中国建筑工业出版社，2013．

［15］行业标准．建筑玻璃应用技术规程（JGJ 113—2009）［S］．北京：中国建筑工业出版社，2009．

［16］行业标准．夏热冬冷地区居住建筑节能设计标准（JGJ 134-2010）［S］．北京：中国建筑工业出版社，2010．